Übungsbuch Elektromagnetische Feldtheorie

Jens Anders · André Buchau · Stefan Kurz ·
Wolfgang Mathis

Übungsbuch Elektromagnetische Feldtheorie

Springer Vieweg

Jens Anders
Institut für Intelligente Sensorik und
Theoretische Elektrotechnik
Universität Stuttgart
Stuttgart, Baden-Württemberg, Deutschland

André Buchau
Institut für Intelligente Sensorik und
Theoretische Elektrotechnik
Universität Stuttgart
Stuttgart, Baden-Württemberg, Deutschland

Stefan Kurz
Seminar für angewandte Mathematik
ETH Zürich
Zürich, Schweiz

Wolfgang Mathis
Didaktik der Elektrotechnik und Informatik
Leibniz Universität Hannover
Hannover, Deutschland

ISBN 978-3-662-72185-8 ISBN 978-3-662-72186-5 (eBook)
https://doi.org/10.1007/978-3-662-72186-5

Die Deutsche Nationalbibliothek verzeichnet diese Publikation in der Deutschen Nationalbibliografie; detaillierte bibliografische Daten sind im Internet über https://portal.dnb.de abrufbar.

Planung/Lektorat: Luana Lo Piccolo
Springer Vieweg ist ein Imprint der eingetragenen Gesellschaft Springer-Verlag GmbH, DE und ist ein Teil von Springer Nature.
Die Anschrift der Gesellschaft ist: Heidelberger Platz 3, 14197 Berlin, Germany

Vorwort

Dieses Übungsbuch richtet sich an Studierende der Elektrotechnik und Physik und soll eine Brücke zwischen Theorie und Anwendung schlagen. Es versteht sich als ergänzendes Werk zu Vorlesungen und Lehrbüchern und unterstützt das praktische Verständnis durch zahlreiche durchgerechnete Beispiele.

Die Elektrodynamik gehört zu den klassischen Theorien der Physik und dient der Elektrotechnik bis heute als eine der physikalischen Grundlagen. Es war wohl André-Marie Ampère, der diesen Begriff in seiner 1822 veröffentlichten Monografie „Recueil d'observations électro-dynamiques"[1] prägte. Später übernahmen ihn Wilhelm Weber und James Clerk Maxwell in ihren Schriften „Elektrodynamische Maßbestimmungen" (1846) und „A Dynamical Theory of the Electromagnetic Field" (1865). In der Elektrodynamik geht es im Sinne von Maxwells Monographie „A Treatise on Electricity and Magnetism" [3, 4] von 1873 um die Theorie elektromagnetischer Felder, wobei der Feldbegriff in qualitativer Form auf Arbeiten von Michael Faraday zurückgeht. Wir haben uns daher für den Begriff „Elektromagnetische Feldtheorie" für das vorliegenden Übungsbuch entschieden.

Seit dem Erscheinen von Maxwells „Treatise" sind eine Vielzahl von Monografien über die elektromagnetische Feldtheorie erschienen, deren Inhalte sich an Leserinnen und Leser mit unterschiedlichen Interessen richten. Einerseits findet man Darstellungen, die einen präzisen mathematischen Aufbau der Theorie in den Vordergrund stellen (z. B. Hehl, Obukhov [8]), und anderseits auch solche, die sich vornehmlich mit den Anwendungen der Theorie befassen (Marinescu [16]). Zwischen diesen Extremen findet man weitere Darstellungen, die sich mehr in der einen oder mehr in der anderen Richtung orientieren. Dazu gehören die Klassiker von Günther Lehner „Elektromagnetische Feldtheorie" (Lehner, Kurz [12]) und von Karl Küpfmüller „Theoretische Elektrotechnik" (Mathis, Reibiger [17]), die inzwischen von S. Kurz bzw. W. Mathis bearbeitet und (mit)herausgegeben werden. Im Rahmen dieses Übungsbuches werden wir bezüglich der Einzelheiten der elektromagnetischen Theorie hauptsächlich auf diese beiden Monografien zurückgreifen.

[1] „Sammlung elektrodynamischer Beobachtungen".

Bei der inhaltlichen Beschreibung dieses Buches orientieren wir uns an dem Vorwort des von Peter Merziger et al. verfassten „Repetitorium der Ingenieurmathematik" (Merziger et al. [18]). Dieses Buch kann und will weder Vorlesungen noch Lehrbücher über die Theorie elektromagnetischer Felder ersetzen. Vielmehr soll es in Ergänzung dazu durch zahlreiche Beispiele den Studierenden der Elektrotechnik und der Physik Anleitung und Hilfe sein für ihr praktisches Arbeiten auf dem Gebiet der elektromagnetischen Felder, sei es für Klausuren bzw. Übungen, sei es bei der Behandlung konkreter Aufgaben aus den Anwendungen.

Entsprechend dieser Zielsetzung folgen in diesem Buch auf knappe praxisorientierte Zusammenfassungen der theoretischen Grundlagen jeweils mehrere durchgerechnete Beispiele. Diese sollen zum einen die typischen Anwendungsfälle der elektromagnetischen Feldtheorie aufgreifen. Andererseits floss bei der Auswahl und Gestaltung der Aufgaben unsere langjährige Lehrerfahrung ein, sodass wir auch häufig auftretende Fragen von Seiten der Studierenden mit den Beispielen beantworten möchten. Bezüglich weiterführender Aspekte wird auf die Lehrbücher von Lehner [12] und Küpfmüller [17] sowie auf zusätzliche Literatur verwiesen, die im Literaturverzeichnis am Ende des Buches zu finden ist.

Ausgangspunkt sind die auf Maxwell zurückgehenden allgemeinen Grundgleichungen der Theorie elektromagnetischer Felder. In den folgenden Abschnitten werden eine Reihe von vereinfachten Feldgleichungen aus den Maxwellschen Gleichungen abgeleitet und deren Lösungsmethoden anhand von vollständig gelösten Übungsaufgaben illustriert. Es wird auch näher erläutert, unter welchen Bedingungen die jeweiligen vereinfachten Theorien erfolgreich einsetzbar sind. Einen groben Überblick über die behandelten Gebiete gibt das Inhaltsverzeichnis. Zu Anfang wird die Elektrostatik behandelt und dann zum stationären Strömungsfeld übergegangen. Danach werden die stationären Magnetfelder betrachtet, denen die quasistationären elektromagnetischen Felder folgen. Schließlich wird auf die elektromagnetischen Wellen eingegangen, welche die vollständigen Maxwellschen Gleichungen erfordern. In einem Epilog werden die wichtigsten Zielsetzungen dieses Buches noch einmal zusammengestellt und am Ende des Buches findet man eine Reihe von Büchern, die weitere Aufgaben zur Theorie elektromagnetischer Felder enthalten.

Den ehemaligen Mitarbeiterinnen und Mitarbeitern des Instituts für Theoretische Elektrotechnik der Leibniz Universität Hannover und insbesondere Herrn Dr.-Ing. Daniel Stahl danken wir für die Erarbeitung einer Reihe von Aufgaben, die in diesem Buch enthalten sind. Herrn M.Sc. Zhibin Zhao vom Institut für Intelligente Sensorik und Theoretische Elektrotechnik der Universität Stuttgart danken wir für die Hilfe bei der Erstellung des Manuskripts für dieses Buch. Herrn Dr. Ralf Jacobs vom Elektrotechnischen Institut der TU Dresden sowie Herrn Dr. Volker Rischmüller von der Robert Bosch GmbH und der Universität Stuttgart danken wir für die sorgfältige Durchsicht unseres Manuskripts sowie für zahlreiche Hinweise und Verbesserungsvorschläge. Nicht zuletzt danken wir dem

Springer-Verlag und insbesondere Frau Luana Lo Piccolo für die Unterstützung unseres Buchprojektes und die angenehme Zusammenarbeit.

Stuttgart, Frankfurt, Hannover
Juni 2025

Jens Anders
André Buchau
Stefan Kurz
Wolfgang Mathis

Inhaltsverzeichnis

Symbolverzeichnis

Allgemeines

$\|\cdot\|$	Euklidische Norm im $\mathbb{R}^3$: $\|\mathbf{x}\|^2 := x_1^2 + x_2^2 + x_3^2$, $\mathbf{x} \in \mathbb{R}^3$
$*$	(z. B. z^*, w^*) bezeichnet die jeweils konjugiert komplexe Größe (z. B. zu z, w) oder eine dual zugeordnete Größe (z. B. $\mathbf{A}^*$ zu $\mathbf{A}$, φ^* zu φ).
n, $\perp$	als Index bezeichnet senkrechte Komponenten.
t, $\|$	als Index bezeichnet tangentiale Komponenten.
$\oint$	ein Kreis im Integralzeichen kennzeichnet die Integration über einen geschlossenen Weg (bei einem Linienintegral) oder die Integration über eine geschlossene Oberfläche (bei einem Flächenintegral).
∇	bezeichnet den Nabla-Operator $\left[\nabla = \left(\frac{\partial}{\partial x}, \frac{\partial}{\partial y}, \frac{\partial}{\partial z}\right)\right]$
$\mathcal{O}$	Landau-Symbol $f(x) = \mathcal{O}\big(g(x)\big)$ für $x \to \infty \Leftrightarrow \limsup\limits_{x\to\infty} \frac{\|f(x)\|}{\|g(x)\|} < \infty$

Lateinische Buchstaben

$\mathbf{a}$, a_x, a_y, a_z	Vektor und seine kartesischen Komponenten
A	Fläche
$\mathbf{A}$	magnetisches Vektorpotential
$\mathbf{B}$	B-Feld
c	Lichtgeschwindigkeit, auch Vakuumlichtgeschwindigkeit
C	Kapazität
C'	Kapazität pro Längeneinheit
cos(), cosh()	Cosinus, Hyperbelcosinus
$\mathbf{D}$	D-Feld
d$\mathbf{A}$, d$\mathbf{a}$	Vektor des Flächenelements
dA, da	Betrag des Flächenelements

$\frac{\partial}{\partial t}, \frac{\partial}{\partial x},\ldots$	partielle Ableitungen nach t, x,...
$\mathrm{d}t$	Differenzial der Zeit t
$\mathrm{d}\mathbf{s}$	vektorielles Linienelement
$\mathrm{d}s$	Betrag des Linienelementes
dV	Volumenelement
d	Abstand, Schichtdicke
$\mathrm{div}\,\mathbf{a}$	Divergenz des Vektors **a**
$\mathbf{E}$	E-Feld
$\mathbf{E}_{tang}$	tangentiale Komponente des E-Feldes
$\mathbf{e}_u$	Einheitsvektor in Richtung der Koordinate u
e	elektrische Elementarladung
e	Eulersche Zahl
e^x	Exponentialfunktion
f	Frequenz
$\mathbf{F}$	Kraft
$G(\mathbf{r}; \tilde{\mathbf{r}})$	Greensche Funktion
$\mathbf{J}$	elektrische Stromdichte
$\mathrm{grad}f$	Gradient der Funktion f
$\mathbf{H}$	H-Feld
I, i	Stromstärke
j	imaginäre Einheit
$\mathbf{J}_F$	Flächenstromdichte
$\mathbf{k}$	Wellenvektor bzw. Wellenzahlvektor
k	Wellenzahl, Betrag des Wellenvektors
$\mathbf{K}$	Flächenstromdichte
ℓ	Eindringtiefe des Skineffekts
L, l	Länge
L	Selbstinduktivität
$\ln()$	natürlicher Logarithmus
m	Masse
$\mathbf{m}$	magnetisches Dipolmoment
$\mathbf{M}$	Magnetisierung
n	Brechungsindex
N	Gesamtwindungszahl
P	Punkt im Raum
P	Leistung
$\mathbf{P}$	Polarisation
$\mathbf{p}$	elektrisches Dipolmoment
Q	elektrische Ladung
q	elektrische Linienladungsdichte
R	Widerstand

$\mathbf{r}$	Ortsvektor
r	Radius in Kugelkoordinaten (zusammen mit θ, φ)
r	Radius in Zylinderkoordinaten (zusammen mit φ, z)
$\operatorname{rot}\mathbf{a}$	Rotation des Vektors **a**
$\mathbf{S}$	Poynting-Vektor
sin(), sinh()	Sinus, Hyperbelsinus
tan()	Tangens
t	Zeit
U	Spannung
U_{21}	Spannung zwischen zwei Punkten 1 und 2
V	Volumen
$\mathbf{v}$	Geschwindigkeit
v_{Ph}	Phasengeschwindigkeit
v_G	Gruppengeschwindigkeit
W, E	Energie
x	kartesische Koordinate
y	kartesische Koordinate
z	kartesische Koordinate
Z	Wellenwiderstand

Griechische Buchstaben

α	Dämpfungskonstante (negativer Imaginärteil der komplexen Wellenzahl $k = \beta - i\alpha$)
β	Phasenkonstante, Realteil der komplexen Wellenzahl $k = \beta - i\alpha$
δ_{ik}	Kroneckersymbol
$\delta(x - \tilde{x})$	eindimensionale δ-Distribution
$\delta(\mathbf{r} - \tilde{\mathbf{r}})$	dreidimensionale δ-Distribution
Δ	Laplace-Operator (z. B. $\Delta = \frac{\partial}{\partial x^2} + \frac{\partial}{\partial y^2} + \frac{\partial}{\partial z^2} = \nabla^2$)
ε	Permittivität
ε_0	Permittivität des Vakuums
ε_r	relative Permittivität
κ	spezifische elektrische Leitfähigkeit
λ	Wellenlänge
μ	Permeabilität
μ_0	Permeabilität des Vakuums
μ_r	relative Permeabilität
f	Frequenz
π	Ludolph'sche Zahl

ρ	elektrische Raumladungsdichte
σ, σ_F	elektrische Flächenladungsdichte
φ	Phasenwinkel
φ	skalares elektrisches Potential
Φ	magnetischer Fluss
χ	elektrische Suszeptibilität
χ_m	magnetische Suszeptibilität
Ψ	skalares magnetisches Potential
ω	Winkelgeschwindigkeit, Kreisfrequenz $2\pi f$

1 Einleitung

1.1 Historische Anmerkungen

Elektrische und magnetische Phänomene sind bereits seit dem Altertum bekannt (vgl. Susskind [28]) und dennoch ist eine vollständige Theorie der Elektrodynamik erst in der zweiten Hälfte des 19. Jahrhunderts, nämlich 1873, von James Clerk Maxwell[1] publiziert worden [25]. Mit der Maxwellschen Theorie konnten nicht nur alle bekannten elektromagnetischen Phänomene theoretisch gedeutet werden, sondern Maxwell sagte auch elektromagnetische Wellen voraus, die damals noch unbekannt waren [29]. Heinrich Hertz[2] gelang erst 1887 der vollständige Nachweis dieser neuartigen Wellen [18] und verschaffte Maxwells Theorie allgemeine Anerkennung. Schließlich war es Oliver Heaviside[3] und Hertz vorbehalten, die ursprünglichen Gleichungen von Maxwell in eine Form zu bringen, wie wir sie noch heute kennen. Sie wurden „gereinigt", wie es Arnold Sommerfeld[4] ausdrückte [26, S. 2]. Im Rahmen der Differenzialgeometrie des 20. Jahrhunderts konnte eine mathematisch angemessene Form für die Elektrodynamik gefunden werden [8], Lehner [15, Kap. 8]. Dennoch ist die von Heaviside und Hertz entwickelte Form der Gleichungen der Elektrodynamik bis heute gebräuchlich und wird auch in diesem Übungsbuch verwendet. Da sich der physikalische Inhalt in beiden Darstellungen von Maxwells Theorie elektromagnetischer Felder nicht geändert hat, sprechen wir auch weiterhin von der Maxwellschen Theorie.

In den Monographien zur Elektrodynamik findet man unterschiedliche Ansätze, um die Grundgleichungen der Maxwellschen Theorie zu motivieren. Vielfach wählt man eine historische Perspektive, wie Leonhard Susskind sie benannte [28, S. 196], und beginnt mit einer Reihe von Gesetzen, die im 18. und frühen 19. Jahrhundert entdeckt wurden – das Coulombsche, Ampèresche und Faradaysche Gesetz. Und Susskind weiter: „Dann werden

[1] James Clerk Maxwell (1831–1879).

[2] Heinrich Hertz (1857–1894).

[3] Oliver Heaviside (1850–1925).

[4] Arnold Sommerfeld (1868–1951).

J. Anders et al., *Übungsbuch Elektromagnetische Feldtheorie*,
https://doi.org/10.1007/978-3-662-72186-5_1

diese Gesetze in einer ziemlich anstrengenden Prozedur in die Maxwell-Gleichungen umgeformt". Wir werden jedoch Sommerfeld folgend „die Maxwellschen Gleichung axiomatisch an die Spitze" stellen und „aus ihnen wird deduktiv und systematisch die Gesamtheit der elektromagnetischen Erscheinungen erschlossen" [26, S. 2]. Eine axiomatische Einführung hat wie in der Mathematik den Vorteil, dass die Grundlagen einer Theorie in knapper Form dargestellt werden können. Nachteilig ist, dass die Interpretation der Grundgrößen einer Theorie noch abstrakt bleibt, aber man wohl davon ausgehen kann, dass in den meisten Vorlesungen eine historische Perspektive eingenommen wird, wo diese Größen auf der Basis der Experimente interpretiert werden.

1.2 Die Grundgleichungen der Maxwellschen Theorie

Sommerfeld folgend sehen wir die Existenz von Ladungen als gegebene Tatsache an und fassen die zu beobachteten Anziehungs-, Abstoßungs- und Wärmewirkungen als Folge der vorhandenen Ladungen auf [26, S. 6]. Die Maxwellsche Theorie ist eine Kontinuumstheorie und daher betrachten wir Ladungsdichten, für die das universelle Gesetz der Ladungserhaltung gilt

$$\frac{\partial \varrho}{\partial t} + \operatorname{div} \mathbf{J} = 0, \tag{1.1}$$

wobei ϱ die Raumladungsdichte und $\mathbf{J} = \varrho \mathbf{v}$ die elektrische Stromdichte bzw. mit der Geschwindigkeit $\mathbf{v}$ bewegte Raumladungsdichte ϱ sind.

Mathematisch gesehen handelt es sich bei der Maxwellschen Theorie um eine Feldtheorie, die hier mit Hilfe von Skalar- und Vektorfeldern beschrieben wird. Da die Vektorfelder eine energetische Interpretation besitzen, sollten sie den Voraussetzungen des Helmholtzschen Eindeutigkeitssatzes genügen. Derartige Vektorfelder lassen sich im Wesentlichen eindeutig bestimmen, indem man ihre Rotation und Divergenz festlegt.

Der theoretische Physiker John Archibald Wheeler hat den Zusammenhang von Ladungen und Feldern einmal in folgender Weise charakterisiert [28, S. 109 ff.]

- *Felder sagen Ladungen, wie sie sich zu bewegen haben,*
- *Ladungen sagen Feldern, wie sie sich zu verändern haben.*

Unter Berücksichtigung des Nahwirkungsprinzips werden vier Feldgrößen benötigt, um die elektromagnetischen Erscheinungen zu beschreiben. Zwei Feldgrößen, das elektrische E-Feld und das magnetische B-Feld[5], werden gebraucht, um im Sinne von Lorentz die Kraft auf Ladungen

$$\mathbf{F}_{\mathrm{L}} = q\,(\mathbf{E} + \mathbf{v} \times \mathbf{B}) \tag{1.2}$$

[5] Anders als in der Literatur üblich, bezeichnen wir die „elektrische Feldstärke" mit „E-Feld" (u. a. Lehner [15]) und die „magnetische Induktion" (u. a. Lehner [15]) bzw. „magnetische Flussdichte" mit „B-Feld".

zu bestimmen. Damit ist die erste Aussage von Wheeler mathematisch ausgedrückt.

Wheelers zweite Aussage lässt sich durch folgende Gleichungen aus der Maxwellschen Theorie mathematisch ausdrücken:

- Ladungen umgeben sich mit einem elektrischen Feld

$$\operatorname{div} \mathbf{D} = \rho. \tag{1.3}$$

- Stromdichten umgeben sich mit einem magnetischen und einem elektrischen Feld

$$\operatorname{rot} \mathbf{H} - \frac{\partial \mathbf{D}}{\partial t} = \mathbf{J}. \tag{1.4}$$

Dabei müssen zwei neue Felder, das elektrische D-Feld und das magnetische H-Feld[6], eingeführt werden, die im einfachsten Fall mit Hilfe linearer, isotroper und homogener Materialgleichungen (vgl. Unterabschnitt 2.1.2)

$$\mathbf{D} = \varepsilon \mathbf{E}, \tag{1.5}$$

$$\mathbf{B} = \mu \mathbf{H} \tag{1.6}$$

in Beziehung gebracht werden können. Im Sinne des Helmholtzschen Satzes werden diese Felder erst durch folgenden Gleichungen eindeutig festgelegt:

$$\operatorname{div} \mathbf{B} = 0, \tag{1.7}$$

$$\operatorname{rot} \mathbf{E} = -\frac{\partial \mathbf{B}}{\partial t}. \tag{1.8}$$

Die erste Gleichung besagt, dass es makroskopisch keine magnetischen Monopole gibt und die zweite Gleichung entspricht Faradays Induktionsgesetz in allgemeiner Form.

Diesem Satz von partiellen Differentialgleichungen und algebraischen Gleichungen müssen für ihre eindeutige Lösbarkeit noch geeignete Anfangs- und Randbedingungen hinzugefügt werden.

Da die Ladungserhaltung ein zentraler Bestandteil der Maxwellschen Theorie ist, sollte sich (1.1) aus den Maxwellschen Gleichungen ableiten lassen. Dazu wird auf (1.4) der Divergenzoperator angewendet und (1.3) sowie eine Rechenregel der Vektoranalysis genutzt und man erhält die gewünschte Kontinuitätsgleichung für die Ladung

$$\operatorname{div} \operatorname{rot} \mathbf{H} = 0 = \operatorname{div} \frac{\partial \mathbf{D}}{\partial t} + \operatorname{div} \mathbf{J} = \frac{\partial \varrho}{\partial t} + \operatorname{div} \mathbf{J}. \tag{1.9}$$

---

[6] Anders als in der Literatur üblich, bezeichnen wir die „magnetische Feldstärke“ (u. a. Lehner [15]) mit „H-Feld“ und die „dielektrische Verschiebung“ (u. a. Lehner [15]) bzw. „elektrische Flussdichte“ bzw. „elektrische Erregung“ bzw. „Verschiebungsflussdichte“ mit „D-Feld“.

Dem System „elektromagnetisches Feld und Ladungen“ lassen sich Größen zuordnen, die bereits aus der Mechanik bekannt sind (Energie, Impuls und Drehimpuls) und bei Abwesenheit anderer Kräfte ein abgeschlossenes System bilden und Erhaltungssätze erfüllen. Die Energieerhaltung ist in der Maxwellschen Theorie neben der Ladungserhaltung der wichtigste Erhaltungssatz.

Definiert man die Energiedichte des Systems für lineare und isotrope Medien (1.5), (1.6) zu

$$u := \frac{\varepsilon}{2}\|\mathbf{E}\|^2 + \frac{\mu}{2}\|\mathbf{H}\|^2, \tag{1.10}$$

lässt sich mit Hilfe der Maxwellschen Gleichungen und Rechenregeln der Vektoranalysis die zeitliche Ableitung der Energiedichte in folgender Weise ausdrücken

$$\frac{\partial u}{\partial t} = -\operatorname{div}\mathbf{S} - \mathbf{J}\cdot\mathbf{E}, \tag{1.11}$$

wobei $\mathbf{S} := \mathbf{E} \times \mathbf{H}$ der Poyntingsche Vektor ist. $\mathbf{S}$ entspricht der (gerichteten) Energieflussdichte des elektromagnetischen Feldes und das räumliche Volumenintegral von $\mathbf{J}\cdot\mathbf{E}$ entspricht der in V erzeugten Jouleschen Wärme. Bezieht man das Wärmereservoir, in das die Joulesche Wärme fließt, in das System ein, dann entspricht (1.11) dem Energiesatz für das Gesamtsystem. Ist kein leitfähiges Material vorhanden, entspricht (1.11) dem Energiesatz für das System „elektromagnetisches Feld und Ladungen“.

Insgesamt ergeben sich damit die folgenden vier Bestimmungsgleichungen für die Felder $\mathbf{D}$, $\mathbf{E}$, $\mathbf{B}$ und $\mathbf{H}$:

$$\operatorname{div}\mathbf{D} = \rho, \qquad \operatorname{rot}\mathbf{E} = -\frac{\partial \mathbf{B}}{\partial t},$$
$$\operatorname{rot}\mathbf{H} = \mathbf{J} + \frac{\partial \mathbf{D}}{\partial t}, \qquad \operatorname{div}\mathbf{B} = 0, \tag{1.12}$$

wobei zusätzlich Materialgesetze sowie Anfangs- und Randbedingungen zur eindeutigen Bestimmung der Felder benötigt werden. Aus diesen sogenannten Maxwellschen Gleichungen lassen sich verschiedene Sonderfälle ableiten, wenn man die Zeitabhängigkeit der Feldgrößen eliminiert und/oder Kopplungsterme streicht. In den folgenden Kapiteln werden wir uns mit diesen Sonderfällen eingehend befassen und anhand von Beispielaufgaben illustrieren.

Elektrostatische Felder

2

2.1 Einleitung

In diesem Kapitel beschäftigen wir uns mit elektrischen Erscheinungen im statischen, d. h. zeitlich unveränderlichen, Fall. Dabei werden wir zunächst die den elektrostatischen Feldern zugrunde liegende Theorie in Form eines kurzen Repetitoriums wiederholen und dabei auf die wesentlichen Aspekte und Begrifflichkeiten der Theorie elektrostatischer Felder eingehen. Weitere Einzelheiten findet man bei Lehner [13, Kap. 2] und bei Küpfmüller [18, Teil III]. Im Anschluss werden die eingeführten z. T. recht abstrakten Modelle und Begriffe anhand von illustrativen Beispielaufgaben näher erläutert.

2.1.1 Die Grundgleichungen elektrostatischer Felder

Im Falle elektrostatischer Erscheinungen vereinfachen sich die Maxwellgleichungen (1.12) zu:

$$\operatorname{div} \mathbf{D} = \varrho \tag{2.1a}$$

$$\operatorname{rot} \mathbf{E} = \mathbf{0}, \tag{2.1b}$$

wobei Materialgleichungen, d. h. ein funktionaler Zusammenhang von D- und E-Feld, hinzugefügt werden müssen; vgl. u. a. [23]. Dadurch werden die Divergenz bzw. die Rotation des E-Feldes bzw. D-Feldes bestimmt und gemäß dem Satz von Helmholtz, vgl. Kap. 1, diese Felder eindeutig festgelegt sind. Für die eindeutige Lösbarkeit der Gleichungen müssen noch Randbedingungen gegeben werden.

Die beiden Felder **D** und **E** sind als zwei Vektorfelder zu verstehen, welche gemeinsam den elektrostatischen Anteil des physikalischen elektromagnetischen Felds modellieren. Das E-Feld beschreibt dabei eine normierte Kraftwirkung – die Coulombkraft – auf ein geladenes

J. Anders et al., *Übungsbuch Elektromagnetische Feldtheorie*,
https://doi.org/10.1007/978-3-662-72186-5_2

Teilchen im elektrostatischen Feld gemäß:

$$\mathbf{F} := q\mathbf{E}, \tag{2.2}$$

wobei q die Ladung des betrachteten Teilchens ist, vgl. Kap. 1. Im Gegensatz dazu ersetzt das D-Feld im Sinne des *Nahwirkungs-Prinzips,* vgl. [22, S. 1–3], in Form einer „elektrischen Erregung“ des Raumes, vgl. [2, Abschn. 1.4], die ursächlich felderzeugende Ladungsdichte ϱ.

Historisch gesehen gehören die elektrostatischen Anziehungskräfte wie die Gravitationskräften zu den Naturkräften, die bereits den antiken Griechen bekannt waren [28]. Eine klare Abgrenzung der Naturkräfte findet man jedoch erst im 16. Jahrhundert bei William Gilbert, bis dann im 18. Jahrhundert Henry Cavendish und Charles Augustin de Coulomb experimentell nachweisen konnten, dass das Kraftgesetz der Elektrostatik formal wie das Gravitationsgesetz von Newton modelliert werden kann

$$\mathbf{F}_{12}(\mathbf{r}) = \frac{1}{4\pi\varepsilon}\frac{Q_1 Q_2}{\|\mathbf{r}\|^2}\frac{\mathbf{r}}{\|\mathbf{r}\|}, \tag{2.3}$$

wobei Q_1, Q_2 die Ladungen der Körper 1 und 2 sind, die ihren zugehörigen Schwerpunkten zugeordnet sind. Da es sich um eine Kraftwirkung zwischen voneinander entfernten Ladungen Q_1 und Q_2 handelt, spricht man von einer Interpretation im Sinne des *Fernwirkungs-Prinzips* [22, S. 1–3]. Bei einer induktiven Einführung in die Theorie elektrostatischer Felder geht man oft von dem Coulombschen Kraftgesetz aus.

2.1.2 Lineare Materialeigenschaften

Im Fall eines linearen isotropen Materialgesetzes mit $\mathbf{D} = \varepsilon(\mathbf{r})\mathbf{E}$ erhält man drei Bestimmungsgleichungen für das elektrostatische Feld

$$\operatorname{rot}\mathbf{E} = \mathbf{0}, \tag{2.4}$$

$$\operatorname{div}\mathbf{D} = \varrho, \tag{2.5}$$

$$\mathbf{D} = \varepsilon(\mathbf{r})\mathbf{E}. \tag{2.6}$$

Zur eindeutigen Festlegungen der Felder dieses Problems werden die Randbedingungen auf allen Rändern des betrachteten räumlichen Gebiets benötigt. Bei einem linearen, isotropen und homogenen Materialgesetz $\mathbf{D} = \varepsilon\mathbf{E}$ erhält man Differentialgleichungen mit konstanten Koeffizienten.

In der Elektrostatik ist das Innere eines elektrischen Leiters, der sich in einem E-Feld befindet, feldfrei und auf der Leiteroberfläche muss die tangentiale Komponente des E-Feldes verschwinden; vgl. Lehner [13, Abschn. 2.6], d. h.

$$\mathbf{E} = \mathbf{0}, \;\; \mathbf{E}_{tang} = \mathbf{0}. \tag{2.7}$$

2.1.3 Das elektrische Skalarpotenzial

Da der in der Gl. (2.4) enthaltene Operator rot ein linearer Operator (definiert auf einem geeigneten Funktionenraum) ist, handelt es sich bei dieser Gleichung um eine lineare homogene Differentialgleichung. Weil zusätzlich die in der Vektoranalysis bekannte Identität $\mathrm{rot}(\mathrm{grad}\,\varphi) = \mathbf{0}$ für glatte Skalarfelder φ gilt, kann man die homogene Gl. (2.4) in einfach zusammenhängenden Gebieten G explizit lösen. Das E-Feld lässt sich durch ein Skalarfeld $-\varphi(\mathbf{r})$ (Minuszeichen ist Konvention) darstellen,

$$\mathbf{E} = -\,\mathrm{grad}\,\varphi. \tag{2.8}$$

Damit erhält man mit dem Materialgesetz für einen linearen isotropen Fall

$$\mathrm{div}\,(\varepsilon(\mathbf{r})\mathrm{grad}\varphi) = -\varrho. \tag{2.9}$$

Im Fall, dass das Material zusätzlich homogen ist, führt dies auf die Poisson-Gleichung

$$\Delta\varphi = -\frac{\varrho}{\varepsilon}. \tag{2.10}$$

Im Fall komplizierterer Materialgesetze ergeben sich kompliziertere Differentialgleichungen für φ. Verschwindet die Ladungsdichte ($\varrho = 0$), dann wird die Differentialgleichung (2.10) Laplace-Gleichung genannt.

An den Materialgrenzen zweier Materialien 1 und 2 mit unterschiedlichen Dielektrizitätskonstanten ε_1 und ε_2 gelten die folgenden Übergangsbedingungen: ($\mathbf{n}_{12}$: Normalenvektor auf der Trennfläche vom Gebiet 1, der in das Gebiet 2 zeigt)

- Normalkomponenten des D-Feldes $\mathbf{D}$:

$$(\mathbf{D}_2 - \mathbf{D}_1) \cdot \mathbf{n}_{12} = \sigma, \tag{2.11}$$

  wobei σ eine Flächenladungsdichte auf der Trennfläche repräsentiert.
- Tangentialkomponenten des E-Feldes $\mathbf{E}$:

$$\mathbf{n}_{12} \times (\mathbf{E}_2 - \mathbf{E}_1) = \mathbf{0}. \tag{2.12}$$

Bei der hier eingeführten Flächenladungsdichte σ handelt es sich um eine Idealisierung, die u. a. in [9, S. 22–26] hinsichtlich ihrer physikalischen Interpretation diskutiert wird.

2.1.4 Lösung der Poisson- und Laplace-Gleichung

Um eine eindeutige Lösung einer Poisson-Gleichung (2.10) bzw. einer Laplace-Gleichung, (2.10) mit $\varrho = 0$ zu erhalten, müssen noch geeignete Randbedingungen hinzugefügt werden.

Im Fall der Poisson-Gleichung, bei der es sich um eine lineare inhomogene partielle Differentialgleichung handelt, kann man deren allgemeine Lösung mit Hilfe der allgemeinen Lösung der zugehörigen Laplace-Gleichung und einer partikulären Lösung der Poisson-Gleichung bestimmen. Die partikuläre Lösung einer Poisson-Gleichung lässt sich in der Form eines dreidimensionalen Faltungsintegrals formulieren

$$\varphi_{part}(\mathbf{r}) = \frac{1}{4\pi\varepsilon} \iiint_V \frac{\varrho(\tilde{\mathbf{r}})}{\|\mathbf{r} - \tilde{\mathbf{r}}\|} \mathrm{d}\tilde{V} \,. \qquad (2.13)$$

Im Fall dreidimensionaler Ladungsverteilungen ϱ lässt sich dieses Integral nur selten geschlossen auswerten. Häufig lassen sich die Ladungsverteilungen als Flächen- oder Linienladungen modellieren, wodurch sich das Integral auf ein Flächen- oder Linienintegral reduziert und leichter lösbar wird. Bei endlich ausgedehnten Ladungsverteilungen und einem Aufpunkt $\mathbf{r}$, in dem das Potenzial gesucht wird, kann man auf eine Taylorreihen-Entwicklung von $1/(\|\mathbf{r} - \tilde{\mathbf{r}}\|)$ zurückgreifen; vgl. [30, S. 163–164]. Die entsprechende additive Zerlegung wird Multipol-Entwicklung genannt, wobei die ersten beiden Terme lauten Küpfmüller [18, S. 173] und [30, S. 164]; siehe auch Lehner [13, S. 221] für den Fall sphärischer Koordinaten

$$\varphi_{part}(\mathbf{r}) \approx \frac{1}{4\pi\varepsilon\|\mathbf{r}\|} \iiint_V \varrho(\tilde{\mathbf{r}})\mathrm{d}\tilde{V} + \frac{\mathbf{r}}{4\pi\varepsilon\|\mathbf{r}\|^3} \iiint_V \tilde{\mathbf{r}}\,\varrho(\tilde{\mathbf{r}})\mathrm{d}\tilde{V} + \mathcal{O}(1/\|\mathbf{r}\|^3), \qquad (2.14)$$

wobei das Integral im zweiten Summanden $\mathbf{P}$ Dipolmoment genannt wird.

Hinsichtlich der *Existenz* einer Lösung der Laplace-Gleichung bei beliebig vorgegebenen Randbedingungen muss auf die Potenzialtheorie verwiesen werden; vgl. [7]. Einfacher lassen sich Bedingungen für die *Eindeutigkeit* einer Lösung der Laplace-Gleichung angeben. Für die Lösung φ_L der Laplace-Gleichung gilt:

- Wird auf dem gesamten Rand des betrachteten Gebietes das Potenzial φ vorgegeben (Dirichlet-Randbedingung) und findet man eine Lösung im Inneren des Gebietes, die bei Annäherung an den Rand die vorgegebenen Potenzialwerte annimmt, dann ist sie auch eindeutig.
- Wird auf dem gesamten Rand des betrachteten Gebietes die Normalenableitung des Potenzials φ vorgegeben (Neumann-Randbedingung) und findet man eine Lösung im Inneren des Gebietes, die bei Annäherung an den Rand die vorgegebenen Werte der Normalenableitung annimmt, dann ist sie bis auf eine Konstante auch eindeutig. Diese Konstante wirkt sich aufgrund von Gl. (2.8) nicht auf das E-Feld aus.

Die allgemeine Lösung der Poisson-Gleichung ergibt sich somit zu:

$$\varphi(\mathbf{r}) = \varphi_\mathrm{part}(\mathbf{r}) + \varphi_\mathrm{L}(\mathbf{r}). \qquad (2.15)$$

Um eine Lösung der Laplace-Gleichung zu ermitteln, versucht man zunächst, in einem problemangepassten Koordinatensystem Lösungen zu ermitteln, die als Produktfunktionen in Abhängigkeit der Koordinaten formuliert werden können und die Laplace-Gleichung in additive Terme bezüglich der Koordinaten aufteilen. Dann lässt sich eine Separation der partiellen Differentialgleichung in gewöhnliche Differentialgleichungen durchführen, wenn auch die Randbedingungen separabel sind. Lassen sich diese separierten Gleichungen lösen, setzt man deren Basislösungen zu einer Gesamtlösung zusammen und fasst diese als Basisfunktionen im Lösungsraum der partiellen Differentialgleichung auf. Die freien Konstanten lassen sich mit den Randbedingungen bestimmen. Diese Vorgehensweise wird Separationsmethode genannt, vgl. Abschn. 2.3 und 2.4 sowie Küpfmüller [18, Abschn. 11.8] und Lehner [13, Abschn. 3.5].

2.1.5 Die Greensche Funktion und die Spiegelungsmethode

In der Theorie partieller Differentialgleichungen wird gezeigt, vgl. [14, Abschn. IV], dass man eine partikuläre Lösung für eine inhomogene lineare Differentialgleichung bestimmen kann, wenn die Lösung für eine spezielle Inhomogenität bekannt ist. Greift man auf die Theorie verallgemeinerter Funktionen (Distributionen) zurück; vgl. [3], wird häufig die „Antwort“ (Lösung) in Bezug auf die δ-Distribution als Inhomogenität genutzt. Diese Antwortfunktion, auch als „Impulsantwort“ bezeichnet, nennt man Greensche Funktion.

Wenn man die Poisson-Gleichung (2.10) betrachtet und die Voraussetzungen für die Eindeutigkeit oder Eindeutigkeit bis auf eine Konstante gegeben sind (Dirichlet- oder Neumann-Randbedingungen), kann die δ-Funktion als heuristisches Hilfsmittel genutzt werden, um die Greensche Funktion zu bestimmen. Dazu wird die δ-Funktion als spezielle Inhomogenität der Poisson-Gleichung gewählt und die Greensche Funktion G als deren Lösung bestimmt (Minuszeichen bezieht sich auf negative rechte Seite von (2.10))

$$\triangle G = -\delta, \tag{2.16}$$

wobei G auf dem Rand des betrachteten Gebiets verschwindet. Die δ-Funktion kann als Ladungsdichte einer Punktladung interpretiert werden. Zur Lösung von (2.16) kann man beispielsweise die (verallgemeinerte) Fouriertransformation nutzen. Eine partikuläre Lösung der Poisson-Gleichung (2.10) kann man dann mit Hilfe der dreidimensionalen Faltung berechnen,

$$\varphi(\mathbf{r}) = \iiint_V G(\tilde{\mathbf{r}} - \mathbf{r}) \frac{\varrho(\tilde{\mathbf{r}})}{\varepsilon} d\tilde{V}. \tag{2.17}$$

Die Methode lässt sich in modifizierter Form auch dann anwenden, wenn Neumann-Randbedingungen vorliegen. Weitere Einzelheiten dazu findet man in [30, S. 124–125].

Eine besonders anschauliche Methode zur Bestimmung der Greenschen Funktion ist die sogenannte Spiegelungsmethode, für deren Anwendung der mathematische Hintergrund nicht einmal benötigt wird. Der Zusammenhang beider Methoden wird in [30, S. 168–177] in sehr allgemeiner Form diskutiert. Zur Illustration betrachten wir die Bestimmung des skalaren Potenzials in einem Halbraum, der durch eine ideal leitende Ebene erzeugt wird und vor der sich eine punktförmigen Ladung Q befindet. Das Potenzial in dem Halbraum, in welchem sich die Punktladung befindet, entspricht der partikulären Lösung einer Poisson-Gleichung mit einer δ-Funktion als rechter Seite und entsprechenden Randbedingungen. Im Sinne der Spiegelungsmethode kann aber auch ein äquivalentes Problem angeben werden, das elementar lösbar ist. Dazu ersetzt man die Ebene durch eine Punktladung $-Q$ (Austausch von Randbedingungen und Inhomogenität der Poisson-Gleichung), deren Ort in Bezug auf Punktladung Q an der Ebene gespiegelt ist. Dabei entsprechen die Werte des skalaren Potenzials an den Orten, wo sich die ideal leitende Ebene befunden hat, denjenigen, die sich aufgrund Vorhandenseins der leitende Ebene eingestellt haben. In diesem Fall verschwindet das skalare Potenzial auf der Ebene. Da die Lösung der Poisson-Gleichung für eine Punktladung ohne Randbedingungen im Endlichen bekannt ist, kann man sehr leicht eine Lösung für das äquivalente Problem mit zwei Punktladungen angeben, die dann im interessierenden Halbraum der gewünschten Lösung entspricht. Diese Lösung verschwindet auf der Grenzfläche des Halbraums, so dass man auf diese Weise die Greensche Funktion für das ursprüngliche Problem bestimmt hat. Wenn es sich um die Berechnung des Potenzials einer Ladungsdichteverteilung ϱ vor einer ideal leitenden Ebene handelt, dann bestimmt man zunächst die Greensche Funktion für das äquivalente Problem mit einer Punktladung und faltet danach die erhaltene Greensche Funktion mit der Ladungsdichteverteilung ϱ nach Gl. (2.17).

Die Spiegelungsmethode lässt sich auch bei komplizierteren ideal leitenden Flächen und sogar bei Flächen anwenden, bei denen sich die Dielektrizitätskonstante sprungartig verändert; vgl. [30, S. 173–177, S. 210]. Die Spiegelungsmethode wird im Rahmen der Aufgabe im Abschn. 2.7 behandelt.

2.1.6 Kapazitätskoeffizienten und die Energie im elektrischen Feld

Bei einer feldtheoretischen Analyse von Anordnungen mit zeitlich konstanten Ladungsverteilungen wird zunächst mit Hilfe der partiellen Differentialgleichungen (2.4) sowie (2.8) das elektrische Potenzial φ in dem betrachteten Gebiet bestimmt, woraus sich die zugehörigen E- und D-Felder ermitteln lassen. Betrachtet man Anordnungen von nicht zusammenhängenden Gebieten mit idealer Leitfähigkeit, vgl. (2.7), die in das Vakuum oder in ein isotropes und homogenes Material eingebettet sind, dann sind die Daten, die durch das elektrische Potenzial bzw. das elektrische Feld außerhalb der idealen Leiter repräsentiert werden, in den Anwendungen häufig gar nicht erforderlich. Stattdessen werden bei n idealen Leitern nur die sich einstellenden n Potenziale $\varphi_1, \ldots, \varphi_n$ auf den Leitern und die zugehörigen Teilladungen $Q_1, \ldots, Q_n$ benötigt. Man kann zeigen [30, S. 210–211], dass bei vorgegebener Geometrie der ideal leitenden Gebiete die Ladungen Q_n linear von den Potenzialen auf den idealen Leitern abhängig sind, d. h.

$$Q_\mu = -\sum_{\nu=1}^{n} g_{\mu\nu}\varphi_\nu, \quad \mu = 1, \ldots n, \tag{2.18}$$

wobei die $g_{\mu\nu}$ Maxwellsche Kapazitätskoeffizienten genannt werden.

Die Wechselwirkungsenergie eines geladenen Probekörpers mit der Ladung q in einem elektrischen Feld mit dem Potenzial φ ergibt sich zu:

$$W(\mathbf{r}) := q\varphi(\mathbf{r}). \tag{2.19}$$

Da nur Potenzialdifferenzen $U_{\mu\nu} := \varphi_\mu - \varphi_\nu$ gemessen werden können, ist es zweckhaft die Teilladungen auch mit Hilfe der Potenzialdifferenzen zu formulieren:

$$Q_\mu = \sum_{\nu=1}^{n} C_{\mu\nu}U_{\mu\nu}, \quad \mu = 1, \ldots n, \tag{2.20}$$

wobei die $C_{\mu\nu} = g_{\mu\nu}$ $(\mu \neq \nu)$ Gegenkapazitäten und die $C_{\mu\mu} := \sum_{k=1}^{n}(-g_{\mu k})$ Eigenkapazitäten genannt werden. Da sich die Potenzialdifferenzen $U_{\mu\mu}$ wegen $U_{\mu\mu} = \varphi_\mu - \varphi_\mu$ zu null ergeben, werden anstelle der $U_{11}, \ldots, U_{nn}$ die Potenziale $\varphi_1, \ldots, \varphi_\mu$ (in Bezug auf das Potenzial $\varphi = 0$) eingesetzt.

Die potentielle oder innere Energie eines elektrischen Feldes, das mit Hilfe von n Punktladungen q_k im Vakuum aufgebaut wurde, ergibt sich zu; vgl. [1, Abschn. 35]):

$$W_{\text{elektr}} = \frac{1}{2}\sum_{k=1}^{n} q_k\varphi^k, \quad \text{mit } \varphi^k := \sum_{j=1, j\neq k}^{n} \frac{q_j}{4\pi\varepsilon}\frac{1}{\|\mathbf{r}_j - \mathbf{r}_k\|}. \tag{2.21}$$

Mit Hilfe der Maxwellschen Kapazitätskoeffizienten bzw. der Gegen- und Eigenkapazitäten kann die elektrische Energie folgendermaßen formuliert werden:

$$W_{\text{elektr}} = -\frac{1}{2}\sum_{l,k=1}^{n} g_{lk}\varphi^l\varphi^k = \sum_{l,k=1}^{n} C_{lk}U_{lk}^2. \tag{2.22}$$

Die Kapazitäten lassen sich demnach auch mit der Hilfe der elektrischen Energie bestimmen.

Die potentielle oder innere Energie einer endlich ausgedehnten Ladungsverteilung ϱ ergibt sich analog zu Gl. (2.21):

$$W_{\text{elektr}} = \frac{1}{2}\iiint_V \varrho(\mathbf{r})\varphi(\mathbf{r})dV. \tag{2.23}$$

Davon muss die Wechselwirkungsenergie unterschieden werden, bei der eine Ladungsverteilung ϱ_0 in Wechselwirkung mit einem äußeren, d. h. nicht von der Ladungsverteilung herrührenden, elektrischen Feld mit dem elektrischen Potenzial φ steht. Entsprechend (2.19) gilt:

$$W = \iiint_V \varrho_0(\mathbf{r})\varphi(\mathbf{r})dV. \tag{2.24}$$

2.2 Multipol-Entwicklung

2.2.1 Motivation

Linienförmige Ladungsverteilungen, auch Linienladungen genannt, gehören zu den wichtigen Modellen für Ladungsverteilungen in der Elektrostatik, wobei eine Linienladungsdichte $\lambda(\mathbf{r})$ vorgegeben wird. Das elektrische Potenzial bzw. das E-Feld im Außenraum der Linienladung kann mit Hilfe der partikulären Lösung der Poisson-Gleichung analytisch ausgedrückt werden. Das in der Lösungsformel (2.13) enthaltene Integral lässt sich jedoch nur in besonderen Fällen mit Hilfe elementarer mathematischer Funktionen ausdrücken. Benötigt man das elektrische Potenzial bzw. das E-Feld nur in einem größeren Abstand von der Linienladung, kann man auf ein Näherungsverfahren zurückgreifen, bei die Entwicklung von $1/(\|\mathbf{r}\|)$ in Legendre-Polynome zu einer additiven Zerlegung des Integrals und damit zu einer Zerlegung in Elementarfelder führt. Man spricht von einer Multipolentwicklung, die in dieser Aufgabe anhand einer speziellen Linienladung bis zur 2. Ordnung bestimmt werden soll.

2.2.2 Beschreibung der Aufgabenstellung

Gegeben ist eine, die z-Achse konzentrisch und im Uhrzeigersinn umlaufende Schraubenlinie mit dem Radius R, der Höhe H, n Windungen und konstantem Anstieg (siehe Abb. 2.1), die durch folgende Gleichung beschrieben wird

$$\tilde{\mathbf{r}}(\tilde{z}) = R\cos\left(\frac{2\pi n}{H}\tilde{z}\right)\mathbf{e}_x + R\sin\left(\frac{2\pi n}{H}\tilde{z}\right)\mathbf{e}_y + \tilde{z}\mathbf{e}_z \quad \text{mit } 0 \le \tilde{z} \le H.$$

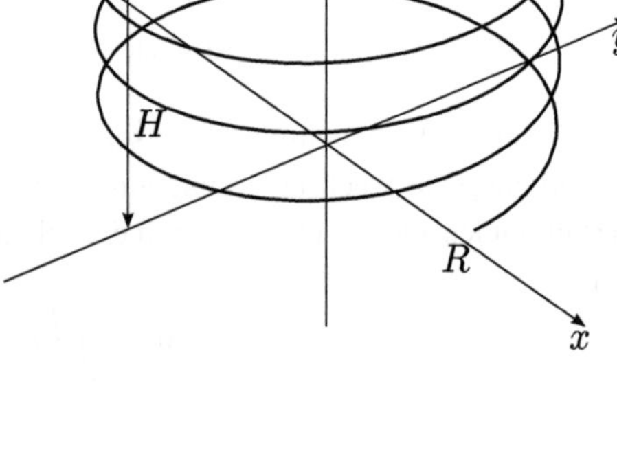

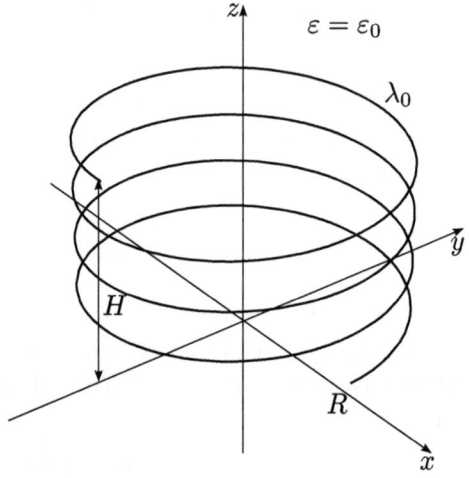

Abb. 2.1 Anordnung zu Aufgabe Schraubenlinie mit $n \approx 4$ Windungen

Die Schraubenlinie trägt die konstante Linienladungsdichte λ_0. Beachten Sie, dass die Windungszahl n auch nicht ganzzahlige Werte annehmen kann. Es werden natürliche Randbedingungen vorausgesetzt $\varphi(\mathbf{r})|_{\|\mathbf{r}\| \to \infty} = 0$.

Aufgaben

a) Geben Sie für das vorliegende Problem das Teilgebiet der Theorie elektromagnetischer Felder und die zugrundeliegende Differentialgleichung an.
b) Berechnen Sie eine Näherung für das elektrische Potenzial in großer Entfernung von der Ladungsverteilung, d. h. für $\|\mathbf{r}\| \gg R \approx H$.

2.2.3 Lösung der Aufgabe

a) Geben Sie für das vorliegende Problem das Teilgebiet der Theorie elektromagnetischer Felder und die zugrundeliegende Differentialgleichung an.

Das Teilgebiet ist die Elektrostatik und die zugrundeliegende Differentialgleichung die Poisson-Gleichung

$$\Delta\varphi = -\frac{\varrho}{\varepsilon}.$$

b) Berechnen Sie eine Näherung für das elektrische Potenzial in großer Entfernung von der Ladungsverteilung $\|\mathbf{r}\| \gg R \approx H$.

Das Potenzial soll laut Aufgabenstellung mit Hilfe der Multipolentwicklung bis zur 2. Ordnung genähert werden (2.14):

$$\begin{aligned}\varphi(\mathbf{r}) &= \frac{1}{4\pi\varepsilon_0}\left(\frac{Q}{\|\mathbf{r}\|} + \frac{\mathbf{r}\cdot\mathbf{P}}{\|\mathbf{r}\|^3}\right)\\ &= \frac{1}{4\pi\varepsilon_0}\left(\frac{1}{\|\mathbf{r}\|}\int \lambda(\tilde{\mathbf{r}})\,\mathrm{d}\tilde{s} + \frac{\mathbf{r}}{\|\mathbf{r}\|^3}\int \tilde{\mathbf{r}}\,\lambda(\tilde{\mathbf{r}})\,\mathrm{d}\tilde{s}\right).\end{aligned}$$

Die Parametrisierung der Schraube ergibt sich zu

$$\tilde{\mathbf{r}}(\tilde{z}) = \begin{pmatrix} R\cos\left(\frac{2\pi n}{H}\tilde{z}\right) \\ R\sin\left(\frac{2\pi n}{H}\tilde{z}\right) \\ \tilde{z} \end{pmatrix} \quad \text{mit } 0 \le \tilde{z} \le H.$$

Der Tangentialvektor in Richtung $\tilde{z}$ lässt sich bestimmen zu

$$\frac{\partial\tilde{\mathbf{r}}}{\partial\tilde{z}} = \begin{pmatrix} -\frac{2\pi n}{H}R\sin\left(\frac{2\pi n}{H}\tilde{z}\right) \\ \frac{2\pi n}{H}R\cos\left(\frac{2\pi n}{H}\tilde{z}\right) \\ 1 \end{pmatrix},$$

damit gilt

$$\begin{aligned}
\mathrm{d}\tilde{s} &= \left\| \frac{\partial \tilde{\mathbf{r}}}{\partial \tilde{z}} \right\| \mathrm{d}\tilde{z} \\
&= \sqrt{\left(\frac{2\pi n}{H} R\right)^2 \left(\sin^2\left(\frac{2\pi n}{H}\tilde{z}\right) + \cos^2\left(\frac{2\pi n}{H}\tilde{z}\right)\right) + 1}\, \mathrm{d}\tilde{z} \\
&= \sqrt{\left(\frac{2\pi n}{H} R\right)^2 + 1}\, \mathrm{d}\tilde{z}.
\end{aligned}$$

Für das Monopolmoment ergibt sich dadurch

$$\begin{aligned}
Q &= \int_0^H \lambda_0 \sqrt{\left(\frac{2\pi n}{H} R\right)^2 + 1}\, \mathrm{d}\tilde{z} \\
&= \lambda_0 H \sqrt{\left(\frac{2\pi n}{H} R\right)^2 + 1},
\end{aligned}$$

sowie folgendes für das Dipolmoment

$$\begin{aligned}
\mathbf{P} &= \int_0^H \lambda_0 \begin{pmatrix} R\cos\left(\frac{2\pi n}{H}\tilde{z}\right) \\ R\sin\left(\frac{2\pi n}{H}\tilde{z}\right) \\ \tilde{z} \end{pmatrix} \sqrt{\left(\frac{2\pi n}{H} R\right)^2 + 1}\, \mathrm{d}\tilde{z} \\
&= \lambda_0 \sqrt{\left(\frac{2\pi n}{H} R\right)^2 + 1} \left. \begin{pmatrix} \frac{RH}{2\pi n}\sin\left(\frac{2\pi n}{H}\tilde{z}\right) \\ -\frac{RH}{2\pi n}\cos\left(\frac{2\pi n}{H}\tilde{z}\right) \\ \frac{\tilde{z}^2}{2} \end{pmatrix} \right|_0^H \\
&= \lambda_0 H \sqrt{\left(\frac{2\pi n}{H} R\right)^2 + 1} \begin{pmatrix} \frac{R}{2\pi n}\sin(2\pi n) \\ -\frac{R}{2\pi n}(\cos(2\pi n) - 1) \\ \frac{H}{2} \end{pmatrix}.
\end{aligned}$$

Nun lässt das genäherte elektrische Potenzial wie folgt darstellen

$$\begin{aligned}
\varphi(\mathbf{r}) &= \frac{1}{4\pi\varepsilon_0}\left(\frac{Q}{\|\mathbf{r}\|} + \frac{\mathbf{r}\cdot\mathbf{P}}{\|\mathbf{r}\|^3}\right) \\
&= \frac{\lambda_0 H \sqrt{\left(\frac{2\pi n}{H} R\right)^2 + 1}}{4\pi\varepsilon_0} \left(\frac{1}{\|\mathbf{r}\|} + \frac{\mathbf{r}}{\|\mathbf{r}\|^3} \cdot \begin{pmatrix} \frac{R}{2\pi n}\sin(2\pi n) \\ -\frac{R}{2\pi n}(\cos(2\pi n) - 1) \\ \frac{H}{2} \end{pmatrix}\right).
\end{aligned}$$

2.2.4 Zusammenfassung

Für die angegebene schraubenförmige Linienladung wurde das elektrische Potenzial näherungsweise mit Hilfe einer Multipolentwicklung als Überlagerung des elektrischen Potenzials einer Punktladung Q und eines elektrischen Dipols mit dem Dipolmoment $\mathbf{P}$ dargestellt und die entsprechenden Integrale ausgewertet. Q und $\mathbf{P}$ lassen sich in diesem Fall mit Hilfe elementarer Funktionen ausdrücken.

2.3 Dirichlet-Randbedingung (ungerade Fortsetzung)

2.3.1 Motivation

Bei dieser Standardaufgabe der Elektrostatik soll das elektrische Potenzial im Inneren eines räumlichen Gebietes ermittelt werden, wobei das Potenzial auf den Rändern vorgegeben ist. Ein in Richtung seiner Achse unendlich ausgedehntes zylindrisches Gebiet bzw. Prisma mit rechteckigem Querschnitt kann als Modell für ein allgemeines zylindrisches Gebiet mit gleichbleibendem Querschnitt verwendet werden, das in Richtung seiner Achse sehr lang ist. Im vorliegenden Beispiel ist das Potenzial nur auf einer Fläche des Zylinders von Null verschieden, wobei das Potenzial offensichtlich im Unendlichen nicht verschwindet. Damit ist diese Aufgabe im Sinne der Elektrostatik nicht lösbar, da das elektrische Potenzial im Unendlichen verschwinden muss, vgl. Bedingungen des Satzes von Helmholtz. Betrachtet man allerdings nur einen beliebigen orthogonalen Querschnitt durch das zylindrische Gebiet, erhält man eine wohldefinierte Aufgabenstellung, welche durch die Laplace-Gleichung auf einem zweidimensionalen Gebiet mit orthogonalen Rändern beschrieben wird.

2.3.2 Beschreibung der Aufgabenstellung

Gegeben ist eine in z-Richtung unendlich ausgedehnte, ladungsfreie Anordnung (siehe Abb. 2.2 links). Im gesamten Raum sei $\varepsilon = \varepsilon_0$. Für das elektrische Potenzial gilt

$$\varphi(x = a, y, z) = f(y).$$

Dabei beschreibt $f(y)$ die Funktion die rechts in Abb. 2.2 dargestellt ist. An allen anderen Rändern ist das Potenzial Null.

Aufgaben

a) Leiten Sie die zugrundeliegende Lösungsmethode für dieses Problem her. Wie wird diese Methode genannt?
b) Nutzen Sie die Randbedingungen um das elektrische Potenzial innerhalb dieser Anordnung zu berechnen. Vereinfachen Sie die Lösung soweit wie möglich.

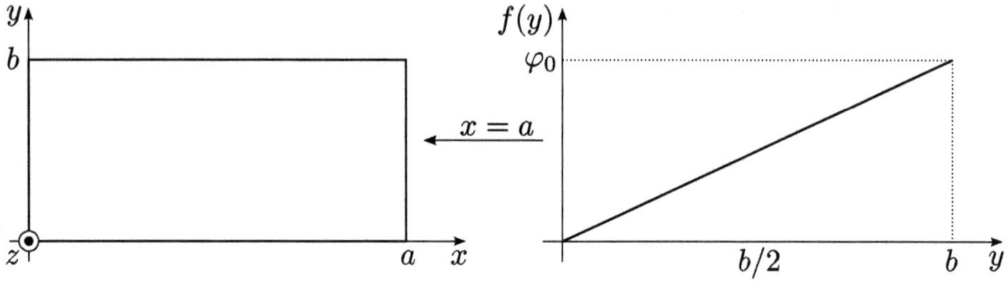

Abb. 2.2 Anordnung zu Aufgabe 2.3. links: Anordnung, rechts: Potenzialverlauf an der Stelle $x = a$

Hinweis

$$\int x\sin(cx)\mathrm{d}x = \frac{1}{c^2}\sin(cx) - \frac{1}{c}x\cos(cx)$$

2.3.3 Lösung der Aufgabe

a) Leiten Sie die zugrundeliegende Lösungsmethode für dieses Problem her. Wie wird diese Methode genannt?

Da es sich um eine ladungsfreie Anordnung handelt, wird die Laplace-Gleichung $\Delta\varphi(\mathbf{r}) = 0$ verwendet, die der Geometrie des Gebietes entsprechend in kartesischen Koordinaten gelöst werden kann. Da das Potenzial in einem orthogonalen Querschnitt an einer beliebigen Stelle z des zylindrischen Gebietes betrachtet wird, ist das Problem nicht von z abhängig. Demzufolge ist der separierte Anteil $Z_n(z)$ konstant, genauer $Z_n(z) = 1$. Summen von Lösungen ergeben bei dieser homogenen Differentialgleichung, gemäß dem Superpositionsprinzip, wieder Lösungen. Das Potenzial wird daher aufgeteilt in

$$\varphi(x, y) = \sum_n \varphi_n(x, y) = \sum_n X_n(x)Y_n(y),$$

sodass gilt $\Delta\varphi_n(x, y) = 0$ für alle n.

Der Produktansatz $X_n(x)Y_n(y) \neq 0$ wird in die Laplace-Gleichung eingesetzt und anschließend durch ihn geteilt

$$\begin{aligned}
0 &= \Delta\varphi_n(x, y) \\
&= Y_n(y)\frac{\partial^2 X_n(x)}{\partial x^2} + X_n(x)\frac{\partial^2 Y_n(y)}{\partial y^2} \\
&= \frac{1}{X_n(x)}\frac{\partial^2 X_n(x)}{\partial x^2} + \frac{1}{Y_n(y)}\frac{\partial^2 Y_n(y)}{\partial y^2}.
\end{aligned}$$

Man erhält also eine Summe $0 = f_1(x) + f_2(y)$, wobei durch Differentiation nach x und y für die Ableitungen folgt: $df_1/dx = 0$ und $df_2/dy = 0$ und damit $f_1(x) = \text{const}$ und $f_2(y) = \text{const}$. Man erhält

$$\frac{1}{X_n(x)}\frac{\partial^2 X_n(x)}{\partial x^2} = \text{const} \quad \text{und} \quad \frac{1}{Y_n(y)}\frac{\partial^2 Y_n(y)}{\partial y^2} = \text{const}\,.$$

In welcher Form die Konstanten nun gewählt werden, ist eine Frage der Zweckmäßigkeit. Im Folgenden werden zwei Möglichkeit zur Wahl der Konstanten vorgestellt.

1. Möglichkeit: Beide Konstanten werden positiv quadratisch definiert gemäß

$$k_{x,n}^2 := \frac{1}{X_n(x)}\frac{\partial^2 X_n(x)}{\partial x^2} \quad \text{und} \quad k_{y,n}^2 := \frac{1}{Y_n(y)}\frac{\partial^2 Y_n(y)}{\partial y^2}$$

mit der Nebenbedingung $k_{x,n}^2 + k_{y,n}^2 = 0$. Hieraus ist ersichtlich: wenn $k_{x,n}$ oder $k_{y,n}$ reell ist, muss das andere k imaginär sein.

Die Laplace-Gleichung zerfällt in entkoppelte gewöhnliche Differentialgleichungen, deren Lösung für X_n und Y_n identisch erfolgt. Im Folgenden wird nach X_n gelöst, es gilt

$$\frac{\partial^2 X_n(x)}{\partial x^2} - {k_{x,n}}^2 X_n(x) = 0.$$

Der Ansatz $X_n(x) = \mathrm{e}^{\lambda_n x}$ führt auf die charakteristische Gleichung ${\lambda_n}^2 - {k_{x,n}}^2 = 0 \Leftrightarrow \lambda_n = \pm k_{x,n}$. Die Lösung für $X_n(x)$ lautet demnach

$$X_n(x) = A_n \mathrm{e}^{k_{x,n}x} + B_n \mathrm{e}^{-k_{x,n}x}\,.$$

Die allgemeine Lösung der Laplace-Gleichung in kartesischen Koordinaten lautet

$$\varphi_n(x, y) = \left(A_n \mathrm{e}^{k_{x,n}x} + B_n \mathrm{e}^{-k_{x,n}x}\right)\left(C_n \mathrm{e}^{k_{y,n}y} + D_n \mathrm{e}^{-k_{y,n}y}\right).$$

Jetzt kann festgelegt werden, welches k reell und welches imaginär ist. Das Potenzial soll bei $y = 0$ und $y = b$ verschwinden, was nur möglich ist, wenn Real- und Imaginärteil von $\mathrm{e}^{\pm k_{y,n}y}$ sinusförmige Funktionen in y sind. Damit muss $k_{y,n}$ rein imaginär sein

$$k_{y,n} := \mathrm{j}k_n.$$

Aus der Nebenbedingung $k_{x,n}^2 + k_{y,n}^2 = 0$ folgt, dass $k_{x,n}$ reell sein muss, sodass es sich um eine Dämpfung in x-Richtung handelt

$$k_{x,n} = k_n.$$

Daraus ergibt sich für das Potenzial

$$\varphi_n(x, y) = \left(A_n \mathrm{e}^{k_n x} + B_n \mathrm{e}^{-k_n x}\right)\left(C_n \mathrm{e}^{\mathrm{j}k_n y} + D_n \mathrm{e}^{-\mathrm{j}k_n y}\right)$$

bzw. als Summe aller Lösungen

$$\varphi(x, y) = \sum_n \left(A_n e^{k_n x} + B_n e^{-k_n x}\right)\left(C_n e^{jk_n y} + D_n e^{-jk_n y}\right).$$

2. Möglichkeit: Eine Konstante wird positiv quadratisch und die andere negativ quadratisch definiert. Hierzu muss man zuerst feststellen, in welcher Richtung Schwingung bzw. Dämpfung auftritt. Bei einer Schwingung ist die Konstante negativ quadratisch und bei einer Dämpfung positiv quadratisch zu definieren. In dieser Aufgabe ist bereits aus den gegebenen Randbedingungen bekannt, dass eine Schwingung in y-Richtung und eine Dämpfung in x-Richtung zu erwarten ist. Daher wird die Konstante zu X_n positiv quadratisch und zu Y_n negativ quadratisch definiert gemäß

$$k_{x,n}^2 := \frac{1}{X_n(x)} \frac{\partial^2 X_n(x)}{\partial x^2} \quad \text{und} \quad -k_{y,n}^2 := \frac{1}{Y_n(y)} \frac{\partial^2 Y_n(y)}{\partial y^2}$$

mit der Nebenbedingung $k_{x,n}^2 - k_{y,n}^2 = 0$. Nun sind beide Konstanten reell.

Die allgemeine Lösung der Laplace-Gleichung in kartesischen Koordinaten lautet dann

$$\varphi_n(x, y) = \left(A_n e^{k_{x,n} x} + B_n e^{-k_{x,n} x}\right)\left(\mathfrak{C}_n \cos\left(k_{y,n} y\right) + \mathfrak{D}_n \sin\left(k_{y,n} y\right)\right).$$

Da die $k_{x,n}$ als reell angenommen wurden, kann man die linke Klammer alternativ mit Hilfe von cosh bzw. sinh-Termen zu formulieren, d. h. es ergibt sich

$$\varphi_n(x, y) = \left(\mathfrak{A}_n \cosh\left(k_{x,n} x\right) + \mathfrak{B}_n \sinh\left(k_{x,n} x\right)\right)\left(\mathfrak{C}_n \cos\left(k_{y,n} y\right) + \mathfrak{D}_n \sin\left(k_{y,n} y\right)\right).$$

Die Konstanten in Fraktur ($\mathfrak{A}_n, \mathfrak{B}_n, \mathfrak{C}_n, \mathfrak{D}_n$) sind nicht identisch mit den Konstanten A_n, B_n, C_n, D_n! Ebenso ist das $k_{y,n}$ für beide Varianten nicht dasselbe!

Bei dieser Vorgehensweise wird man auf separate Probleme in x und y geführt und daher wird sie Separationsmethode genannt.

b) Nutzen Sie die Randbedingungen um das elektrische Potenzial innerhalb dieser Anordnung zu berechnen. Vereinfachen Sie die Lösung des Fourierkoeffizienten soweit wie möglich.

Im folgenden wurden beide Konstanten positiv quadratisch definiert, so dass auf die Indizes x und y verzichtet werden kann.

Randbedingung 1: $\varphi_n(x, y = 0, z) = 0$

$$\begin{aligned} 0 &= \left(A_n e^{k_n x} + B_n e^{-k_n x}\right)(C_n + D_n) \\ &= C_n + D_n \\ \Leftrightarrow \quad D_n &= -C_n \end{aligned}$$

Dabei wird genutzt, dass der Faktor $\left(A_n \mathrm{e}^{k_n x} + B_n \mathrm{e}^{-k_n x}\right)$ $\forall x \in \mathbb{R}$, insbesondere auch $\forall x \in [0, a]$, ungleich null ist. Damit erhält man

$$\varphi_n(x, y) = \left(A_n \mathrm{e}^{k_n x} + B_n \mathrm{e}^{-k_n x}\right) C_n \left(\mathrm{e}^{\mathrm{j}k_n y} - \mathrm{e}^{-\mathrm{j}k_n y}\right).$$

Randbedingung 2: $\varphi_n(x, y = b, z) = 0$

$$\begin{aligned} 0 &= C_n \left(\mathrm{e}^{\mathrm{j}k_n b} - \mathrm{e}^{-\mathrm{j}k_n b}\right) \\ &= 2\mathrm{j}C_n \cdot \frac{\left(\mathrm{e}^{\mathrm{j}k_n b} - \mathrm{e}^{-\mathrm{j}k_n b}\right)}{2\mathrm{j}} \\ &= \tilde{C}_n \sin(k_n b) \quad \text{mit } \tilde{C}_n := 2\mathrm{j}C_n \\ \Rightarrow \quad k_n b &= n\pi \\ \Leftrightarrow \quad k_n &= \frac{n\pi}{b} \quad \text{mit } n \in \mathbb{N}^+ \end{aligned}$$

Es existieren also Summen aus Schwingungsmoden n-ter Ordnung in y-Richtung

$$\varphi_n(x, y) = \left(A_n \mathrm{e}^{k_n x} + B_n \mathrm{e}^{-k_n x}\right) \tilde{C}_n \sin\left(\frac{n\pi}{b} y\right)$$

$$\text{bzw.} \quad \varphi(x, y) = \sum_{n=1}^{\infty} \left(A_n \mathrm{e}^{k_n x} + B_n \mathrm{e}^{-k_n x}\right) \tilde{C}_n \sin\left(\frac{n\pi}{b} y\right).$$

Randbedingung 3: $\varphi_n(x = 0, y, z) = 0$

$$\begin{aligned} 0 &= A_n + B_n \\ \Leftrightarrow \quad B_n &= -A_n \end{aligned}$$

In x-Richtung kann nun eine Dämpfung identifiziert werden, gemäß

$$\begin{aligned} \varphi(x, y) &= \sum_{n=1}^{\infty} A_n \left(\mathrm{e}^{k_n x} - \mathrm{e}^{-k_n x}\right) \tilde{C}_n \sin(k_n y) \\ &= \sum_{n=1}^{\infty} 2A_n \frac{\left(\mathrm{e}^{k_n x} - \mathrm{e}^{-k_n x}\right)}{2} \tilde{C}_n \sin(k_n y) \\ &= \sum_{n=1}^{\infty} \tilde{A}_n \sinh(k_n x) \tilde{C}_n \sin(k_n y) \quad \text{mit } \tilde{A}_n := 2A_n. \end{aligned}$$

Randbedingung 4: $\varphi(x = a, y, z) = f(y)$

An dieser Stelle muss die Randbedingung für alle $n \in \mathbb{N}^+$ betrachtet werden, da diese nicht mehr null ist und die Summe aller Lösungen des Potenzials diese Randbedingung zu erfüllen hat! Die Funktion ist gemäß der Abb. 2.2, rechts in der Aufgabenstellung

$$f(y) := \frac{\varphi_0}{b} y.$$

$$\begin{aligned} f(y) &= \sum_{n=1}^{\infty} \tilde{A}_n \sinh(k_n a) \tilde{C}_n \sin(k_n y) \\ &= \sum_{n=1}^{\infty} F_n \sin\left(\frac{n\pi}{b} y\right) \quad \text{mit } F_n := \tilde{A}_n \tilde{C}_n \sinh(k_n a) \end{aligned}$$

F_n kann als Fourierkoeffizient zur reellen Fourierreihe

$$f(y) = \sum_{n=1}^{\infty} F_n \sin\left(n \frac{2\pi}{T} y\right)$$

einer **ungeraden,** T-periodischen Funktion $f(y)$ identifiziert werden mit

$$F_n = \frac{2}{T} \int_0^T f(y) \sin\left(n \frac{2\pi}{T} y\right) \mathrm{d}y.$$

Durch Koeffizientenvergleich der Argumente der Sinusfunktionen in beiden Fourierreihen $(n\pi/b) = (n2\pi/T)$ ergibt sich für die Periodenlänge $T = 2b$. $f(y)$ muss ungerade fortgesetzt werden (siehe Abb. 2.3).

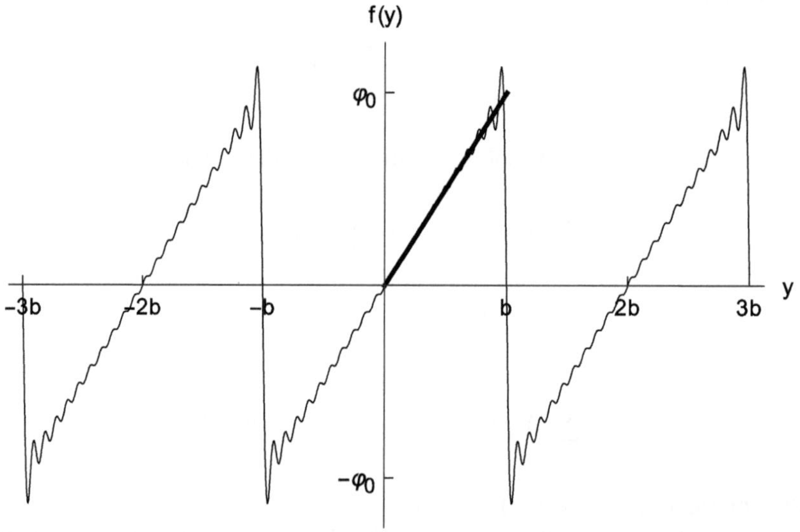

Abb. 2.3 Die dünne Linie zeigt die Fourierreihe $f(y)$ in 20. Ordnung. Die dicke Linie ist der relevante Anteil. Zu sehen ist hier eine ungerade Fortsetzung der Randbedingung

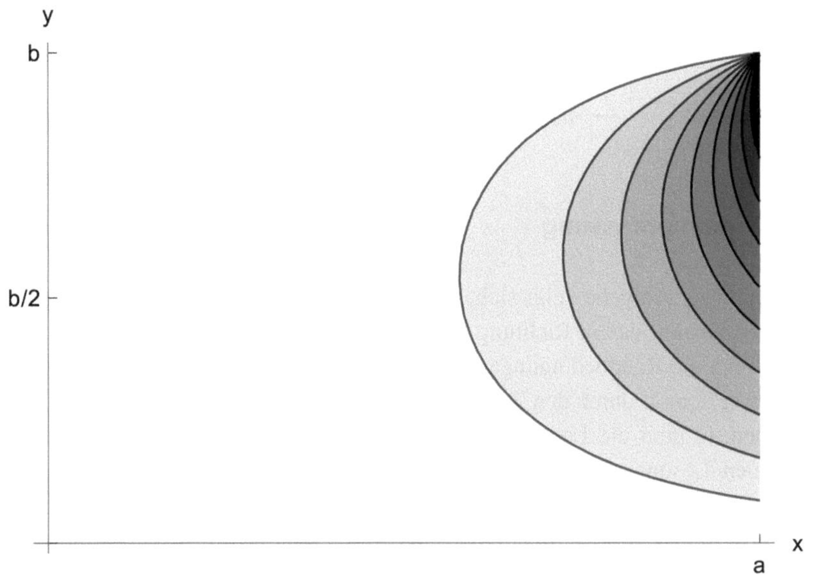

Abb. 2.4 Potenzial zu Aufgabe 2.3 als Konturdiagramm. Im dunklen Bereich ist das Potenzial am größten

Merksatz: Wenn man Dirichlet-Randbedingungen vorgibt, bei denen die Werte des Potenzials am Rand des betrachteten Gebietes festgelegt sind, dann muss die Funktion ungerade fortgesetzt werden.

Allerdings kann über die halbe Periodenlänge $T/2 = b$ integriert und die Lösung verdoppelt werden, da die Flächen in den Intervallen $[0, b)$ und $[b, 2b)$ mit dem sin-Produkt gleich sind. Diese Vorgehensweise erspart das Berechnen von zwei partiellen Integralen. Es folgt zusammen mit dem in der Aufgabenstellung gegebenen Hinweis

$$
\begin{aligned}
F_n &= \frac{2}{b} \int_0^b f(y) \sin\left(\frac{n\pi}{b} y\right) \mathrm{d}y \\
&= \frac{2\varphi_0}{b^2} \int_0^b y \sin\left(\frac{n\pi}{b} y\right) \mathrm{d}y \\
&= \frac{2\varphi_0}{b^2} \left(\frac{1}{\left(\frac{n\pi}{b}\right)^2} \sin\left(\frac{n\pi}{b} y\right) - \frac{1}{\frac{n\pi}{b}} y \cos\left(\frac{n\pi}{b} y\right) \right) \Bigg|_{y=0}^{y=b} \\
&= -\frac{2\varphi_0}{b^2} \frac{b^2}{n\pi} \cos(n\pi) \\
&= -\frac{2\varphi_0}{n\pi} (-1)^n .
\end{aligned}
$$

Umgestellt nach $\tilde{A}_n \tilde{C}_n$ und eingesetzt in $\varphi(x, y)$ folgt als Gesamtlösung (Abb. 2.4)

$$\varphi(x, y) = -\sum_{n=1}^{\infty} \frac{2\varphi_0}{n\pi} \frac{(-1)^n}{\sinh(k_n a)} \sinh(k_n x) \sin(k_n y) \quad \text{mit } k_n = \frac{n\pi}{b}.$$

2.3.4 Zusammenfassung

Im Rahmen dieser Aufgabe zeigt sich, dass die Lösung der Laplace-Gleichung in einem zylindrischen Gebiet, das in Richtung der Zylinderachse unendlich ausgedehnt ist, möglich wird, wenn die Randbedingungen in Richtung der Zylinderachse nicht variieren. Ein repräsentativer Schnitt durch den Zylinder ergibt ein 2-dimensionales Gebiet mit Rändern im Endlichen, in dem die Laplace-Gleichung gelöst wird. Man erhält einen unendlichdimensionalen Lösungsraum, wobei die Basisfunktionen von dem Koordinatensystem abhängen, das an die Geometrie der Ränder angepasst ist; in diesem Fall das kartesische Koordinatensystem. Zur Adaption der Dirichletschen Randbedingungen an die Fourierentwicklung bezüglich der Basisfunktionen wird eine ungerade periodische Fortsetzung der Randbedingungen vorgenommen.

2.4 Neumann-Randbedingung (gerade Fortsetzung)

2.4.1 Motivation

Wie in der vorherigen Aufgabe handelt es sich um eine Standardaufgabe der Elektrostatik, bei der das elektrischen Potenzial im Inneren eines räumlichen Gebietes ermittelt werden soll, wobei die Ableitung des Potenzials auf den Rändern vorgegeben ist. Ein in Richtung seiner Achse unendlich ausgedehntes zylindrisches Gebiet mit rechteckigem Querschnitt kann als Modell für ein zylindrisches Gebiet mit demselben Querschnitt verwendet werden, das in Richtung seiner Achse sehr lang ist und bei dem die Einflüsse der Ränder auf das Potenzial im Inneren nicht interessieren. Im vorliegenden Beispiel ist das Potenzial nur auf einer Fläche des Zylinders von Null verschieden. Betrachtet man nur einen beliebigen orthogonalen Querschnitt durch das zylindrische Gebiet, erhält man eine wohldefinierte Aufgabenstellung: die Laplace-Gleichung auf einem zweidimensionalen Gebiet mit orthogonalen Rändern.

2.4.2 Beschreibung der Aufgabenstellung

Gegeben ist eine in z-Richtung unendlich ausgedehnte, ladungsfreie Anordnung (siehe Abb. 2.5 links). Im gesamten Raum gelte $\varepsilon = \varepsilon_0$. Für das elektrische Potenzial gilt an den Rändern

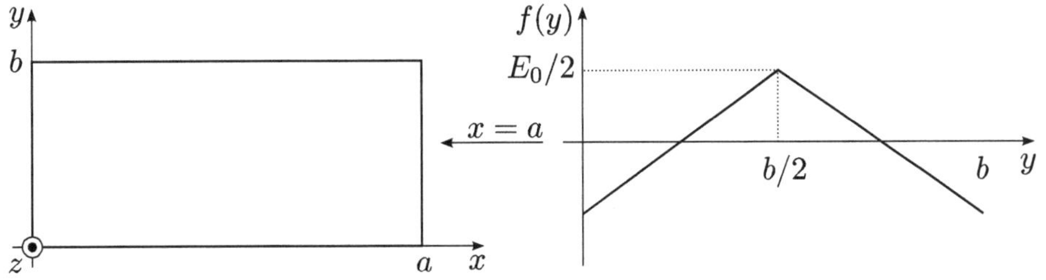

Abb. 2.5 Anordnung zu Aufgabe 2.4. links: Anordnung, rechts: E-Feldverlauf der y-Komponente an der Stelle $x = a$

$$\begin{aligned}
\varphi(x, y = 0, z) &= 0,\\
\varphi(x, y = b, z) &= 0,\\
\varphi(x = 0, y, z) &= 0,\\
\frac{\partial}{\partial y}\varphi(x = a, y, z) &= -f(y).
\end{aligned}$$

Dabei beschreibt $f(y)$ die Funktion die rechts in Abb. 2.5 dargestellt ist.

Aufgaben

a) Geben Sie für das vorliegende Problem das Teilgebiet der Theorie elektromagnetischer Felder und die zugrundeliegende Differentialgleichung an.
b) Nutzen Sie die Randbedingungen um das elektrische Potenzial innerhalb dieser Anordnung zu berechnen. Vereinfachen Sie die Lösung soweit wie möglich.

Hinweis

$$\int x\cos(cx)\mathrm{d}x = \frac{1}{c^2}\cos(cx) + \frac{1}{c}x\sin(cx)$$

2.4.3 Lösung der Aufgabe

a) Geben Sie für das vorliegende Problem das Teilgebiet der Theorie elektromagnetischer Felder und die zugrundeliegende Differentialgleichung an.

Das Teilgebiet ist die Elektrostatik, die zugrundeliegende Differentialgleichung ist die homogene Poisson-Gleichung bzw. Laplace-Gleichung.

b) Nutzen Sie die Randbedingungen um das elektrische Potenzial innerhalb dieser Anordnung zu berechnen. Vereinfachen Sie die Lösung des Fourierkoeffizienten soweit wie möglich.

Das Problem ist nicht von z abhängig. Die allgemeine Lösung der Laplace-Gleichung in kartesischen Koordinaten lautet

$$\varphi_n(x, y) = \left(A_n \mathrm{e}^{k_{x,n}x} + B_n \mathrm{e}^{-k_{x,n}x}\right)\left(C_n \mathrm{e}^{k_{y,n}y} + D_n \mathrm{e}^{-k_{y,n}y}\right).$$

Randbedingung 1: $\varphi_n(x, y = 0, z) = 0$

$$\begin{aligned} 0 &= \left(A_n \mathrm{e}^{k_{x,n}x} + B_n \mathrm{e}^{-k_{x,n}x}\right)(C_n + D_n) \\ &= C_n + D_n \\ \Leftrightarrow \quad D_n &= -C_n \end{aligned}$$

Dabei wird ausgenutzt, dass der Faktor $\left(A_n \mathrm{e}^{k_{x,n}x} + B_n \mathrm{e}^{-k_{x,n}x}\right)$ $\forall x \in \mathbb{R}$, insbesondere auch $\forall x \in [0, a]$ ungleich null ist. Damit erhält man

$$\varphi_n(x, y) = \left(A_n \mathrm{e}^{k_{x,n}x} + B_n \mathrm{e}^{-k_{x,n}x}\right) C_n \left(\mathrm{e}^{k_{y,n}y} - \mathrm{e}^{-k_{y,n}y}\right).$$

Randbedingung 2: $\varphi_n(x, y = b, z) = 0$

$$0 = C_n \left(\mathrm{e}^{k_{y,n}b} - \mathrm{e}^{-k_{y,n}b}\right)$$

Wiederum wird ausgenutzt, dass der Faktor $\left(A_n \mathrm{e}^{k_{x,n}x} + B_n \mathrm{e}^{-k_{x,n}x}\right)$ $\forall x \in \mathbb{R}$, insbesondere auch $\forall x \in [0, a]$ ungleich null ist.

Es können nur Lösungen existieren, wenn $k_{y,n} \in \mathbb{C}$. Mit der Definition $k_{y,n} := \mathrm{j}k_n$ für $k_n \in \mathbb{R}$ folgt aus der Nebenbedingung $k_{x,n} = k_n$.

$$\begin{aligned} 0 &= C_n \left(\mathrm{e}^{\mathrm{j}k_n b} - \mathrm{e}^{-\mathrm{j}k_n b}\right) \\ &= 2\mathrm{j}C_n \cdot \frac{\left(\mathrm{e}^{\mathrm{j}k_n b} - \mathrm{e}^{-\mathrm{j}k_n b}\right)}{2\mathrm{j}} \\ &= \tilde{C}_n \sin(k_n b) \quad \text{mit } \tilde{C}_n := 2\mathrm{j}C_n \\ \Rightarrow \quad k_n b &= n\pi \\ \Leftrightarrow \quad k_n &= \frac{n\pi}{b} \quad \text{mit } n \in \mathbb{N}^+ \end{aligned}$$

Es existieren also Summen aus Schwingungsmoden n-ter Ordnung in y-Richtung

$$\varphi_n(x, y) = \left(A_n e^{k_n x} + B_n e^{-k_n x}\right) \tilde{C}_n \sin\left(\frac{n\pi}{b} y\right)$$

$$\text{bzw.} \quad \varphi(x, y) = \sum_{n=1}^{\infty} \left(A_n e^{k_n x} + B_n e^{-k_n x}\right) \tilde{C}_n \sin\left(\frac{n\pi}{b} y\right).$$

Randbedingung 3: $\varphi_n(x = 0, y, z) = 0$

$$0 = A_n + B_n$$

$$\Leftrightarrow \quad B_n = -A_n$$

In x-Richtung kann nun eine Dämpfung identifiziert werden, gemäß

$$\begin{aligned}
\varphi(x, y) &= \sum_{n=1}^{\infty} A_n \left(e^{k_n x} - e^{-k_n x}\right) \tilde{C}_n \sin(k_n y) \\
&= \sum_{n=1}^{\infty} 2A_n \frac{\left(e^{k_n x} - e^{-k_n x}\right)}{2} \tilde{C}_n \sin(k_n y) \\
&= \sum_{n=1}^{\infty} \tilde{A}_n \sinh(k_n x) \tilde{C}_n \sin(k_n y) \quad \text{mit } \tilde{A}_n := 2A_n.
\end{aligned}$$

Randbedingung 4: $\frac{\partial}{\partial y}\varphi(x = a, y, z) = -f(y)$

An dieser Stelle muss die Randbedingung für alle $n \in \mathbb{N}^+$ betrachtet werden, da diese nicht mehr null ist und die Summe aller Lösungen des Potenzials diese Randbedingung zu erfüllen hat! Die Ableitung des Potenzials ergibt

$$\begin{aligned}
\frac{\partial}{\partial y}\varphi(x, y) &= \sum_{n=1}^{\infty} \tilde{A}_n \sinh(k_n x) \tilde{C}_n k_n \cos(k_n y) \\
-f(y) &= \sum_{n=1}^{\infty} \tilde{A}_n \sinh(k_n a) \tilde{C}_n k_n \cos(k_n y) \\
&= \sum_{n=1}^{\infty} F_n \cos\left(\frac{n\pi}{b} y\right) \quad \text{mit } F_n := \tilde{A}_n \tilde{C}_n k_n \sinh(k_n a).
\end{aligned}$$

F_n kann als Fourierkoeffizient zur reellen Fourierreihe

$$-f(y) = \sum_{n=1}^{\infty} F_n \cos\left(n \frac{2\pi}{T} y\right)$$

einer **geraden,** T-periodischen Funktion $f(y)$ identifiziert werden mit

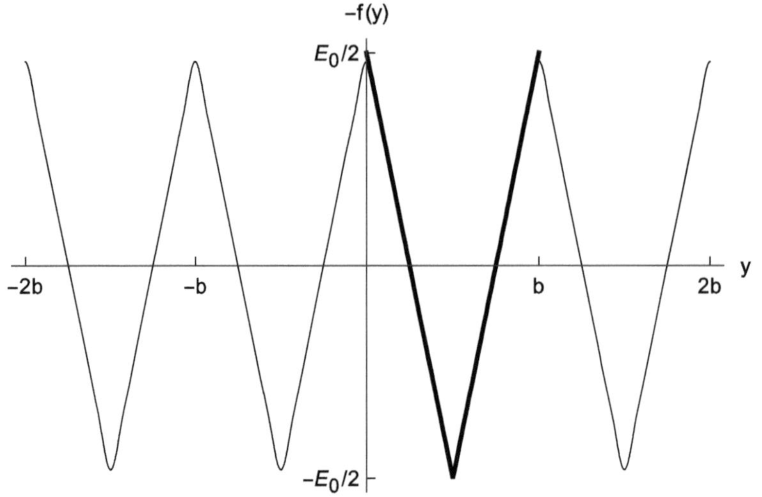

Abb. 2.6 Die dünne Linie zeigt die Fourierreihe $f(y)$ in 20. Ordnung. Die dicke Linie ist der relevante Anteil. Zu sehen ist hier eine gerade Fortsetzung der Randbedingung

$$F_n = -\frac{2}{T}\int_0^T f(y)\cos\left(\frac{n\pi}{T}y\right)\mathrm{d}y.$$

Durch Koeffizientenvergleich $(n\pi/b) = (n2\pi/T)$ ergibt sich für die Periodenlänge $T = 2b$. $f(y)$ muss gerade fortgesetzt werden (siehe Abb. 2.6).

Merksatz: Wenn man Neumann-Randbedingungen vorgibt, bei denen die Werte der Ableitung des Potenzials am Rand des betrachteten Gebietes festgelegt sind, dann muss die Funktion gerade fortgesetzt werden.

Allerdings kann über die halbe Periodenlänge $T/2 = b$ integriert und die Lösung verdoppelt werden, da die Flächen in den Intervallen $[0, b)$ und $[b, 2b)$ mit dem cos-Produkt gleich sind.

Die Funktion gemäß der Abb. 2.5 in der Aufgabenstellung lässt sich parametrisieren zu

$$f(y) := \begin{cases} \frac{2E_0}{b}y - \frac{E_0}{2}, & \text{für } 0 \leq y \leq \frac{b}{2} \\ \frac{2E_0}{b}(b-y) - \frac{E_0}{2}, & \text{für } \frac{b}{2} \leq y \leq b. \end{cases}$$

Für den Fourierkoeffizienten F_n folgt zusammen mit dem in der Aufgabenstellung gegebenen Hinweis

$$
\begin{aligned}
F_n &= -\frac{2}{b}\int_0^b f(y)\cos\left(\frac{n\pi}{b}y\right)\mathrm{d}y \\
&= -\frac{4E_0}{b^2}\left(\int_0^{\frac{b}{2}} y\cos\left(\frac{n\pi}{b}y\right)\mathrm{d}y + \int_{\frac{b}{2}}^{b}(b-y)\cos\left(\frac{n\pi}{b}y\right)\mathrm{d}y\right) + \frac{E_0}{b}\int_0^b \cos\left(\frac{n\pi}{b}y\right)\mathrm{d}y \\
&= -\frac{4E_0}{b^2}\left(\frac{b}{(n\pi)^2}\left(b\cos\left(\frac{n\pi}{b}y\right) + n\pi\, y\sin\left(\frac{n\pi}{b}y\right)\right)\right)\Bigg|_{y=0}^{y=\frac{b}{2}} \\
&\quad - \frac{4E_0}{b^2}\left(-\frac{b^2}{(n\pi)^2}\cos\left(\frac{n\pi}{b}y\right) + \frac{b^2}{n\pi}\sin\left(\frac{n\pi}{b}y\right) - \frac{b}{n\pi}y\sin\left(\frac{n\pi}{b}y\right)\right)\Bigg|_{y=\frac{b}{2}}^{y=b} \\
&\quad + \frac{E_0}{b}\frac{b}{n\pi}\sin\left(\frac{n\pi}{b}y\right)\Bigg|_{y=0}^{y=b} \\
&= -\frac{4E_0}{b^2}\left(\frac{b}{(n\pi)^2}\left(b\cos\left(\frac{n\pi}{2}\right) + \frac{n\pi}{2}b\sin\left(\frac{n\pi}{2}\right) - b\right)\right) \\
&\quad - \frac{4E_0}{b^2}\left(-\frac{b^2}{(n\pi)^2}\cos(n\pi) + \frac{b^2}{(n\pi)^2}\cos\left(\frac{n\pi}{2}\right) - \frac{b^2}{2n\pi}\sin\left(\frac{n\pi}{2}\right)\right) + 0 \\
&= -\frac{4E_0}{(n\pi)^2}\left(\cos\left(\frac{n\pi}{2}\right) + \frac{n\pi}{2}\sin\left(\frac{n\pi}{2}\right) - 1 - \cos(n\pi) + \cos\left(\frac{n\pi}{2}\right) - \frac{n\pi}{2}\sin\left(\frac{n\pi}{2}\right)\right)
\end{aligned}
$$

und damit

$$
\begin{aligned}
F_n &= -\frac{4E_0}{(n\pi)^2}\left(2\cos\left(\frac{n\pi}{2}\right) - 1 - \cos(n\pi)\right) \\
&= -\frac{4E_0}{(n\pi)^2}\left(2\left((-1)^{\frac{n}{2}}\left(\frac{1+(-1)^n}{2}\right)\right) - 1 - (-1)^n\right) \\
&= -\frac{4E_0}{(n\pi)^2}\left((-1)^n + 1\right)\left((-1)^{\frac{n}{2}} - 1\right)
\end{aligned}
$$

Bei der Integration wurde der konstante Anteil $-E_0/2$ der Funktion $f(y)$ als ein Integral in den Grenzen von 0 bis b zusammengefasst. Es zeigt sich dabei, dass dieser Anteil nicht zur Lösung beiträgt.

Umgestellt nach $\tilde{A}_n\tilde{C}_n$ und eingesetzt in $\varphi(x, y)$ folgt als Gesamtlösung (Abb. 2.7)

$$
\begin{aligned}
\varphi(x, y) &= \sum_{n=1}^{\infty} -\frac{4E_0}{(n\pi)^2}\left((-1)^n + 1\right)\left((-1)^{\frac{n}{2}} - 1\right)\frac{1}{k_n}\frac{\sinh(k_n x)}{\sinh(k_n a)}\sin(k_n y) \\
&= \sum_{n=1}^{\infty} -\frac{4E_0 b}{(n\pi)^3}\left((-1)^n + 1\right)\left((-1)^{\frac{n}{2}} - 1\right)\frac{\sinh(k_n x)}{\sinh(k_n a)}\sin(k_n y)
\end{aligned}
$$

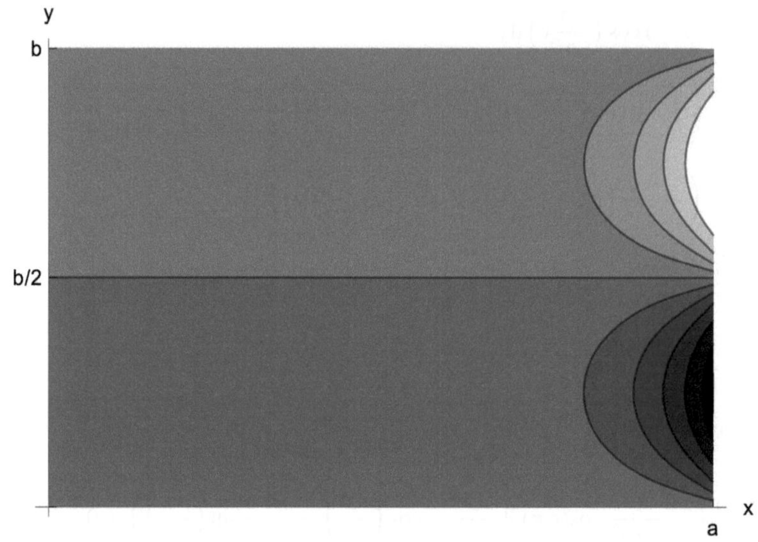

Abb. 2.7 Potenzial zu Aufgabe 2.4 als Konturdiagramm. Im dunklen Bereich ist das Potenzial positiv, im hellen Bereich negativ

2.4.4 Zusammenfassung

Im Rahmen dieser Aufgabe zeigt sich, dass die Lösung der Laplace-Gleichung in einem zylindrischen Gebiet, das in Richtung der Zylinderachse unendlich ausgedehnt ist, möglich wird, wenn die Randbedingungen in Richtung der Zylinderachse nicht variieren. Ein repräsentativer Schnitt durch den Zylinder ergibt ein 2-dimensionales Gebiet mit Rändern im Endlichen, in dem die Laplace-Gleichung gelöst wird. Man erhält einen unendlich-dimensionalen Lösungsraum, wobei die Basisfunktionen von dem Koordinatensystem abhängen, das an die Geometrie der Ränder angepasst ist; in diesem Fall das xyz-Koordinatensystem. Zur Adaption der Neumannschen Randbedingungen an die Fourierentwicklung bezüglich der Basisfunktionen wird eine gerade periodische Fortsetzung der Randbedingungen vorgenommen.

2.5 Grenzflächen im Gebiet

2.5.1 Motivation

Die analytische Bestimmung des elektrischen Potenzials innerhalb eines Gebietes mit räumlich variierender Materialkonstante ε ist nur selten möglich. Lässt sich das Gebiet (näherungsweise) in zwei Teilgebiete mit jeweils konstanter Materialkonstante ε aufteilen, dann kann man unter Berücksichtigung von Übergangsbedingungen (Stetigkeitsbedingungen) an der Grenzfläche eine Potenzialberechnung im gesamten Gebiet durchführen. Das methodische Vorgehen zu Potenzialberechnung wird anhand eines zweifach unendlich ausgedehnten Gebietes, bei dem ein geeigneter Schnitt vorgenommen wird, demonstriert.

2.5.2 Beschreibung der Aufgabenstellung

Gegeben ist eine in z-Richtung und in positiver x-Richtung unendlich ausgedehnte Anordnung. Die Abb. 2.8 zeigt einen Schnitt in der Ebene $z = 0$ der Anordnung. Im gesamten Raum gilt $\varrho = 0$. Für das elektrische Potenzial an den Rändern gilt

$$\begin{aligned}\varphi(-a \leq x < \infty, y = 0, -\infty < z < \infty) &= 0,\\ \varphi(-a \leq x < \infty, y = b, -\infty < z < \infty) &= 0,\\ \varphi(x = -a, 0 \leq y \leq b, -\infty < z < \infty) &= \varphi_0 \sin\left(\frac{\pi}{b} y\right).\end{aligned}$$

Aufgaben

a) Welche geometrische Vereinfachung kann bei der Lösung der zugrundeliegenden partiellen Differentialgleichung getroffen werden? Begründen Sie kurz Ihre Antwort.
b) Formulieren Sie die Randbedingung für das elektrische Potenzial φ für $x \to \infty$.
c) Welche Bedingungen müssen für das elektrische Potenzial φ, das E-Feld und D-Feld an der Grenzfläche $x = 0$ zwischen den beiden Materialien erfüllt sein?
d) Zeigen Sie, dass das elektrische Potenzial φ in den Raumbereichen I und II durch jeweils eine Funktion der Form

$$\varphi(x, y) = \sum_{m=1}^{\infty} \left(\tilde{A}_m e^{k_m x} + \tilde{B}_m e^{-k_m x}\right) \left(\sin(k_m y) + \tilde{C}_m \cos(k_m y)\right)$$

dargestellt werden kann.
e) Bestimmen Sie für beide Raumbereiche die Konstanten k_m, $\tilde{A}_m$, $\tilde{B}_m$, $\tilde{C}_m$ der Potenzialfunktion.

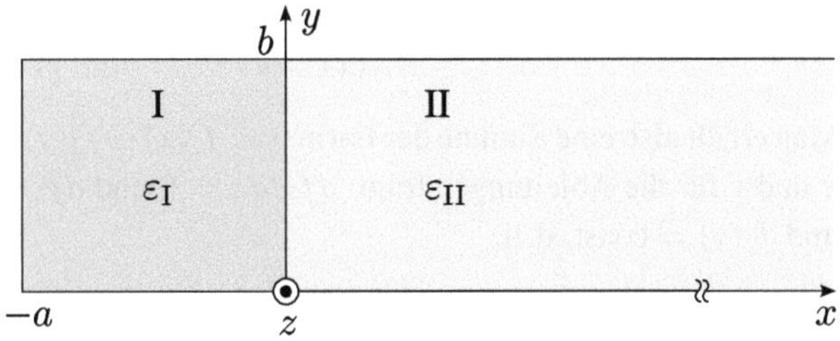

Abb. 2.8 Anordnung zu Aufgabe 2.5 mit einer Grenzfläche bei $x = 0$ und $0 \leq y \leq b$

2.5.3 Lösung der Aufgabe

a) Welche geometrische Vereinfachung kann bei der Lösung der zugrundeliegenden partiellen Differentialgleichung getroffen werden? Begründen Sie kurz Ihre Antwort.

Das Problem ist nicht von z abhängig, es folgt $\varphi = \varphi(x, y)$.

b) Formulieren Sie die Randbedingung für das elektrische Potenzial φ für $x \to \infty$.

Das elektrische Potenzial muss im Unendlichen verschwinden: $\varphi(x \to \infty) = 0$.

c) Welche Bedingungen müssen für das elektrische Potenzial φ, das E-Feld und D-Feld an der Grenzfläche $x = 0$ zwischen den beiden Materialien erfüllt sein?

Da keine Flächenladung an der Grenzfläche $x = 0$ vorhanden ist, gilt $\varphi_{\mathrm{I}} = \varphi_{\mathrm{II}}$, $\mathbf{E}_{\mathrm{t}I} = \mathbf{E}_{\mathrm{t}II}$ (Tangentialenbedingung), $\mathbf{D}_{\mathrm{n}I} = \mathbf{D}_{\mathrm{n}II}$ bzw. $\varepsilon_{\mathrm{I}}\mathbf{E}_{\mathrm{n}I} = \varepsilon_{\mathrm{II}}\mathbf{E}_{\mathrm{n}II}$ (Normalenbedingung).

d) Zeigen Sie, dass das elektrische Potenzial φ in den Raumbereichen I und II durch jeweils eine Funktion der Form

$$\varphi(x, y) = \sum_{m=1}^{\infty} \left(\tilde{A}_m \mathrm{e}^{k_m x} + \tilde{B}_m \mathrm{e}^{-k_m x}\right)\left(\sin(k_m y) + \tilde{C}_m \cos(k_m y)\right)$$

dargestellt werden kann.

Laplace-Gleichung: $\Delta\varphi_m(\mathbf{r}) = 0$.
Produktansatz: $\varphi_m(x, y) = X_m(x)Y_m(y)$.
Produktansatz einsetzen in Laplace-Gleichung und anschließend durch $X_m(x)Y_m(y) \neq 0$ teilen

$$\begin{aligned} 0 &= \Delta\varphi_m(x, y) \\ &= Y_m(y)\frac{\partial^2 X_m(x)}{\partial x^2} + X_m(x)\frac{\partial^2 Y_m(y)}{\partial y^2} \\ &= \frac{1}{X_m(x)}\frac{\partial^2 X_m(x)}{\partial x^2} + \frac{1}{Y_m(y)}\frac{\partial^2 Y_m(y)}{\partial y^2}. \end{aligned}$$

Man erhält also eine Summe der Form $0 = f_1(x) + f_2(y)$, wobei durch Differentiation nach x und y für die Ableitungen folgt: $df_1/dx = 0$ und $df_2/dy = 0$ und damit $f_1(x) = \mathrm{const}$ und $f_2(y) = \mathrm{const}$, d. h.

$$k_{x,m}^2 := \frac{1}{X_m(x)} \frac{\partial^2 X_m(x)}{\partial x^2}$$
$$k_{y,m}^2 := \frac{1}{Y_m(y)} \frac{\partial^2 Y_m(y)}{\partial y^2},$$

mit der Nebenbedingung $k_{x,m}^2 + k_{y,m}^2 = 0$. Hieraus folgt weiterhin, dass ein k imaginär sein muss.

Die Laplace-Gleichung zerfällt in entkoppelte gewöhnliche Differentialgleichungen, deren Lösung für X_m und Y_m identisch erfolgt. Im Folgenden wird nach X_m gelöst, es gilt

$$\frac{\partial^2 X_m(x)}{\partial x^2} - k_{x,m}{}^2 X_m(x) = 0.$$

Der Ansatz $X_m(x) = \mathrm{e}^{\lambda_m x}$ führt auf die charakteristische Gleichung $\lambda_m{}^2 - k_{x,m}{}^2 = 0 \Leftrightarrow \lambda_m = \pm k_{x,m}$. Die Lösung für $X_m(x)$ lautet demnach

$$X_m(x) = A_m \mathrm{e}^{k_{x,m} x} + B_m \mathrm{e}^{-k_{x,m} x}.$$

Da $\varphi(x \to \infty) = 0$ ist, muss $k_{x,m}$ reell und $k_{y,m}$ imaginär sein. Somit gilt $k_{y,m} := \mathrm{j}k_m$ und $k_{x,m} = k_m$ für $k_m \in \mathbb{R}$. Für $Y_m(y)$ folgt analog

$$Y_m(y) = \alpha_m \mathrm{e}^{\mathrm{j}k_m y} + \beta_m \mathrm{e}^{-\mathrm{j}k_m y}.$$

Mit Hilfe der Eulerschen Formel $e^{ja\xi} = \cos(a\xi) + j\sin(a\xi)$ lassen sich die Exponentialfunktionen durch sin- und cos-Termen ausdrücken. Man erhält

$$\begin{aligned} Y_m(y) &= \alpha_m \mathrm{e}^{\mathrm{j}k_m y} + \beta_m \mathrm{e}^{-\mathrm{j}k_m y} \\ &= (\alpha_m + \beta_m)\cos(k_m y) + j(\alpha_m - \beta_m)\sin(k_m y) \\ &= C_m \sin(k_m y) + D_m \cos(k_m y). \end{aligned}$$

Ein Koeffizientenvergleich liefert dann Beziehungen zwischen α_m, β_m und C_m, D_m

$$C_m = \mathrm{j}(\alpha_m - \beta_m), \;\; D_m = \alpha_m + \beta_m,$$

wobei für reelle C_m und D_m die Koeffizienten α_m und β_m konjugiert komplex sein müssen.

Es folgt für das Potenzial

$$\begin{aligned} \varphi(x, y) &= \sum_{m=1}^{\infty} \left(A_m \mathrm{e}^{k_m x} + B_m \mathrm{e}^{-k_m x} \right) (C_m \sin(k_m y) + D_m \cos(k_m y)) \\ &= \sum_{m=1}^{\infty} \left(\tilde{A}_m \mathrm{e}^{k_m x} + \tilde{B}_m \mathrm{e}^{-k_m x} \right) \left(\sin(k_m y) + \tilde{C}_m \cos(k_m y) \right). \end{aligned}$$

Dabei bezeichnet m den laufenden Index und k_m den Wellenvektor der m-ten Mode. Im letzten Schritt wurden alle Koeffizienten unter der Voraussetzung $C_m \neq 0$ durch C_m geteilt und entsprechend umbenannt.

e) Bestimmen Sie für beide Raumbereiche die Konstanten k_m, $\tilde{A}_m$, $\tilde{B}_m$, $\tilde{C}_m$ der Potenzialfunktion.

Für y sind die Randbedingungen in beiden Raumbereichen identisch.

Randbedingung 1: $\varphi(y = 0) = 0$

Hieraus folgt sofort $\tilde{C}_m = 0$ für alle m. Die allgemeine Form des Potenzial für beide Raumbereiche lautet demnach

$$\varphi(x, y) = \sum_{m=1}^{\infty} \left(\tilde{A}_m e^{k_m x} + \tilde{B}_m e^{-k_m x}\right) \sin(k_m y).$$

Randbedingung 2: $\varphi(y = b) = 0$

Es folgt $\sin(k_m y) = 0$, sodass

$$k_m b = m\pi \quad \Leftrightarrow \quad k_m = \frac{m\pi}{b}.$$

Nun werden zwei verschiedene Potenzialfunktionen zur Unterscheidung der Raumbereiche verwendet. Die allgemeinen Konstanten $\tilde{A}_m$ und $\tilde{B}_m$ werden ersetzt durch $\tilde{F}_m$ und $\tilde{G}_m$ bzw. $\tilde{K}_m$ und $\tilde{L}_m$. Die Potenzialfunktionen φ_{I} und φ_{II} lauten

$$\varphi_{\mathrm{I}}(x, y) = \sum_{m=1}^{\infty} \left(F_m e^{\frac{m\pi}{b}x} + G_m e^{-\frac{m\pi}{b}x}\right) \sin\left(\frac{m\pi}{b}y\right),$$

$$\varphi_{\mathrm{II}}(x, y) = \sum_{m=1}^{\infty} \left(K_m e^{\frac{m\pi}{b}x} + L_m e^{-\frac{m\pi}{b}x}\right) \sin\left(\frac{m\pi}{b}y\right).$$

Randbedingung 3: $\varphi_{\mathrm{I}}(x = -a) = \varphi_0 \sin\left(\frac{\pi}{b}y\right)$

$$\varphi_0 \sin\left(\frac{\pi}{b}y\right) = \sum_{m} \left(F_m e^{-\frac{m\pi}{b}a} + G_m e^{\frac{m\pi}{b}a}\right) \sin\left(\frac{m\pi}{b}y\right)$$

$$\Rightarrow \qquad m \in \{1\}$$

$$\text{bzw.} \quad F_m = G_m = 0 \quad \forall m > 1$$

$$\text{mit} \qquad \varphi_0 = F_1 e^{-\frac{\pi}{b}a} + G_1 e^{\frac{\pi}{b}a}$$

$$\text{und} \qquad \varphi_{\mathrm{I}}(x, y) = \left(F_1 e^{\frac{\pi}{b}x} + G_1 e^{-\frac{\pi}{b}x}\right) \sin\left(\frac{\pi}{b}y\right)$$

Dass $m \in \{1\}$ ist, folgt aus einem Vergleich: Die Summe wird sin-Terme höherer Frequenzen (Moden) erzeugen, die linke Seite der Gleichung gebietet aber, dass nur die 1. Mode (d. h. $m = 1$) auftritt. Demzufolge müssen alle Koeffizienten mit $m > 1$ Null sein.

Randbedingung 4: $\varphi_{\mathrm{II}}(x \to \infty) = 0$

$$
\begin{aligned}
0 &= \sum_m \lim_{x\to\infty} \left(K_m \mathrm{e}^{\frac{m\pi}{b}x} + L_m \mathrm{e}^{-\frac{m\pi}{b}x}\right) \sin\left(\frac{m\pi}{b}y\right) \\
\Rightarrow \qquad K_m &= 0 \quad \forall m \in \mathbb{N}^+ \\
\varphi_{\mathrm{II}}(x, y) &= \sum_{m=1}^{\infty} L_m \mathrm{e}^{-\frac{m\pi}{b}x} \sin\left(\frac{m\pi}{b}y\right)
\end{aligned}
$$

Tangentialenbedingung: $\varphi_{\mathrm{I}}(x = 0) = \varphi_{\mathrm{II}}(x = 0)$

$$
\begin{aligned}
(F_1 + G_1) \sin\left(\frac{\pi}{b}y\right) &= \sum_{m=1}^{\infty} L_m \sin\left(\frac{m\pi}{b}y\right) \\
\Rightarrow \qquad F_1 + G_1 &= L_1 \\
\text{und} \qquad L_m &= 0 \quad \forall m > 1 \\
\varphi_{\mathrm{II}}(x, y) &= L_1 \mathrm{e}^{-\frac{\pi}{b}x} \sin\left(\frac{\pi}{b}y\right)
\end{aligned}
$$

Normalenbedingung: $\varepsilon_{\mathrm{I}} \mathbf{E}_{\mathrm{n}I} = \varepsilon_{\mathrm{II}} \mathbf{E}_{\mathrm{n}II}$

$$
\begin{aligned}
E_{\mathrm{n}I} &= -\frac{\partial \varphi_{\mathrm{I}}}{\partial x} = -\frac{\pi}{b}\left(F_1 \mathrm{e}^{\frac{\pi}{b}x} - G_1 \mathrm{e}^{-\frac{\pi}{b}x}\right) \sin\left(\frac{\pi}{b}y\right) \\
E_{\mathrm{n}II} &= -\frac{\partial \varphi_{\mathrm{II}}}{\partial x} = \frac{\pi}{b} L_1 \mathrm{e}^{-\frac{\pi}{b}x} \sin\left(\frac{\pi}{b}y\right)
\end{aligned}
$$

$$
\begin{aligned}
\varepsilon_{\mathrm{I}} E_{\mathrm{n}I}(x = 0) &= \varepsilon_{\mathrm{II}} E_{\mathrm{n}II}(x = 0) \\
\Rightarrow \quad -\varepsilon_{\mathrm{I}} \frac{\pi}{b} (F_1 - G_1) \sin\left(\frac{\pi}{b}y\right) &= \varepsilon_{\mathrm{II}} \frac{\pi}{b} L_1 \sin\left(\frac{\pi}{b}y\right) \\
\Rightarrow \qquad -\varepsilon_{\mathrm{I}} (F_1 - G_1) &= \varepsilon_{\mathrm{II}} L_1
\end{aligned}
$$

Die Unbekannten F_1, G_1 und L_1 können nun über das vollständig bestimmte lineare Gleichungssystem gelöst werden zu

$$
\begin{aligned}
F_1 &= \frac{\varphi_0}{e^{-\frac{\pi a}{b}} + \frac{\varepsilon_{\mathrm{I}}+\varepsilon_{\mathrm{II}}}{\varepsilon_{\mathrm{I}}-\varepsilon_{\mathrm{II}}} e^{\frac{\pi a}{b}}}, \\
G_1 &= \frac{\varepsilon_{\mathrm{I}} + \varepsilon_{\mathrm{II}}}{\varepsilon_{\mathrm{I}} - \varepsilon_{\mathrm{II}}} \cdot \frac{\varphi_0}{e^{-\frac{\pi a}{b}} + \frac{\varepsilon_{\mathrm{I}}+\varepsilon_{\mathrm{II}}}{\varepsilon_{\mathrm{I}}-\varepsilon_{\mathrm{II}}} e^{\frac{\pi a}{b}}}, \\
L_1 &= -\frac{\varepsilon_{\mathrm{I}}}{\varepsilon_{\mathrm{II}}} \left(1 - \frac{\varepsilon_{\mathrm{I}} + \varepsilon_{\mathrm{II}}}{\varepsilon_{\mathrm{I}} - \varepsilon_{\mathrm{II}}}\right) \frac{\varphi_0}{e^{-\frac{\pi a}{b}} + \frac{\varepsilon_{\mathrm{I}}+\varepsilon_{\mathrm{II}}}{\varepsilon_{\mathrm{I}}-\varepsilon_{\mathrm{II}}} e^{\frac{\pi a}{b}}},
\end{aligned}
$$

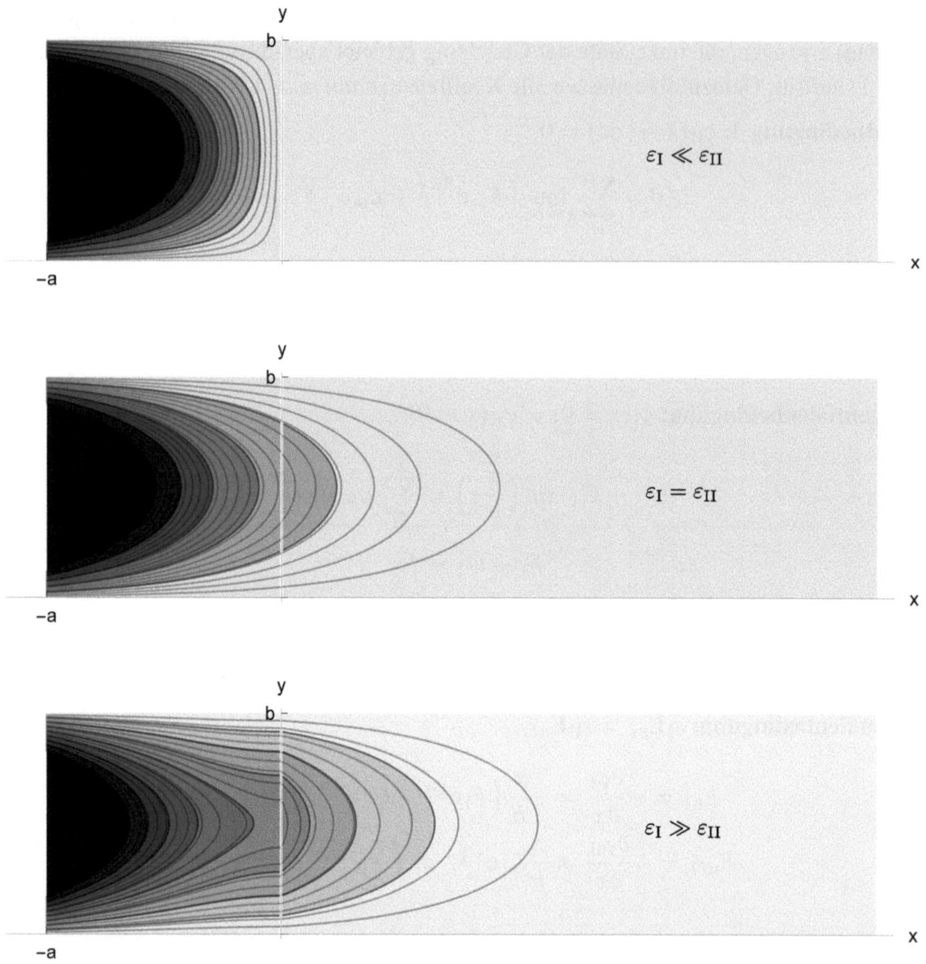

Abb. 2.9 Potenzialverlauf $\varphi(x, y)$ für verschiedene ε. Im dunklen Bereich ist das Potenzial am Höchsten

und man erhält (Abb. 2.9)

$$\varphi(x, y) == \begin{cases} \varphi_I(x, y) & (x, y) \in \text{Bereich } I \\ \varphi_{II}(x, y) & (x, y) \in \text{Bereich } II \end{cases}$$

2.5.4 Zusammenfassung

In dieser Aufgabe wird gezeigt, wie man in Gebieten mit stückweise konstanter Materialkonstante ε das elektrische Potenzial des gesamten Gebietes berechnet. Die Potenzialverteilung wird für unterschiedliche Verhältnisse der Materialkonstanten in den beiden Gebieten grafisch illustriert.

2.6 Spiegelungsmethode

2.6.1 Motivation

In dieser Aufgabe geht es um die Anwendung der sogenannten Spiegelungsmethode, welche die Lösung von Randwertaufgaben der Elektrostatik auf die Berechnung elektrostatischer Elementarfelder zurückführt. Elementarfelder sind elektrostatische Felder bekannter Ladungsanordnungen ohne Randbedingungen im Endlichen und mit bekannten (einfachen) Niveauflächen (Flächen mit konstantem Potenzial). Das elektrische Potenzial in einem bestimmten Gebiet ergibt sich dann als Überlagerung der Potenziale der Ladungen, die auf dem vorgegebenen Rand die entsprechenden Randwerte des Potenzials erzeugen. Die Spiegelungsmethode ist äquivalent zur Methode der Greenschen Funktion und ist hauptsächlich bei einfachen geometrischen Strukturen mit ideal leitfähigen Rändern effizient anwendbar.

2.6.2 Beschreibung der Aufgabenstellung

Entsprechend der in der Abb. 2.10 gegebenen Anordnung befindet sich im Vakuum ($\varepsilon = \varepsilon_0$, $\kappa = 0$) am Punkt $(a, a, 0)$ die Punktladung $Q = Q_1$ vor einem unendlich ausgedehnten, metallischen, ideal leitenden ($\kappa \to \infty$) Medium. Die Grenzfläche des metallischen Mediums wird durch die x, z-Ebene, die y, z-Ebene sowie einer Kugel mit dem Radius R um den Ursprung beschrieben.

Aufgaben

a) Geben Sie für das vorliegende Problem das Teilgebiet der Theorie elektromagnetischer Felder, die zugrundeliegende Differentialgleichung und die Methode zur Lösung des Problems an.
b) Berechnen Sie den Verlauf des Potenzials $\varphi(\mathbf{r})$ im gesamten Raum.
c) Berechnen Sie das E-Feld $\mathbf{E}(\mathbf{r})$ im gesamten Raum.
d) Berechnen Sie die Kraft, welche auf die Punktladung Q wirkt.

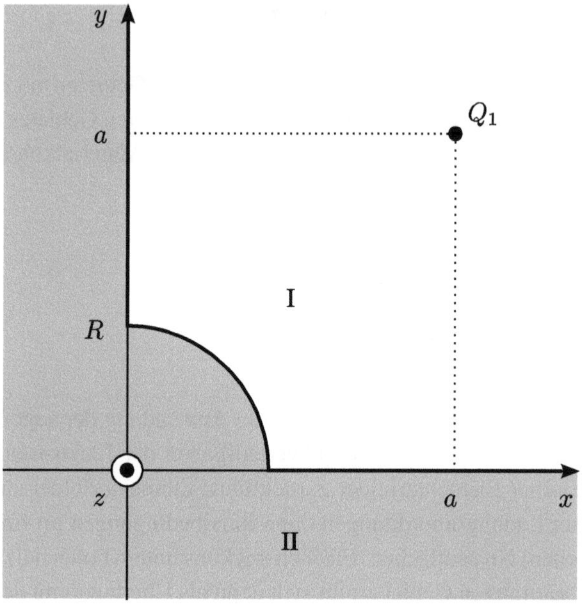

Abb. 2.10 Anordnung zu Aufgabe 2.6. Punktladung Q vor einer runden modifizierten Ecke

2.6.3 Lösung der Aufgabe

a) Geben Sie für das vorliegende Problem das Teilgebiet der Theorie elektromagnetischer Felder, die zugrundeliegende Differentialgleichung und die Methode zur Lösung des Problems an.

Das Teilgebiet ist die Elektrostatik, die zugrundeliegende Differentialgleichung ist die Poisson-Gleichung

$$\Delta\varphi = -\frac{\varrho}{\varepsilon}$$

und die Methode zur Lösung des Problems ist die Spiegelungsmethode.

b) Berechnen Sie den Verlauf des Potenzials $\varphi(\mathbf{r})$ im gesamten Raum.

Im Raumbereich II ist aufgrund des ideal leitenden Materials kein Potenzial und damit kein E-Feld vorhanden. Es gilt $\varphi_{\mathrm{II}}(\mathbf{r}) = 0$ und $\mathbf{E}_{\mathrm{II}}(\mathbf{r}) = \mathbf{0}$.

Für den Raumbereich I sind die Spiegelladungen $Q_2 = -Q$, $Q_3 = Q$ und $Q_4 = -Q$ einzubeziehen, die sich aus der Spiegelung an den Achsen ergeben (gemäß Abb. 2.11). Die Ladungen befinden sich bei den Koordinaten

$$\mathbf{r}_1 = (a, a, 0)^{\mathsf{T}}, \qquad \mathbf{r}_2 = (-a, a, 0)^{\mathsf{T}},$$
$$\mathbf{r}_3 = (-a, -a, 0)^{\mathsf{T}}, \qquad \mathbf{r}_4 = (a, -a, 0)^{\mathsf{T}}.$$

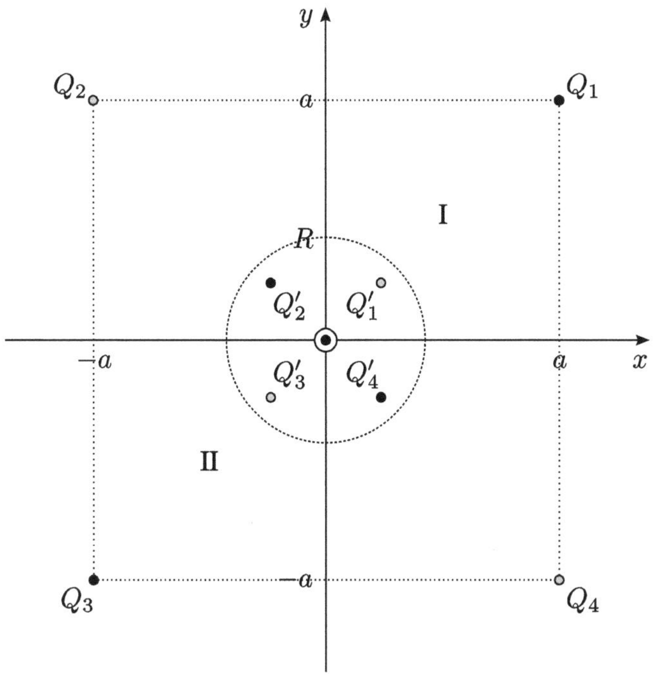

Abb. 2.11 Lösung zu Aufgabe 2.6. Punktladung Q an einer runden Ecke sowie ihre sieben Spiegelladungen

Ebenfalls muss die Spiegelladung Q_1' aufgrund der Kugel im Ursprung, sowie deren eigene Spiegelladungen Q_2', Q_3' und Q_4' aufgrund der Achsspiegelladungen berücksichtigt werden.

Inversion an einer Kugel: Für die Spiegelung an einer Kugel mit Mittelpunkt M und Radius R ist die Spiegelladungsposition $\mathbf{r}'_i$ zu einer Ladung Q mit Position $\mathbf{r}_i$ dadurch festgelegt, dass die Spiegelladung Q' auf der Halbgeraden liegt, die durch M und $\mathbf{r}_i$ aufgespannt wird. Weiterhin muss für alle $i \in \{1, 2, 3, 4\}$

$$\|\mathbf{r}'_i\| = \frac{R^2}{\|\mathbf{r}_i\|} \quad \text{und} \quad Q_i' = -\frac{R}{\|\mathbf{r}_i\|} Q_i$$

gelten. Mit $\|\mathbf{r}_i\| = \sqrt{2}a$ $(i = 1, 2, 3, 4)$ ergeben sich

$$\mathbf{r}'_1 = \left(\frac{R^2}{2a}, \frac{R^2}{2a}, 0\right)^\mathsf{T} \quad \text{und} \quad Q'_1 = -\frac{R}{\sqrt{2}a}Q,$$
$$\mathbf{r}'_2 = \left(-\frac{R^2}{2a}, \frac{R^2}{2a}, 0\right)^\mathsf{T} \quad \text{und} \quad Q'_2 = \frac{R}{\sqrt{2}a}Q,$$
$$\mathbf{r}'_3 = \left(-\frac{R^2}{2a}, -\frac{R^2}{2a}, 0\right)^\mathsf{T} \quad \text{und} \quad Q'_3 = -\frac{R}{\sqrt{2}a}Q,$$
$$\mathbf{r}'_4 = \left(\frac{R^2}{2a}, -\frac{R^2}{2a}, 0\right)^\mathsf{T} \quad \text{und} \quad Q'_4 = \frac{R}{\sqrt{2}a}Q.$$

Sei $\mathbf{r} = (x, y, z)^\mathsf{T}$ ein beliebiger Raumpunkt, dann folgt mit

$$\varphi_\mathrm{I}(\mathbf{r}) = \frac{1}{4\pi\varepsilon_0}\left(\sum_{i=1}^{4}\frac{Q_i}{\|\mathbf{r} - \mathbf{r}_i\|} + \sum_{i=1}^{4}\frac{Q'_i}{\|\mathbf{r} - \mathbf{r}'_i\|}\right)$$

und mit $b := R^2/2a$

$$\|\mathbf{r} - \mathbf{r}_1\| = \sqrt{(x-a)^2 + (y-a)^2 + z^2},$$
$$\|\mathbf{r} - \mathbf{r}_2\| = \sqrt{(x+a)^2 + (y-a)^2 + z^2},$$
$$\|\mathbf{r} - \mathbf{r}_3\| = \sqrt{(x+a)^2 + (y+a)^2 + z^2},$$
$$\|\mathbf{r} - \mathbf{r}_4\| = \sqrt{(x-a)^2 + (y+a)^2 + z^2},$$
$$\|\mathbf{r} - \mathbf{r}'_1\| = \sqrt{(x-b)^2 + (y-b)^2 + z^2},$$
$$\|\mathbf{r} - \mathbf{r}'_2\| = \sqrt{(x+b)^2 + (y-b)^2 + z^2},$$
$$\|\mathbf{r} - \mathbf{r}'_3\| = \sqrt{(x+b)^2 + (y+b)^2 + z^2},$$
$$\|\mathbf{r} - \mathbf{r}'_4\| = \sqrt{(x-b)^2 + (y+b)^2 + z^2}$$

das Potenzial zu

$$\varphi_\mathrm{I}(\mathbf{r}) = \frac{Q}{4\pi\varepsilon_0}\left[\frac{1}{\|\mathbf{r} - \mathbf{r}_1\|} - \frac{1}{\|\mathbf{r} - \mathbf{r}_2\|} + \frac{1}{\|\mathbf{r} - \mathbf{r}_3\|} - \frac{1}{\|\mathbf{r} - \mathbf{r}_4\|} - \frac{R}{\sqrt{2}a}\left(\frac{1}{\|\mathbf{r} - \mathbf{r}'_1\|} - \frac{1}{\|\mathbf{r} - \mathbf{r}'_2\|} + \frac{1}{\|\mathbf{r} - \mathbf{r}'_3\|} - \frac{1}{\|\mathbf{r} - \mathbf{r}'_4\|}\right)\right].$$

c) Berechnen Sie das E-Feld $\mathbf{E}(\mathbf{r})$ im gesamten Raum.

Die Berechnung des E-Feldes erfolgt durch den Gradienten

$$\begin{aligned}\mathbf{E}_\mathrm{I}(\mathbf{r}) &= -\operatorname{grad}\varphi_I(\mathbf{r})\\ &= \frac{Q}{4\pi\varepsilon_0}\left[\frac{\mathbf{r}-\mathbf{r}_1}{\|\mathbf{r}-\mathbf{r}_1\|^3}-\frac{\mathbf{r}-\mathbf{r}_2}{\|\mathbf{r}-\mathbf{r}_2\|^3}+\frac{\mathbf{r}-\mathbf{r}_3}{\|\mathbf{r}-\mathbf{r}_3\|^3}-\frac{\mathbf{r}-\mathbf{r}_4}{\|\mathbf{r}-\mathbf{r}_4\|^3}\right.\\ &\quad\left.-\frac{R}{\sqrt{2}a}\left(\frac{\mathbf{r}-\mathbf{r'}_1}{\|\mathbf{r}-\mathbf{r'}_1\|^3}-\frac{\mathbf{r}-\mathbf{r'}_2}{\|\mathbf{r}-\mathbf{r'}_2\|^3}+\frac{\mathbf{r}-\mathbf{r'}_3}{\|\mathbf{r}-\mathbf{r'}_3\|^3}-\frac{\mathbf{r}-\mathbf{r'}_4}{\|\mathbf{r}-\mathbf{r'}_4\|^3}\right)\right]\end{aligned} \tag{2.25}$$

und

$$\mathbf{E}_\mathrm{II}(\mathbf{r}) = \mathbf{0}$$

d) Berechnen Sie die Kraft, welche auf die Punktladung Q wirkt.

Die Kraft $\mathbf{F}$ auf die Punktladung Q ist gleich der Kraft zwischen der Ladung Q und den Spiegelladungen, wobei man von dem E-Feld ausgeht, das durch die Spiegelladungen am Ort der Punktladung entsteht. In der ursprünglichen Anordnung erzeugt die Punktladung Q an der Leiteroberfläche Ladungen durch Influenz (Küpfmüller ([18], Abschn. 9)), deren E-Feld eine Kraftwirkung auf die Punktladung Q bewirkt. Dieses E-Feld entspricht im Raumbereich I dem E-Feld $\mathbf{E}_{Sp}$ der Spiegelladungen, das sich aus (2.25) ergibt, wenn man das E-Feld der Ladung Q eliminiert (erster Term mit dem Ortsvektor $\mathbf{r}_1$: „Selbstwechselwirkung“). Mit $\mathbf{F} = Q\,\mathbf{E}_{Sp}(\mathbf{r}_1)$ erhält man die Kraft auf die Punktladung (Abb. 2.12)

$$\begin{aligned}\mathbf{F} &= \frac{Q^2}{4\pi\varepsilon_0}\left[-\frac{\mathbf{r}_1-\mathbf{r}_2}{\|\mathbf{r}_1-\mathbf{r}_2\|^3}+\frac{\mathbf{r}_1-\mathbf{r}_3}{\|\mathbf{r}_1-\mathbf{r}_3\|^3}-\frac{\mathbf{r}_1-\mathbf{r}_4}{\|\mathbf{r}_1-\mathbf{r}_4\|^3}\right.\\ &\quad\left.-\frac{R}{\sqrt{2}a}\left(\frac{\mathbf{r}_1-\mathbf{r'}_1}{\|\mathbf{r}_1-\mathbf{r'}_1\|^3}-\frac{\mathbf{r}_1-\mathbf{r'}_2}{\|\mathbf{r}_1-\mathbf{r'}_2\|^3}+\frac{\mathbf{r}_1-\mathbf{r'}_3}{\|\mathbf{r}_1-\mathbf{r'}_3\|^3}-\frac{\mathbf{r}_1-\mathbf{r'}_4}{\|\mathbf{r}_1-\mathbf{r'}_4\|^3}\right)\right]\\ &= \frac{Q^2}{4\pi\varepsilon_0}\left[-\frac{2\mathbf{r}_1-\mathbf{r}_2-\mathbf{r}_4}{\|\mathbf{r}_1-\mathbf{r}_2\|^3}+\frac{\mathbf{r}_1-\mathbf{r}_3}{8\,\|\mathbf{r}_1\|^3}\right.\\ &\quad\left.-\frac{R}{\sqrt{2}a}\left(\frac{\mathbf{r}_1-\mathbf{r'}_1}{\|\mathbf{r}_1-\mathbf{r'}_1\|^3}-\frac{2\mathbf{r}_1-\mathbf{r'}_2-\mathbf{r'}_4}{\|\mathbf{r}_1-\mathbf{r'}_2\|^3}+\frac{\mathbf{r}_1-\mathbf{r'}_3}{\|\mathbf{r}_1-\mathbf{r'}_3\|^3}\right)\right]\\ &= \frac{Q^2}{4\pi\varepsilon_0}\left[-\frac{2\mathbf{r}_1}{\|\mathbf{r}_1-\mathbf{r}_2\|^3}+\frac{\mathbf{r}_1}{4\,\|\mathbf{r}_1\|^3}\right.\\ &\quad\left.-\frac{R}{\sqrt{2}a}\left(\frac{\mathbf{r}_1-\mathbf{r'}_1}{\|\mathbf{r}_1-\mathbf{r'}_1\|^3}-\frac{2\mathbf{r}_1}{\|\mathbf{r}_1-\mathbf{r'}_2\|^3}+\frac{\mathbf{r}_1-\mathbf{r'}_3}{\|\mathbf{r}_1-\mathbf{r'}_3\|^3}\right)\right]\end{aligned}$$

2.6.4 Zusammenfassung

Wie das Beispiel zeigt, lässt sich das elektrische Potenzial einer Ladung in einem zweidimensionalen halboffenen Gebiet, dessen ideal leitende Ränder sich aus Geraden und Kreisen zusammensetzen, in ein einfacher Weise mit Hilfe einfacher elementarer Funktionen ausdrücken. Daraus lassen sich das E-Feld und ggf. auch die Verteilung der Influenzladung auf dem ideal leitenden Rand berechnen.

2.7 Kapazität

2.7.1 Motivation

Die Kenntnis der Verteilung des elektrischen Potenzials bzw. des E-Feldes ist in vielen praktischen Anwendungen unnötig. Vielmehr genügt es oftmals, wenn man für eine gegebene Anordnung ideal leitender Flächen die Kapazität, d. h. den Quotienten von Gesamtladung und der Potenzialdifferenz zwischen diesen Flächen (Spannung), kennt, um z. B. elektrische Systeme zu entwerfen. Die genannten Größen lassen sich meist nur in sehr einfachen Fällen – Kapazität von zwei unendlich ausgedehnten Platten oder Zylinder – elementar berechnen. In dieser Aufgabe wird gezeigt, wie man die Kapazität einer geometrisch komplizierteren Anordnung ideal leitender Flächen ermittelt.

2.7.2 Beschreibung der Aufgabenstellung

Gegeben ist der in Abb. 2.13 dargestellte Hohlkegel mit der Höhe h und dem Öffnungswinkel 2α mit $\alpha \in (0, \frac{\pi}{2})$. Der Hohlkegel ist mit der Spitze isoliert auf eine unendlich ausgedehnte ebene Fläche senkrecht aufgesetzt. Das Potenzial des Hohlkegels sei konstant $\varphi = \varphi_0$ und die Fläche besitze das konstante Potenzial $\varphi = 0$. Sowohl der Hohlkegel als auch die Fläche weisen eine unendliche Leitfähigkeit ($\kappa \to \infty$) auf und im gesamten Raum gilt $\varepsilon = \varepsilon_0$.

Aufgaben

Um Randeffekte zu vernachlässigen wird zunächst für die Höhe des Hohlkegels $h \to \infty$ angenommen.

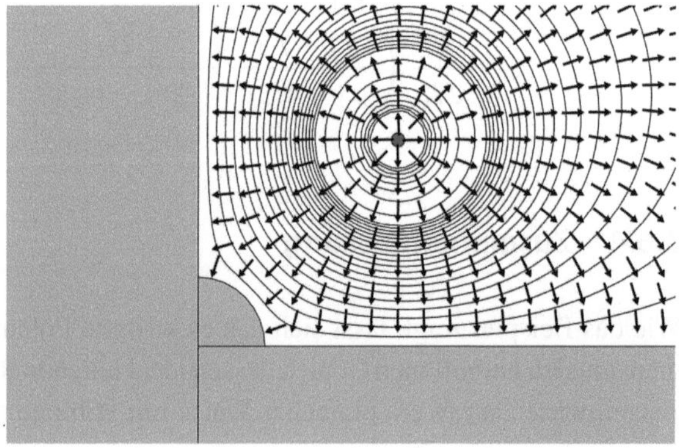

Abb. 2.12 Beispiel des E-Feldes und der Äquipotenziallinien zu Aufgabe 2.6

a) Durch welche Differentialgleichung für das Potenzial φ wird das vorliegende Problem beschrieben?
b) Geben sie die Differentialgleichung aus Aufgabenteil a) in Kugelkoordinaten an und berücksichtigen Sie hierbei die Vereinfachungen, die sich aus der Koordinatenabhängigkeit des Potenzials ergeben.
c) Berechnen Sie das Potenzial φ und das E-Feld im Raum zwischen dem Hohlkegel und der Fläche.
d) Berechnen Sie die Flächenladungsdichte σ_F auf dem Hohlkegel.
   Nun wird von einer endlichen Höhe h des Hohlkegels ausgegangen, wobei die Ergebnisse aus den vorherigen Aufgabenteilen im Sinne einer Näherung weiter verwendet werden sollen.
e) Berechnen Sie die Gesamtladung Q des Hohlkegels sowie die Kapazität C, die der Hohlkegel gegenüber der unendlich ausgedehnten Fläche besitzt.

Hinweise

$$\int \frac{1}{\sin(a)} \mathrm{d}a = \ln\left(\tan\left(\frac{a}{2}\right)\right) + \text{const}$$

$$\frac{\partial}{\partial a}\left(\frac{\ln\left(\tan\left(\frac{a}{2}\right)\right)}{\ln\left(\tan\left(\frac{b}{2}\right)\right)}\right) = \frac{1}{\sin(a)\ln\left(\tan\left(\frac{b}{2}\right)\right)}$$

2.7.3 Lösung der Aufgabe

a) Durch welche Differentialgleichung für das Potenzial φ wird das vorliegende Problem beschrieben?

Das vorliegende Problem wird allgemein beschrieben durch die Laplace-Gleichung

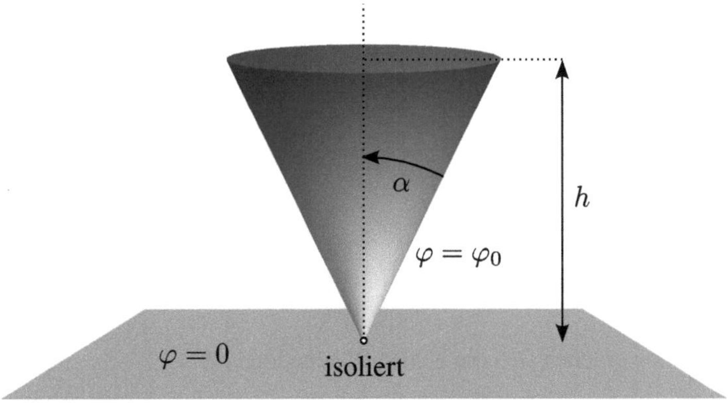

Abb. 2.13 Anordnung zu Aufgabe 2.7. Kegelförmige Kapazität

$$\Delta\varphi(\mathbf{r}) = 0.$$

b) Geben sie die Differentialgleichung aus Aufgabenteil a) in Kugelkoordinaten an und berücksichtigen Sie hierbei die Vereinfachungen, die sich aus der Koordinatenabhängigkeit des Potenzials ergeben.

In Kugelkoordinaten lässt sich der Laplace-Operator $\Delta\varphi$ des Potenzials φ wie folgt schreiben

$$\Delta\varphi(r, \vartheta, \phi) = \frac{1}{r^2}\frac{\partial}{\partial r}\left(r^2\frac{\partial\varphi}{\partial r}\right) + \frac{1}{r^2\sin^2(\vartheta)}\frac{\partial^2\varphi}{\partial\phi^2} + \frac{1}{r^2\sin(\vartheta)}\frac{\partial}{\partial\vartheta}\left(\sin(\vartheta)\frac{\partial\varphi}{\partial\vartheta}\right).$$

Das Potenzial der Anordnung ist nur von ϑ abhängig. Die Abhängigkeit von ϕ verschwindet, da der Hohlkegel rotationssymmetrisch ist, die Abhängigkeit von r verschwindet, da dieser als unendlich lang angenommen wird. Daraus vereinfacht sich die Differentialgleichung zu

$$\Delta\varphi(\vartheta) = \frac{1}{r^2\sin(\vartheta)}\frac{\partial}{\partial\vartheta}\left(\sin(\vartheta)\frac{\partial\varphi}{\partial\vartheta}\right) = 0$$

$$\Rightarrow \qquad \frac{\partial}{\partial\vartheta}\left(\sin(\vartheta)\frac{\partial\varphi}{\partial\vartheta}\right) = 0.$$

c) Berechnen Sie das Potenzial φ und das E-Feld im Raum zwischen dem Hohlkegel und der Fläche.

Potenzialberechnung

Als Ausgangspunkt für die Berechnung des Potenzials ist die vereinfachte Differentialgleichung zu verwenden,

$$\frac{\partial}{\partial\vartheta}\left(\sin(\vartheta)\frac{\partial\varphi}{\partial\vartheta}\right) = 0.$$

Eine Integration über ϑ ergibt

$$\sin(\vartheta)\frac{\partial\varphi}{\partial\vartheta} = C_1.$$

Umgeformt

$$\frac{\partial\varphi}{\partial\vartheta} = \frac{C_1}{\sin(\vartheta)}.$$

Eine zweite Integration über ϑ ergibt unter Anwendung des ersten Hinweises

$$\varphi(\vartheta) = C_1 \ln\left(\tan\left(\frac{\vartheta}{2}\right)\right) + C_2.$$

Aus der Anordnung ergeben sich die beiden Randbedingungen

$$\varphi\left(\vartheta=\frac{\pi}{2}\right)=0$$
$$\varphi\left(\vartheta=\alpha\right)=\varphi_0.$$

Randbedingung 1: $\varphi\left(\vartheta=\frac{\pi}{2}\right)=0$

$$\begin{aligned}0&=C_1\ln\left(\tan\left(\frac{\frac{\pi}{2}}{2}\right)\right)+C_2\\&=C_1\ln(1)+C_2\\&=0+C_2.\\&=C_2.\end{aligned}$$

Es folgt

$$\varphi(\vartheta)=C_1\ln\left(\tan\left(\frac{\vartheta}{2}\right)\right).$$

Randbedingung 2: $\varphi\left(\vartheta=\alpha\right)=\varphi_0$

$$\begin{aligned}&\varphi_0=C_1\ln\left(\tan\left(\frac{\alpha}{2}\right)\right)\\\Leftrightarrow\quad&C_1=\frac{\varphi_0}{\ln\left(\tan\left(\frac{\alpha}{2}\right)\right)}.\end{aligned}$$

Somit ergibt sich für das Potenzial

$$\varphi(\vartheta)=\varphi_0\cdot\frac{\ln\left(\tan\left(\frac{\vartheta}{2}\right)\right)}{\ln\left(\tan\left(\frac{\alpha}{2}\right)\right)}.$$

E-Feld-Berechnung

Der Zusammenhang zwischen Potenzial und elektrischem Feld wird über den Gradienten beschrieben gemäß

$$\mathbf{E}(\mathbf{r})=-\operatorname{grad}\varphi(\mathbf{r}).$$

Der Gradient des Potenzials φ lautet in Kugelkoordinaten:

$$\operatorname{grad}\varphi(r,\vartheta,\phi)=\frac{\partial\varphi}{\partial r}\mathbf{e}_r+\frac{1}{r}\frac{\partial\varphi}{\partial\vartheta}\mathbf{e}_\vartheta+\frac{1}{r\sin(\vartheta)}\frac{\partial\varphi}{\partial\phi}\mathbf{e}_\phi.$$

Da das Potenzial der Anordnung nur von ϑ abhängig ist, folgt

$$\operatorname{grad}\varphi(\vartheta)=\frac{1}{r}\frac{\partial\varphi}{\partial\vartheta}\mathbf{e}_\vartheta.$$

Damit ergibt sich für das elektrische Feld

$$\begin{aligned}\mathbf{E}(\vartheta) &= -\frac{1}{r}\frac{\partial\varphi}{\partial\vartheta}\mathbf{e}_\vartheta \\ &= -\frac{1}{r}\frac{\varphi_0}{\sin(\vartheta)\ln\left(\tan\left(\frac{\alpha}{2}\right)\right)}\mathbf{e}_\vartheta .\end{aligned}$$

Dieses Ergebnis ergibt sich entweder durch Anwendung des zweiten Hinweises auf das berechnete Potenzial oder alternativ durch das umgeformte Zwischenergebnis der Potenzialberechnung vor der zweiten Integration.

d) Berechnen Sie die Flächenladungsdichte σ_F auf dem Hohlkegel.

Die Berechnung der Flächenladungsdichte σ_F erfolgt mit dem Flächennormalenvektor $\mathbf{n} = \mathbf{e}_\vartheta$ zu

$$\begin{aligned}\sigma_\mathrm{F} &= \mathbf{n}\cdot\mathbf{D}\,(\vartheta=\alpha) \\ &= \varepsilon_0\,\mathbf{e}_\vartheta\cdot\mathbf{E}\,(\vartheta=\alpha) \\ &= -\frac{1}{r}\frac{\varepsilon_0\varphi_0}{\sin(\alpha)\ln\left(\tan\left(\frac{\alpha}{2}\right)\right)}\,\mathbf{e}_\vartheta\cdot\mathbf{e}_\vartheta \\ &= -\frac{1}{r}\frac{\varepsilon_0\varphi_0}{\sin(\alpha)\ln\left(\tan\left(\frac{\alpha}{2}\right)\right)} .\end{aligned}$$

e) Berechnen Sie die Gesamtladung Q des Hohlkegels sowie die Kapazität C, die der Hohlkegel gegenüber der unendlich ausgedehnten Fläche besitzt.

Ladungsberechnung

Die Gesamtladung Q berechnet sich über die Aufintegration der Flächenladungsdichte σ_F auf dem Hohlkegelmantel gemäß

$$Q = \iint_A \sigma_\mathrm{F}\,\mathrm{d}A .$$

Das Flächenelement ergibt sich zu

$$\mathrm{d}A = \left\|\frac{\partial\mathbf{r}}{\partial r}\times\frac{\partial\mathbf{r}}{\partial\phi}\right\|\mathrm{d}r\,\mathrm{d}\phi = r\sin(\vartheta)\,\mathrm{d}r\,\mathrm{d}\phi \quad \text{mit } \vartheta=\alpha .$$

Die Integration in r-Richtung hat die Obergrenze $R = h/\cos(\alpha)$. Dies folgt aus der Definition des Kosinus. Damit ergibt sich für die Ladung

$$
\begin{aligned}
Q &= -\int_0^{2\pi}\int_0^{\frac{h}{\cos(\alpha)}} \frac{1}{r}\frac{\varepsilon_0\varphi_0}{\sin(\alpha)\ln\left(\tan\left(\frac{\alpha}{2}\right)\right)} r\sin(\alpha)\,\mathrm{d}r\,\mathrm{d}\phi \\
&= -\int_0^{2\pi}\int_0^{\frac{h}{\cos(\alpha)}} \frac{\varepsilon_0\varphi_0}{\ln\left(\tan\left(\frac{\alpha}{2}\right)\right)}\mathrm{d}r\,\mathrm{d}\phi \\
&= -\frac{\varepsilon_0\varphi_0}{\ln\left(\tan\left(\frac{\alpha}{2}\right)\right)}\int_0^{\frac{h}{\cos(\alpha)}}\mathrm{d}r\int_0^{2\pi}\mathrm{d}\phi \\
&= -\frac{\varepsilon_0\varphi_0}{\ln\left(\tan\left(\frac{\alpha}{2}\right)\right)}\, r\Big|_0^{\frac{h}{\cos(\alpha)}}\ \phi\Big|_0^{2\pi} \\
&= -\frac{2\pi\varepsilon_0\varphi_0 h}{\cos(\alpha)\ln\left(\tan\left(\frac{\alpha}{2}\right)\right)}.
\end{aligned}
$$

Kapazitätsberechnung

$$
\begin{aligned}
C &= \frac{Q}{\varphi_0} \\
&= -\frac{2\pi\varepsilon_0 h}{\cos(\alpha)\ln\left(\tan\left(\frac{\alpha}{2}\right)\right)}.
\end{aligned}
$$

Das Ergebnis ist für $\alpha \in (0, \frac{\pi}{2})$ stets positiv, da der Logarithmus im Nenner für diesen Wertebereich negativ wird. Geht α gegen null, so gilt $C = 0$. Für $\alpha = \pi/2$, gilt $C \to \infty$.

2.7.4 Zusammenfassung

Es wurde gezeigt, wie die Kapazität einer komplizierteren Anordnung ideal leitender Flächen mit Hilfe der Lösung der zugehörigen Laplace-Gleichung bestimmt werden kann. Während das elektrische Potenzial und das zugehörige elektrische Feld eine überabzählbar unendliche Menge von Daten repräsentieren, wird das elektrische Verhalten dieser Anordnung in Bezug auf die Spannung zwischen den separierten Flächen bereits durch eine zahlenmäßige Größe – die Kapazität – charakterisiert.

Stationäres Strömungsfeld 3

3.1 Einleitung

In der Elektrostatik, siehe Kap. 2, betrachtet man die statische Näherung des elektrischen Feldes, bei der Ladungen bzw. Ladungsdichten keine räumlichen Verschiebungen erfahren. Im Rahmen der stationären Näherung des elektrischen Feldes werden räumliche Verschiebungen von Ladungen zugelassen, deren Ursache elektrische Felder sind. Dagegen werden zeitliche Veränderungen der Ladungsdichten ausgeschlossen und es wird gefordert, dass die „Strömung“ der elektrischen Ladungen zeitlich konstant ist, d. h. in Analogie zu laminaren Strömungen von Flüssigkeiten ist das Geschwindigkeitsfeld $\mathbf{v}$ in jedem Raumpunkt mit dem Ortsvektor $\mathbf{r}$, in dem sich eine Ladung befindet, zeitlich konstant. Weitere Einzelheiten findet man bei Lehner [15, Abschn. 4] und bei Küpfmüller [20, Teil IV].

Entsprechend kann die Strömung elektrischer Ladungen mit Hilfe der elektrischen Stromdichte $\mathbf{J}$ beschrieben werden, welche folgendermaßen definiert ist,

$$\mathbf{J}(\mathbf{r}) := \varrho(\mathbf{r}) \cdot \mathbf{v}(\mathbf{r}). \tag{3.1}$$

Der elektrische Strom I wird dann als eine auf die gerichtete Fläche A bezogene integrale Größe definiert,

$$I := \iint_A \mathbf{J} \cdot \mathrm{d}\mathbf{A}. \tag{3.2}$$

Zur Bestimmung der Stromdichte $\mathbf{J}$ des elektrischen Strömungsfeldes geht man davon aus, dass es einen Zusammenhang von $\mathbf{J}$ und dem als rotationsfrei angenommenen E-Feld $\mathbf{E}$ gibt. Man spricht vom „Ohmschen Gesetz“, wenn es sich um einen linearen Zusammenhang handelt

$$\mathbf{J} = \kappa \mathbf{E}, \tag{3.3}$$

wobei κ die elektrische Leitfähigkeit ist und $\operatorname{rot} \mathbf{E} = \mathbf{0}$ gilt.

J. Anders et al., *Übungsbuch Elektromagnetische Feldtheorie*,
https://doi.org/10.1007/978-3-662-72186-5_3

Schließlich reduziert sich aufgrund der Annahme zeitunabhängiger Ladungsdichten die Kontinuitätsgleichung

$$\frac{\partial \varrho}{\partial t} + \operatorname{div} \mathbf{J} = 0, \tag{3.4}$$

welche die nach aller Erfahrung gültige Ladungserhaltung beschreibt, vgl. Kap. 1, auf ihre stationäre Form

$$\operatorname{div} \mathbf{J} = 0. \tag{3.5}$$

Die Grundgleichungen des elektrischen Strömungsfeldes lauten demnach im Fall linearer Medien (Ohmscher Fall)

$$\operatorname{rot} \mathbf{E} = \mathbf{0}, \tag{3.6}$$

$$\operatorname{div} \mathbf{J} = 0, \tag{3.7}$$

$$\mathbf{J} = \kappa \mathbf{E}. \tag{3.8}$$

Dieser Satz von Gleichungen lässt sich reduzieren, indem man das E-Feld mit Hilfe des elektrischen skalaren Potenzials φ gemäß $\mathbf{E} = -\operatorname{grad} \varphi$ ausdrückt, den div-Operator auf das Ohmsche Gesetz anwendet und das E-Feld durch den Gradienten des skalaren Potenzials substituiert. Man erhält dann für ein ortsunabhängiges κ eine Laplace-Gleichung für das Potenzial φ

$$\operatorname{div} \mathbf{J} = -\kappa \operatorname{div} \operatorname{grad} \varphi = -\kappa \, \Delta\varphi = 0. \tag{3.9}$$

Um elektrische Strömungsfelder mit Hilfe von Gl. (3.9) analysieren zu können, sind – wie üblich – noch Randbedingungen zu berücksichtigen. Grundsätzlich können wie in der Elektrostatik das elektrische Potenzial und/oder das E-Feld, d. h. die Ableitung des elektrischen Potenzials in Normalenrichtung, auf dem Rand vorgegeben werden; im ersten Fall handelt es sich um *Dirichlet-* im zweiten um *Neumann- Randbedingungen.* Physikalisch gesehen wird man in das Gebiet, in dem man die elektrische Strömung berechnen will, einen Strom oder eine Stromdichte einleiten. Setzt man das Ohmsche Gesetz voraus, dann handelt es sich in diesem Randbereich letztlich um die Vorgabe des elektrischen Feldes und damit um die Ableitung des elektrischen Potenzials. Anders als im elektrostatischen Fall sind somit im stationären elektrischen Strömungsfeld auch Neumann-Randbedingungen von größerer Bedeutung.

Neben den Randbedingungen sind im elektrischen Strömungsfeld – wie üblich – auch Grenzbedingungen zu berücksichtigen, wenn sich die Eigenschaften – hier also die Leitfähigkeit κ – in dem betrachteten Gebiet sprunghaft ändern, d. h. κ dort stückweise konstant ist.

Wegen der Quellenfreiheit der elektrischen Stromdichte gemäß Gln. (3.5) muss in die Grenzfläche genauso viel Strom eintreten wie auf der anderen Seite austritt und daher muss

$$J_{n1} = J_{n2} \tag{3.10}$$

gelten. *Die Normalkomponente der Stromdichte ist also an Grenzflächen stetig.*

Aus der Gleichheit der tangentialen Komponenten des E-Feldes

$$E_{t1} = E_{t2}, \tag{3.11}$$

welche aufgrund von rot $\mathbf{E} = \mathbf{0}$ gilt, folgt mit dem Ohmschen Gesetz für lineare Medien

$$\frac{J_{t1}}{J_{t2}} = \frac{\kappa_1}{\kappa_2}. \tag{3.12}$$

Die Tangentialkomponenten der Stromdichte verhalten sich an Grenzflächen daher wie die Leitfähigkeiten der aneinander grenzenden Stoffe. Weitere Einzelheiten über das elektrische Verhalten an Grenzflächen zwischen Leitern mit unterschiedlicher Leitfähigkeit findet man bei Lehner [15, S. 264–269]. An der Grenzfläche zwischen einem Leiter und einem Nichtleiter ist die Normalkomponente der Stromdichte gleich Null.

Abschließend wollen wir noch auf das Joulesche Gesetz im elektrischen Strömungsfeld eingehen. In Kap. 1 wurde der Energieerhaltungssatz für elektromagnetische Felder eingeführt. Die darin enthaltene Joulesche Verlustleistung lässt sich in räumlichen Gebieten mit konstanter Leitfähigkeit κ folgendermaßen darstellen

$$\mathbf{J}(\mathbf{r}) \cdot \mathbf{E}(\mathbf{r}) = \frac{1}{\kappa} \|\mathbf{J}(\mathbf{r})\|^2. \tag{3.13}$$

Daraus ergibt sich die in einem Volumen V in Wärme umgesetzte elektrische Leistung P

$$P = \frac{1}{\kappa} \iiint_V \|\mathbf{J}(\mathbf{r})\|^2 \, dV. \tag{3.14}$$

Im Fall eines Ohmschen Widerstandes in einem elektrischen Netzwerk entspricht das der Beziehung $P = RI^2$.

3.2 Berechnung des elektrischen Potenzials in einem leitenden, unendlich ausgedehnten zylindrischen Gebiet

3.2.1 Motivation

Zur Berechnung der Stromdichte in einer rechteckigen Kontaktschiene sollen das elektrische Potenzial und das E-Feld berechnet werden. Ein in Richtung seiner Achse unendlich ausgedehntes zylindrisches Gebiet mit rechteckigem Querschnitt kann als Modell für ein zylindrisches Gebiet mit demselben Querschnitt verwendet werden, das in Richtung seiner Achse sehr lang ist und bei dem die Einflüsse der weit entfernten Ränder auf das Potenzial im Inneren nicht interessieren. In diesem Fall kann man sich wie in der Elektrostatik auf die Betrachtung eines beliebigen orthogonalen Querschnitt des zylindrischen Gebietes beschränken. Für das Potenzial ist ein Separationsansatz mit freien Konstanten vorgegeben, die mit Hilfe der Randbedingungen bestimmt werden sollen.

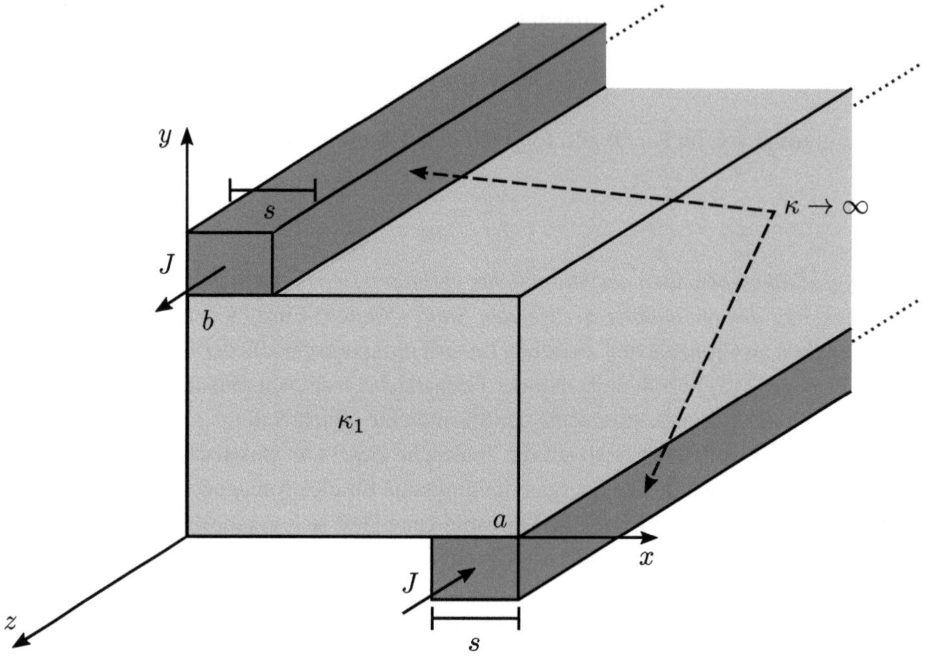

Abb. 3.1 Kontaktschiene

3.2.2 Beschreibung der Aufgabenstellung

Es ist eine in z-Richtung unendlich ausgedehnte rechteckige Kontaktschiene mit endlicher Leitfähigkeit κ_1 gemäß Abb. 3.1 gegeben.

Die rechteckige Kontaktschiene wird über zwei ebenfalls in z-Richtung unendlich ausgedehnte Zuleitungen mit einem Strombelag $J = \frac{i}{L}$ (Strom pro Länge) durchflossen, wobei L die axiale Bezugslänge ist. Die beiden Zuleitungen seien unendlich leitfähig ($\kappa \to \infty$). Aufgrund der Zylindersymmetrie des Problems kann man sich auf die Betrachtung eines Querschnitts an einer beliebigen Stelle in z-Richtung beschränken. Für den gewählten zweidimensionalen Querschnitt der Kontaktschiene ist innerhalb des endlich leitfähigen Materials der folgende Ansatz für das elektrische Potenzial φ gegeben

$$\varphi\,(x, y) = p_0 + p_1 y + [A\cos\,(kx) + B\sin(kx)]\left(C\mathrm{e}^{ky} + D\mathrm{e}^{-ky}\right). \tag{3.15}$$

An den Rändern der Kontaktschiene darf außerhalb der Kontaktstellen kein Strom austreten. Daraus ergeben sich folgende Randbedingungen:

$$\left.\frac{\partial\varphi}{\partial x}\right|_{x=0} = \left.\frac{\partial\varphi}{\partial x}\right|_{x=a} = 0 \quad \text{für alle } y \in [0, b] \tag{3.16}$$

Zufließender Strom, aber wegen Normalenvektor $\mathbf{n} = -\mathbf{e}_y$ am Zufluss ergibt sich ein negatives Vorzeichen:

$$\left.\frac{\partial \varphi}{\partial y}\right|_{y=0} = \begin{cases} -\dfrac{i}{\kappa s l} & \text{für alle} x \text{ mit} a - s < x < a, \\ 0 & \text{für alle} x \text{ mit} 0 < x < a - s, \end{cases} \tag{3.17}$$

Abfließender Strom, daher negatives Vorzeichen:

$$\left.\frac{\partial \varphi}{\partial y}\right|_{y=b} = \begin{cases} -\dfrac{i}{\kappa s l} & \text{für alle} x \text{ mit} 0 < x < s, \\ 0 & \text{für alle} x \text{ mit} s < x < a. \end{cases} \tag{3.18}$$

Aufgaben

a) Für welche Differenzialgleichung ist $\varphi(x, y)$ aus Gl. (3.15) eine Lösung? Weisen Sie nach, dass es sich um eine Lösung handelt.
b) Welche Koeffizienten A, B, C, D und k aus Gl. (3.15) lassen sich mit Hilfe der Randbedingungen aus Gl. (3.16) festlegen?
c) Wie viele Basislösungen φ_n ergeben sich aus Aufgabenteil b)? Bilden Sie die allgemeine Lösung der Gl. (3.15) durch Summation

$$\varphi = \sum_n \alpha_n \varphi_n \quad \text{mit} \quad \sum_n \alpha_n = 1$$

unter Angabe der Grenzen.
d) Weisen Sie nach, dass der Term p_0 nicht in das E-Feld eingeht.
e) Bestimmen Sie den Koeffizienten p_1 mit Hilfe der Momentenmethode unter Verwendung der Randbedingung (3.25).

3.2.3 Lösung der Aufgabe

a) Für welche Differentialgleichung ist $\varphi(x, y)$ aus Gl. (3.15) eine Lösung? Weisen Sie nach, dass es sich um eine Lösung handelt.

Der Ansatz für das elektrische Potenzial $\varphi(x, y)$ erfüllt die Laplace-Gleichung

$$\Delta\varphi = 0$$

In kartesischen Koordinaten ergibt sich

$$\Delta\varphi = \frac{\partial^2 \varphi}{\partial x^2} + \frac{\partial^2 \varphi}{\partial y^2} + \frac{\partial^2 \varphi}{\partial z^2}$$

Nun wird der Ansatz für das elektrische Potenzial in die Laplace-Gleichung eingesetzt

$$\begin{aligned}\Delta\varphi(x,y) &= \frac{\partial^2\varphi(x,y)}{\partial x^2} + \frac{\partial^2\varphi(x,y)}{\partial y^2}\\ &= -k^2\left(A\cos(kx) + B\sin(kx)\right)\left(C\mathrm{e}^{ky} + D\mathrm{e}^{-ky}\right)\\ &\quad + k^2\left(A\cos(kx) + B\sin(kx)\right)\left(C\mathrm{e}^{ky} + D\mathrm{e}^{-ky}\right)\\ &= 0.\end{aligned}$$

b) Welche Koeffizienten A, B, C, D und k aus Gl. (3.15) lassen sich mit Hilfe der Randbedingungen festlegen?

$$\left.\frac{\partial\varphi}{\partial x}\right|_{x=0} = k\left[-A\sin(k\cdot 0) + B\cos(k\cdot 0)\right] = 0 \tag{3.19}$$

Es ergibt sich aus der ersten Randbedingung, dass der Koeffizient $B = 0$ ist.

$$\left.\frac{\partial\varphi}{\partial x}\right|_{x=a} = -kA\sin(k\cdot a) = 0 \tag{3.20}$$

Aus der zweiten Randbedingung ergibt sich die Lösung für den Koeffizienten k

$$k_n = \frac{n\cdot\pi}{a} \quad n\in\mathbb{N} \tag{3.21}$$

Als Zwischenlösung für das elektrische Potenzial ergibt sich

$$\varphi_n(x,y) = p_0 + p_1 y + \cos(k_n x)\left(\tilde{C}\mathrm{e}^{k_n y} + \tilde{D}\mathrm{e}^{-k_n y}\right).$$

c) Wie viele Basis-Lösungen φ_n ergeben sich aus Aufgabenteil b)? Bilden Sie die allgemeine Lösung der Gl. (3.15) durch Summation, unter Angabe der Grenzen.

Nach (3.21) gibt es unendlich viele Basis-Lösungen und somit ergibt sich

$$\varphi = \sum_{n=1}^{\infty}\alpha_n\varphi_n$$

mit $\sum_{n=1}^{\infty}\alpha_n = 1$.

$$\varphi(x, y) = \sum_{n=1}^{\infty} \alpha_n \left(p_0 + p_1 y + \cos(k_n x) \left(\tilde{C} \mathrm{e}^{k_n y} + \tilde{D} \mathrm{e}^{-k_n y} \right) \right) \tag{3.22}$$

$$= p_0 \sum_{n=1}^{\infty} \alpha_n + p_1 y \sum_{n=1}^{\infty} \alpha_n + \sum_{n=1}^{\infty} \alpha_n \cos(k_n x) \left(\tilde{C} \mathrm{e}^{k_n y} + \tilde{D} \mathrm{e}^{-k_n y} \right) \tag{3.23}$$

$$= p_0 + p_1 y + \sum_{n=1}^{\infty} \cos(k_n x) \left(\tilde{c}_n \cdot \mathrm{e}^{k_n y} + \tilde{d}_n \cdot \mathrm{e}^{-k_n y} \right) \tag{3.24}$$

$$\text{mit} \quad \tilde{c}_n = \alpha_n \cdot \tilde{C} \quad \text{und} \quad \tilde{d}_n = \alpha_n \cdot \tilde{D}$$

d) Weisen Sie nach, dass der Term p_0 nicht in das E-Feld eingeht.

Das E-Feld lässt sich über den negativen Gradienten des elektrischen Potenzials bestimmen

$$\begin{aligned}
\mathbf{E} &= -\operatorname{grad} \varphi \\
&= -\frac{\partial \varphi(x, y)}{\partial x} \mathbf{e}_x - \frac{\partial \varphi(x, y)}{\partial y} \mathbf{e}_y \\
&= \sum_{n=1}^{\infty} k_n \sin(k_n x) \left(\tilde{c}_n \mathrm{e}^{k_n y} + \tilde{d}_n \mathrm{e}^{-k_n y} \right) \mathbf{e}_x \\
&\quad - \left(p_1 + \sum_{n=1}^{\infty} k_n \cos(k_n x) \left(\tilde{c}_n \mathrm{e}^{k_n y} - \tilde{d}_n \mathrm{e}^{-k_n y} \right) \right) \mathbf{e}_y
\end{aligned}$$

e) Bestimmen Sie den Koeffizienten p_1 mit Hilfe der Momentenmethode unter Verwendung der Randbedingung (3.25).

Erzwingen der Neumann-Randbedingung (3.25) am Rand mit zufließender Stromdichte

$$\begin{aligned}
\left. \frac{\partial \varphi}{\partial y} \right|_{y=0, x \in [0,a]} &= p_1 + \sum_{n=1}^{\infty} k_n \cos(k_n x) \left(\tilde{c}_n \mathrm{e}^{k_n 0} - \tilde{d}_n \mathrm{e}^{-k_n 0} \right) \\
&\stackrel{!}{=} \begin{cases} -\dfrac{i}{\kappa s l} & \forall x : a - s < x < a, \\ 0 & \forall x : 0 < x < a - s, \end{cases}
\end{aligned} \tag{3.25}$$

„Testen" der Gleichheit beider Ausdrücke mit der Momentenmethode nach Galerkin, vgl. [6, Kap. 1]: Durch Wichtung beider Seiten von (3.25) mit den orthogonalen „Testfunktionen"

$$\{\cos(k_m x)\}_{m=0}^{\infty} = \{1, \cos\left(\frac{\pi}{a} x\right), \cos\left(\frac{2\pi}{a} x\right), \ldots, \cos\left(\frac{n\pi}{a} x\right), \ldots\} \tag{3.26}$$

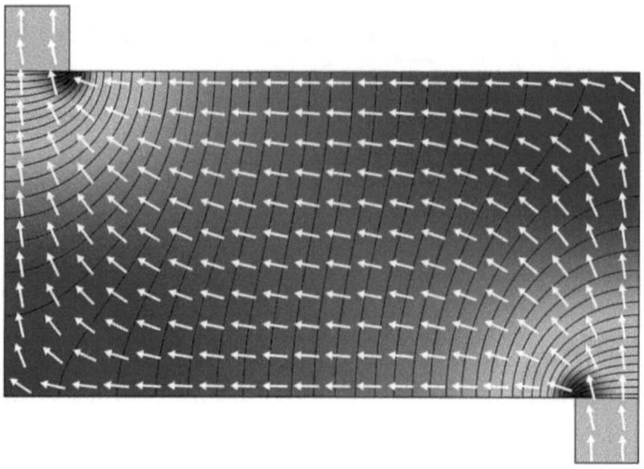

Abb. 3.2 Beispiel für den Stromfluss im leitfähigen Gebiet mit einer Leitfähigkeit von 1 S/m und Kontaktschienen aus Kupfer

und Integration von x über das Intervall $[0, a]$ erhält man abzählbar unendlich viele „Momente“ der Funktionen. Die gewünschte Gleichheit wird über einen Vergleich dieser Momente erreicht. Für den Fall $m = 0$ erhält man p_1:

$$\int_0^a p_1 dx = \int_{a-s}^a -\frac{i}{\kappa s l} dx,$$

wobei die Summenterm aufgrund der Orthogonalität der Testfunktionen verschwindet. Es ergibt sich

$$p_1 a = -\frac{i}{\kappa s l} s \iff p_1 = -\frac{i}{\kappa a l}.$$

Weitere Koeffizienten des Lösungsansatzes (3.24) lassen sich mit den anderen Testfunktionen (3.26) berechnen und man erhält mit Hilfe des E-Feldes die in (Abb. 3.2) gezeigte Stromdichte in der Kontaktschiene.

3.2.4 Zusammenfassung

Für das elektrische Potenzial innerhalb der Stromschiene erhält man eine Funktionenreihe, die in x-Richtung kosinusförmig und in y-Richtung exponentiell variiert, sowie einen konstanten und einen linear in y veränderlichen Term. Das mit Hilfe des Gradientenoperators gebildete E-Feld enthält nur noch die Konstante des linearen in y veränderlichen Terms. Aufgrund der konstanten Leitfähigkeit der Stromschiene ist die Stromdichte proportional zum E-Feld.

3.3 Ortsabhängige Leitfähigkeit

3.3.1 Motivation

In dieser Aufgabe soll die Stromdichte eines in z-Richtung endlich ausgedehnten, leitfähigen Zylinders ermittelt werden, der einseitig geerdet ist und dessen Leitfähigkeit in Richtung der Zylinderachse variiert. Dazu soll eine Differentialgleichung für das E-Feld verwendet werden. Anschließend soll der Widerstand der Anordnung berechnet werden.

3.3.2 Beschreibung der Aufgabenstellung

Gegeben ist der in Abb. 3.3 dargestellte zylinderförmige Widerstand mit der ortsabhängigen Leitfähigkeit $\kappa(z) = \kappa_0 / \left(\pi \left(1 + \frac{z}{a}\right)\right)$. An den beiden Querschnittsflächen sind bei $z = b$ und $z = 0$ ideal leitende Kontaktflächen angebracht. Zwischen den beiden Kontaktflächen liegt die Potenzialdifferenz φ_0. Randeffekte sind zu vernachlässigen.

Aufgaben

1. Stellen Sie die Differentialgleichung des E-Feldes für die Anordnung auf.
2. Berechnen Sie das E-Feld und die Potenzialverteilung der Anordnung und passen Sie anschließend Ihre Ergebnisse an die Randbedingungen an. Berechnen Sie außerdem die Stromdichte $\mathbf{J}$.
3. Berechnen Sie den Strom I, der durch die Anordnung fließt. Bestimmen Sie im Anschluss den Widerstandswert der Anordnung.

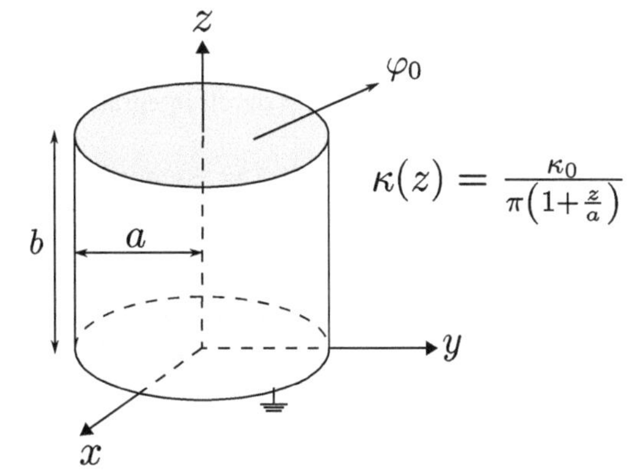

Abb. 3.3 Leitender Zylinder

3.3.3 Lösung der Aufgabe

Vorbereitung

- stationäres Strömungsfeld
- $\mathrm{div}(\mathbf{J}) = 0$

Aufgaben

1. Herleitung der Differentialgleichung für das E-Feld:

$$\mathrm{div}(\mathbf{J}(z)) = \mathrm{div}\,(\kappa(z)\mathbf{E}(z)) = 0 \tag{3.27}$$

$$\Rightarrow \mathbf{E}(z)\,\mathrm{grad}\,\kappa(z) + \kappa(z)\,\mathrm{div}\,\mathbf{E}(z) = 0 \tag{3.28}$$

$$\Rightarrow E(z)\mathbf{e}_z \cdot \frac{d\kappa(z)}{dz}\mathbf{e}_z + \kappa(z)\frac{dE(z)}{dz} = 0 \tag{3.29}$$

$$\Rightarrow \frac{dE(z)}{dz} - \frac{1}{z+a}E(z) = 0 \tag{3.30}$$

2. Berechnung des E-Feldes und der Potenzialverteilung:

Erst wird die Differentialgleichung des E-Feldes gelöst:

$$\frac{1}{E(z)}\,\mathrm{d}E(z) = \frac{1}{a+z}\,\mathrm{d}z \tag{3.31}$$

$$\Rightarrow \int \frac{1}{E(z)}\,\mathrm{d}E(z) = \int \frac{1}{a+z}\,\mathrm{d}z \tag{3.32}$$

$$\Rightarrow \ln\,(E(z)) + C_1 = \ln\,(a+z) + C_2 \tag{3.33}$$

$$\Rightarrow \ln\,(E(z)) = \ln\,(a+z) + C_3 \tag{3.34}$$

$$\Rightarrow E(z) = C\,(a+z) \tag{3.35}$$

Das Potenzial $\phi(z)$ wird durch Integration bestimmt:

$$\mathbf{E}(z) = -\,\mathrm{grad}(\phi(z)) \tag{3.36}$$

$$\Rightarrow E(z) = -\frac{\mathrm{d}\phi(z)}{\mathrm{d}z} \tag{3.37}$$

$$\Rightarrow \phi(z) = -\int E(z)\,\mathrm{d}z = -\left(Caz + C\frac{z^2}{2} + K\right) \tag{3.38}$$

Bestimmung der Konstanten durch Anpassung an die Randbedingungen:

$$z = 0 \rightarrow \phi(0) = 0 \rightarrow K = 0 \tag{3.39}$$

$$z = b \rightarrow \phi(b) = \phi_0 \rightarrow \phi_0 = -C\left(ab + \frac{b^2}{2}\right) \rightarrow C = -\frac{\phi_0}{ab + \frac{b^2}{2}} \tag{3.40}$$

Das E-Feld und das Potenzial der Anordnung ergeben sich schließlich zu:

$$E(z) = -\frac{\phi_0}{ab + \frac{b^2}{2}}\,(a + z) \tag{3.41}$$

$$\phi(z) = \frac{\phi_0}{ab + \frac{b^2}{2}}\left(az + \frac{z^2}{2}\right) \tag{3.42}$$

Für die Stromdichte $\mathbf{J}(z)$ gilt:

$$\mathbf{J}(z) = \kappa(z)\mathbf{E}(z) = -\frac{\kappa_0 a \phi_0}{\pi\left(ab + \frac{b^2}{2}\right)}\mathbf{e}_z \tag{3.43}$$

3. Berechnung des Stromes I und des Widerstandes R der Anordnung:

Für den Strom I gilt:

$$I = \int_A \mathbf{J}\,\mathrm{d}\mathbf{A} = J(z)A = -\frac{\kappa_0 a^3 \phi_0}{ab + \frac{b^2}{2}} \tag{3.44}$$

Anschließend ergibt sich der Widerstand R zu:

$$R = \frac{\phi_0}{I} = \frac{2ab + b^2}{2\kappa_0 a^3} \tag{3.45}$$

3.3.4 Zusammenfassung

Aus der Quellenfreiheit der Stromdichte resultiert im vorliegenden Beispiel eine gewöhnliche Differentialgleichung für das E-Feld, das nur von z abhängig ist. Mit Hilfe der Lösung $\mathbf{E}(z)$ lassen sich das elektrische Potenzial, der Strom durch den zylindrischen Leiter und der gesuchte Widerstand in einfacher Weise berechnen.

3.4 Leitfähiger Kreisring

3.4.1 Motivation

In dieser Aufgabe soll die elektrische Stromdichte in einem ebenen Kreisring mit konstanter Leitfähigkeit berechnet werden. Da das elektrische Potenzial auf dessen Rändern vorgegeben ist, soll zunächst die Differentialgleichung für das Potenzial gelöst und daraus die Verteilung der Stromdichte im Kreisring ermittelt werden.

3.4.2 Beschreibung der Aufgabenstellung

Gegeben ist der ebene, ladungsfreie Kreisring gemäß Abb. 3.4 a).

Im gesamten Raum gilt $\varepsilon = \varepsilon_0$. Der Kreisring besitzt die konstante Leitfähigkeit κ_0. Der innere Radius R_i sowie die Dicke d des Kreisringes betragen a. Für das elektrische Potenzial gelten die Vorgaben

$$\begin{aligned}\varphi(r = R_a, \phi) &= 0,\\ \varphi(r, \phi = 0) &= 0 \quad R_i \le r \le R_a,\\ \varphi(r, \phi = 2\pi) &= 0 \quad R_i \le r \le R_a.\end{aligned}$$

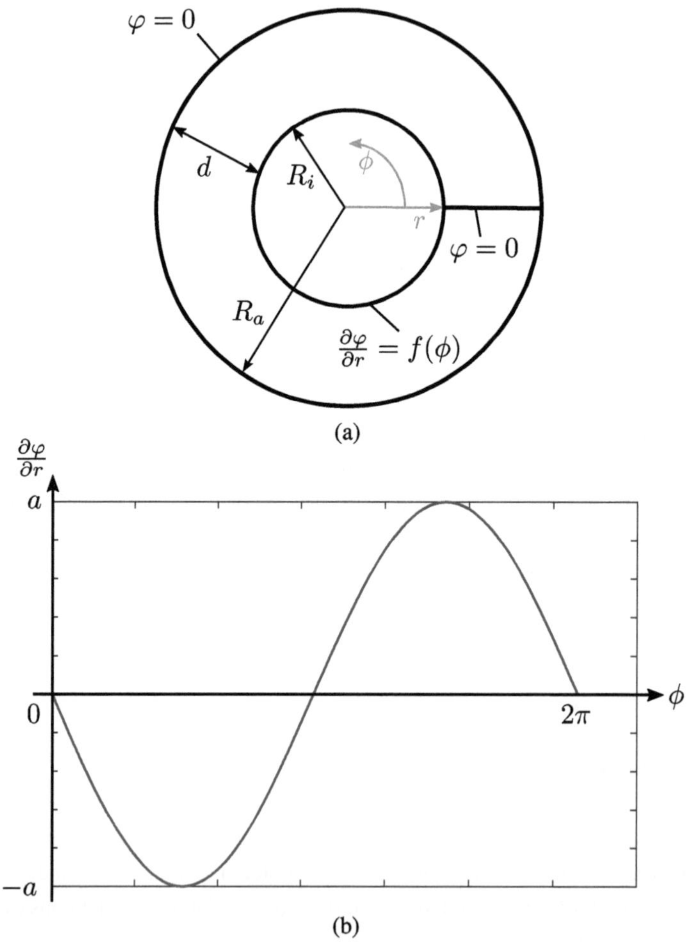

Abb. 3.4 **a**) Ebener, ladungsfreier Kreisring, **b**) Feldvorgabe bei $r = R_i$

Am inneren Rand mit dem Radius $r = R_i$ gilt die harmonische Feldvorgabe gemäß Abb. 3.4 b).

Aufgaben

a) Geben Sie die Form der Laplace-Gleichung an, die für dieses Problem zu lösen ist.
b) Bestimmen Sie die allgemeine Lösung der Laplace-Gleichung zur Lösung des Potenzialproblems im Kreisring.
c) Bestimmen Sie die Konstanten der allgemeinen Lösung mit Hilfe der Randbedingungen und vereinfachen Sie die Lösung so weit wie möglich.
d) Bestimmen Sie den Verlauf des Strömungsfeldes innerhalb der Kreisringes.

Hinweis
Die homogene Eulersche Differentialgleichung lautet

$$x^n f^{(n)}(x) + a_{n-1}x^{n-1} f^{(n-1)}(x) + ... + a_1 x f'(x) + a_0 f(x) = 0.$$

Mit der Substitution $x = \mathrm{e}^t,\ u(t) = f(\mathrm{e}^t)$ kann die Differentialgleichung in eine homogene, lineare Differentialgleichung mit konstanten Koeffizienten überführt werden. Mit der Kettenregel folgt

$$xf'(x) = u'(t) \text{ und } x^2 f''(x) = u''(t) - u'(t).$$

3.4.3 Lösung der Aufgabe

a) Geben Sie die Form der Laplace-Gleichung an, die für dieses Problem zu lösen ist.

Laplace-Gleichung in Zylinderkoordinaten (die Ableitung nach z ist Null):

$$\Delta\varphi(r,\phi) = \frac{1}{r}\frac{\partial}{\partial r}\left(r\frac{\partial\varphi}{\partial r}\right) + \frac{1}{r^2}\frac{\partial^2\varphi}{\partial\phi^2} = 0 \iff$$
$$r^2\Delta\varphi(r,\phi) = r^2\frac{\partial^2\varphi(r,\phi)}{\partial r^2} + r\frac{\partial\varphi(r,\phi)}{\partial r} + \frac{\partial^2\varphi(r,\phi)}{\partial\phi^2} = 0$$

b) Bestimmen Sie die allgemeine Lösung der Laplace-Gleichung zur Lösung des Potenzialproblems im Kreisring in Abhängigkeit von a.

Produktansatz:

$$\varphi(r,\phi) = R(r)P(\phi)$$

Einsetzen:

$$0 = P(p)\left(r^2\frac{\partial^2 R(r)}{\partial r^2} + r\frac{\partial R(r)}{\partial r}\right) + R(r)\frac{\partial^2 P(\phi)}{\partial^2\phi}$$

Durch Produktansatz teilen:

$$0 = r^2 \frac{R''}{R} + r \frac{R'}{R} + \frac{P''}{P}$$

Die partielle Differentialgleichung zerfällt in zwei gewöhnliche Differentialgleichungen:

$$r^2 \frac{R''}{R} + r \frac{R'}{R} = k_r^2, \quad \frac{P''}{P} = k_\phi^2$$

Nebenbedingung (eine Konstante imaginär, die andere reell):

$$k_r^2 + k_\phi^2 = 0$$

Periodische Lösung in ϕ-Richtung:

$$k_\phi = \mathrm{j}k \wedge k_r = k$$

Lösung in ϕ-Richtung über $\mathrm{e}^{\lambda t}$:

$$P(\phi) = C\mathrm{e}^{\mathrm{j}k\phi} + D\mathrm{e}^{-\mathrm{j}k\phi}$$

Die Differentialgleichung in r-Richtung ist eine Eulerschen Differentialgleichung, Lösung mit Hinweis.

- Transformation:

$$u''(t) - k^2 u(t) = 0$$

- Lösung:

$$u(t) = A\mathrm{e}^{kt} + B\mathrm{e}^{-kt}$$

- Rücktransformation:

$$R(r) = Ar^k + Br^{-k}$$

Allgemeine Lösung:

$$\varphi(r, \phi) = \left(Ar^k + Br^{-k}\right)\left(C\mathrm{e}^{\mathrm{j}k\phi} + D\mathrm{e}^{-\mathrm{j}k\phi}\right)$$

c) Bestimmen Sie die Konstanten der allgemeinen Lösung mit Hilfe der Randbedingungen und vereinfachen Sie die Lösung so weit wie möglich.

Randbedingung 1: $\varphi(r = 2a, \phi) = 0$

$$0 = A(2a)^k + B(2a)^{-k} \quad \Leftrightarrow \quad B = -A(2a)^{2k}$$

Neue Zwischenlösung:

$$\varphi(r,\phi) = A\left(r^k - \frac{(2a)^{2k}}{r^k}\right)\left(C\mathrm{e}^{\mathrm{j}k\phi} + D\mathrm{e}^{-\mathrm{j}k\phi}\right)$$

Randbedingung 2: $\varphi(r, \phi = 0) = 0$ mit $a \leq r \leq 2a$:

$$0 = C + D \quad \Leftrightarrow \quad C = -D$$

Neue Zwischenlösung:

$$\varphi(r,\phi) = \tilde{A}\left(r^k - \frac{(2a)^{2k}}{r^k}\right)\sin(k\phi) \quad \text{mit} \quad \tilde{A} = 2\mathrm{j}AC$$

Randbedingung 3: $\varphi(r, \phi = 2\pi) = 0$ mit $a \leq r \leq 2a$:

$$0 = \sin(k2\pi) \quad \Leftrightarrow \quad k = k_n = \frac{n}{2},\ n \in \mathbb{N}$$

Neue Zwischenlösung:

$$\varphi_n(r,\phi) = \tilde{A}_n\left(r^{\frac{n}{2}} - \frac{(2a)^n}{r^{\frac{n}{2}}}\right)\sin\left(\frac{n}{2}\phi\right)$$

Zur Anpassung an den letzten Randwert muss die Zwischenlösung nach r abgeleitet werden:

$$\frac{\partial\varphi_n(r,\phi)}{\partial r} = \tilde{A}_n\frac{n}{2}r^{\frac{n}{2}-1}\left(1 + \left(\frac{2a}{r}\right)^n\right)\sin\left(\frac{n}{2}\phi\right)$$

Randbedingung 4: $\varphi(r = a, \phi) = f(\phi)$:

$$f(\phi) = F_n\sin\left(\frac{n}{2}\phi\right) \quad \text{mit} \quad F_n = \tilde{A}_n\frac{n}{2}r^{\frac{n}{2}-1}\left(1 + \left(\frac{2a}{r}\right)^n\right)$$

Bestimmen der Funktion $f(\phi)$: Aus Abb. 3.4 b) folgt

$$f(\phi) = -a\sin(\phi)$$

Dies ist der zweite Fourierkoeffizient: $n = 2$, $F_2 = -a$.

Man muss somit nicht mehr integrieren. Alle weiteren Koeffizienten sind Null und der Summenterm der Lösung fällt auf ein Element zusammen.

Rückwärtssubstitution:

$$-a = \tilde{A}_2\left(1 + \left(\frac{2a}{a}\right)^2\right) \quad \Leftrightarrow \quad \tilde{A}_2 = -\frac{a}{5}$$

$$\varphi(r,\phi) = -\frac{a}{5}\left(1 + \left(\frac{2a}{r}\right)^2\right)\sin(\phi)$$

d) Bestimmen Sie den Verlauf des Strömungsfeldes innerhalb der Kreisringes.

E-Feld bestimmen

$$\begin{aligned}\mathbf{E} &= -\operatorname{grad}\varphi(r,\phi)\\ &= -\begin{bmatrix}\frac{\partial\varphi(r,\phi)}{\partial r}\\ \frac{1}{r}\frac{\partial\varphi(r,\phi)}{\partial\phi}\end{bmatrix}\\ &= \frac{1}{5}\begin{bmatrix}-8\left(\frac{a}{r}\right)^3\sin(\phi)\\ \frac{a}{r}\left(1+\left(\frac{2a}{r}\right)^2\right)\cos(\phi)\end{bmatrix}\end{aligned}$$

Stromdichte J bestimmen

$$\mathbf{J} = \kappa\mathbf{E} = \frac{\kappa}{5}\begin{bmatrix}-8\left(\frac{a}{r}\right)^3\sin(\phi)\\ \frac{a}{r}\left(1+\left(\frac{2a}{r}\right)^2\right)\cos(\phi)\end{bmatrix}$$

3.4.4 Zusammenfassung

Die Grundgleichung für das elektrische Potenzial im elektrischen Strömungsfeld ist die Laplace-Gleichung, die aufgrund der Geometrie der Anordnung zweckmäßigerweise in Polarkoordinaten formuliert werden sollte, damit eine einfache Separation durchführbar ist. Damit lassen sich das elektrische Potenzial, das E-Feld und schließlich die Stromdichte in einfacher Weise ermitteln, wobei der vorgegebene Hinweis genutzt werden sollte.

3.5 Unendlich ausgedehnter leitfähiger Stab

3.5.1 Motivation

Im Rahmen dieser Aufgabe soll wiederum die Stromdichte eines leitfähigen Zylinders mit konstanter Leitfähigkeit und rechteckigem Querschnitt ermittelt werden. Der Zylinder wird als unendlich lang angenommen und somit muss die Stromdichte nur in einem beliebigen, orthogonalen Querschnitt berechnet werden. Dabei ist der Verlauf des Strömungsfelder für unterschiedliche Randbedingungen für das elektrische Potenzial zu vergleichen.

3.5.2 Beschreibung der Aufgabenstellung

Gegeben ist eine Anordnung gemäß Abb. 3.5. Ein in z-Richtung unendlich ausgedehntes Gebiet der Breite b und der Höhe h besitzt die konstante Leitfähigkeit κ. Das leitfähige Gebiet ist an allen vier Seiten mit ideal leitenden Kontakten verbunden (die Kontakte sind untereinander nicht verbunden). Die Kontakte an der Ober- sowie der Unterseite sind an eine Spannungsquelle mit der Spannung U_{in} angeschlossen. Weiterhin ist die Unterseite mit Masse verbunden.

Aufgaben

a) Nennen Sie für das vorliegende Problem das Teilgebiet der Theorie elektromagnetischer Felder, die zugrundeliegende Differentialgleichung und die Methode zu ihrer Lösung, um die gewünschte Stromdichte zu erhalten.
b) Betrachten Sie zunächst den Fall, dass die leitenden Kontaktflächen an der linken und der rechten Seite des leitenden Gebietes nicht vorhanden sind. Skizzieren Sie den Verlauf des Strömungsfeldes innerhalb des leitenden Gebietes.
c) Die leitenden Kontaktflächen seien nun vorhanden und die Klemmen an der linken und der rechten Seite des leitenden Gebietes seien mit Masse verbunden. Skizzieren Sie den sich nun ergebenden Verlauf des Strömungsfeldes innerhalb des leitenden Gebietes.
d) Berechnen Sie den Verlauf des Strömungsfeldes innerhalb des leitenden Gebietes. Legen Sie dazu den Koordinatenursprung in die untere linke Ecke des leitenden Gebietes.
e) Wie groß ist der Fußpunktstrom I_F für $b \ll h$ (Begründung)?

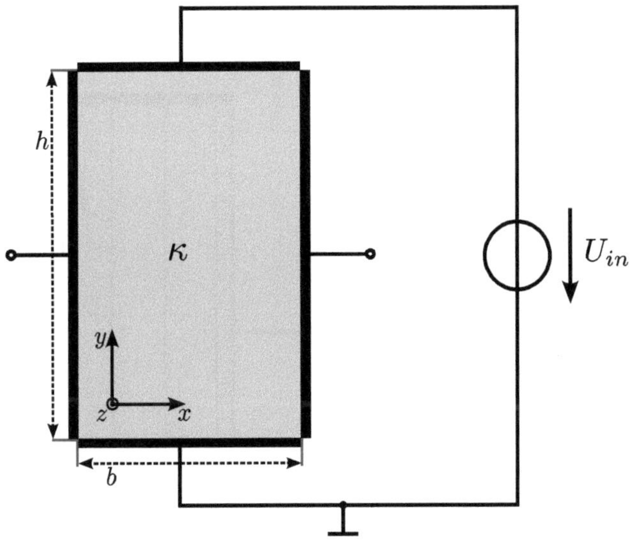

Abb. 3.5 Anordnung zu Aufgabe 5

Hinweis

$$\lim_{x \to \infty} \sinh(x) = \infty$$

3.5.3 Lösung der Aufgaben

a) Nennen Sie für das vorliegende Problem das Teilgebiet der Theorie elektromagnetischer Felder, die zugrundeliegende Differentialgleichung und die Methode zu ihrer Lösung, um die gewünschte Stromdichte zu erhalten.

- Teilgebiet der Theorie elektromagnetischer Felder: stationäres Strömungsfeld
- Zugrundeliegende Differentialgleichung: $\operatorname{div} \mathbf{J} = 0$
- Methode zur Lösung der Differentialgleichung: Lösung der Laplace-Gleichung (Separationsansatz)

b) Betrachten Sie zunächst den Fall, dass die leitenden Kontaktflächen an der linken und der rechten Seite des leitenden Gebietes nicht vorhanden sind. Skizzieren Sie den Verlauf des Strömungsfeldes innerhalb des leitenden Gebietes.
$\Rightarrow$ Abb. 3.6

c) Die leitenden Kontaktflächen seien nun vorhanden und die Klemmen an der linken und der rechten Seite des leitenden Gebietes seien mit Masse verbunden. Skizzieren Sie den sich nun ergebenden Verlauf des Strömungsfeldes innerhalb des leitenden Gebietes. $\Rightarrow$ Abb. 3.7

d) Bestimmen Sie den Verlauf des Strömungsfeldes innerhalb des leitenden Gebietes.

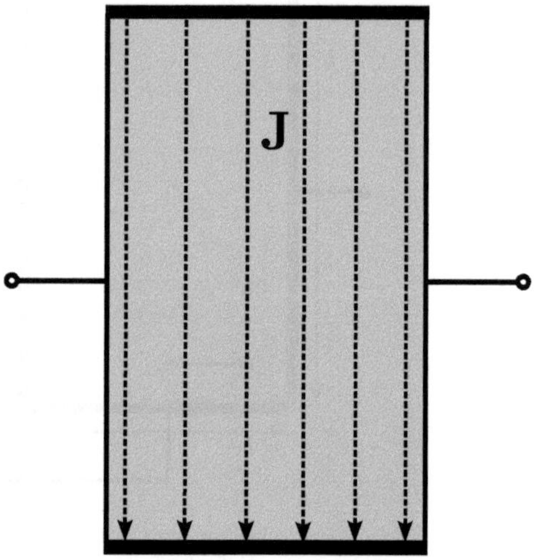

Abb. 3.6 Verlauf des Strömungsfeldes

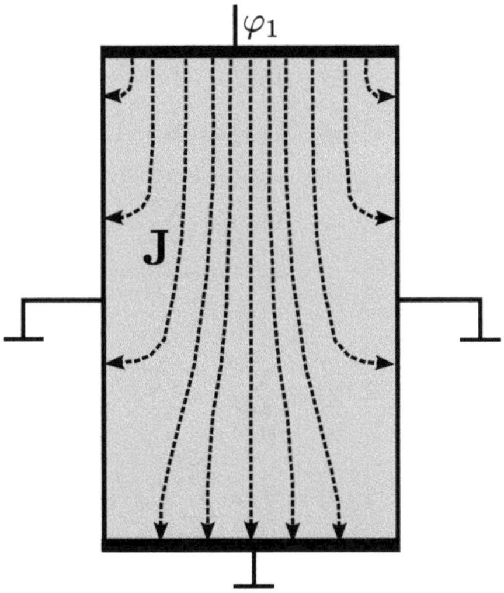

Abb. 3.7 Verlauf des Strömungsfeldes

Randbedingungen:

- **Randbedingung I:** $\varphi(x, y = 0) = 0$
- **Randbedingung II:** $\varphi(x, y = h) = U_{in} = \varphi_1 - 0 = \varphi_1$
- **Randbedingung III:** $\varphi(x = 0, y) = 0$
- **Randbedingung IV:** $\varphi(x = b, y) = 0$

$$\operatorname{div} \mathbf{J} = 0 = \operatorname{div}(\kappa \mathbf{E}) = \kappa \operatorname{div} \mathbf{E} \quad \Rightarrow \quad \frac{\partial E_x}{\partial x} + \frac{\partial E_y}{\partial y} = 0$$

$$\text{mit } \mathbf{E} = \begin{bmatrix} E_x \\ E_y \end{bmatrix} = -\operatorname{grad} \varphi = -\begin{bmatrix} \frac{\partial \varphi}{\partial x} \\ \frac{\partial \varphi}{\partial y} \end{bmatrix} \quad \Rightarrow \quad \frac{\partial^2 \varphi}{\partial x^2} + \frac{\partial^2 \varphi}{\partial y^2} = 0 \text{ (Laplace-Gleichung)}$$

Produktansatz: $\varphi(x, y) = X(x) \cdot Y(y)$

$$\frac{1}{X(x)} \frac{\partial^2 X(x)}{\partial x^2} + \frac{1}{Y(y)} \frac{\partial^2 Y(y)}{\partial y^2} = 0 = k_x^2 + k_y^2 \quad (k_x \text{ oder } k_y \text{ imaginär})$$

Aus den Randbedingungen III und IV folgt $k_x$ist imaginär:$k_x = \mathrm{j}k$, $k_y = k$

$$\frac{\partial^2 X(x)}{\partial x^2} - k_x^2 X(x) = 0, \qquad \frac{\partial^2 Y(y)}{\partial y^2} - k_y^2 Y(y) = 0$$

$$X(x) = A\mathrm{e}^{\mathrm{j}kx} + B\mathrm{e}^{-\mathrm{j}kx} \quad \text{Anpassung an die Randbedingungen}$$

$$\Rightarrow \quad X(0) = 0 = A + B \quad \Rightarrow \quad A = -B \quad \Rightarrow \quad X(x) = \tilde{A}\sin(kx)$$

$$\Rightarrow \quad X(b) = 0 = \tilde{A}\sin(kb) \quad \Rightarrow \quad k = \frac{m\pi}{b}, m = 1, 2, ...$$

$$\Rightarrow \quad \underline{X(x) = \sum_{m=1}^{\infty} \tilde{A}_m \sin\left(\frac{m\pi}{b}x\right)}$$

$$Y(y) = \sum_{m=1}^{\infty} C_m \mathrm{e}^{\frac{m\pi}{b}y} + D_m \mathrm{e}^{-\frac{m\pi}{b}y} \quad \text{Anpassung an die Randbedingungen}$$

$$\Rightarrow \quad Y(0) = 0 = \sum_{m=1}^{\infty} C_m + D_m \Rightarrow C_m = -D_m \Rightarrow \underline{Y(y) = \sum_{m=1}^{\infty} \tilde{C}_m \sinh\left(\frac{m\pi}{b}y\right)}$$

$$\varphi(x, y) = \sum_{m=1}^{\infty} G_m \sin\left(\frac{m\pi}{b}x\right) \sinh\left(\frac{m\pi}{b}y\right), \quad G_m = \tilde{A}_m \tilde{C}_m$$

$$\varphi(x, y = h) = \sum_{m=1}^{\infty} G_m \sin\left(\frac{m\pi}{b}x\right) \sinh\left(\frac{m\pi}{b}h\right) = \varphi_1$$

$$\Rightarrow \quad \varphi_1 = \sum_{m=1}^{\infty} F_m \sin\left(\frac{m\pi}{b}x\right), \quad F_m = G_m \sinh\left(\frac{m\pi}{b}h\right)$$

Bestimmung der Fourierkoeffizienten F_m. Sinusfunktion ist ungerade, die Funktion φ_1 muss also ungerade erweitert werden (durch $-\varphi_1$). Das Intervall $[0, b]$ wird erweitert auf $[-b, b]$.

$$F_m = \frac{2}{2b}\left[\int_0^b \varphi_1 \sin\left(\frac{m\pi}{b}x\right) \mathrm{d}x - \int_{-b}^0 \varphi_1 \sin\left(\frac{m\pi}{b}x\right) \mathrm{d}x\right],$$

nur in$[0, b]$von Interesse

$$\Rightarrow \quad F_m = \frac{2}{b}\left[\int_0^b \varphi_1 \sin\left(\frac{m\pi}{b}x\right) \mathrm{d}x\right] = -\frac{2\varphi_1}{m\pi}\left[\cos\left(\frac{m\pi}{b}x\right)\right]_0^b$$

$$= -\frac{2\varphi_1}{m\pi}\left[(-1)^m - 1\right]$$

$$\Rightarrow \quad G_m = -\frac{2\varphi_1}{m\pi} \frac{\left[(-1)^m - 1\right]}{\sinh\left(\frac{m\pi}{b}h\right)}$$

$$\Rightarrow \quad \varphi(x,y) = -\sum_{m=1}^{\infty} \frac{2\varphi_1}{m\pi} \frac{\left[(-1)^m - 1\right]}{\sinh\left(\frac{m\pi}{b}h\right)} \sin\left(\frac{m\pi}{b}x\right) \sinh\left(\frac{m\pi}{b}y\right)$$

$$E_x = \sum_{m=1}^{\infty} L_m \cos\left(\frac{m\pi}{b}x\right) \sinh\left(\frac{m\pi}{b}y\right), \quad L_m = \frac{2\varphi_1}{b} \frac{\left[(-1)^m - 1\right]}{\sinh\left(\frac{m\pi}{b}h\right)}$$

$$E_y = \sum_{m=1}^{\infty} L_m \sin\left(\frac{m\pi}{b}x\right) \cosh\left(\frac{m\pi}{b}y\right)$$

$$\mathbf{J} = \kappa \sum_{m=1}^{\infty} L_m \begin{bmatrix} \cos\left(\frac{m\pi}{b}x\right) \sinh\left(\frac{m\pi}{b}y\right) \\ \left(\frac{m\pi}{b}x\right) \cosh\left(\frac{m\pi}{b}y\right) \end{bmatrix}$$

e) Wie groß ist der Fußpunktstrom für $b \ll h$ (Begründung)?

Das Verhältnis von Höhe h zur Breite b hat nur in L_m Einfluss: $L_m = \frac{K_1{}^m}{\sinh\left(K_2{}^m \frac{h}{b}\right)}$. Wenn h sehr viel größer als b ist, geht $\sinh(K_2 \frac{h}{b}) \to \infty$ und $L_m \to 0$ (Hinweis). Folglich fließt kein Fußpunktstrom.

3.5.4 Zusammenfassung

Zunächst wird die Lösung der Laplace-Gleichung für das elektrische Potenzial, die gemäß der vorgegebenen Anordnung in kartesischen Koordinaten formuliert wird, ermittelt. Daraus wird das E-Feld und die dazu proportionale Stromdichte bestimmt. Die skizzierten Stromdichten ohne seitliche Kontakte und mit geerdeten seitlichen Kontakten ergeben einen quantitativen Verlauf, den man intuitiv erwartet.

Stationäre Magnetfelder

4

4.1 Einleitung

In diesem Kapitel beschäftigen wir uns mit magnetischen Erscheinungen im stationären Fall. Stationarität bedeutet, dass alle Größen, die die Erscheinung charakterisieren an jeder Stelle des Raumes zeitlich unveränderlich sind. Im Gegensatz zu statischen Erscheinungen können sich dabei die Ladungen in leitenden Gebieten zwar bewegen, aber das Geschwindigkeitsfeld $\mathbf{v}$ der Ladungen ist nur räumlich und nicht zeitlich veränderlich. Somit variieren die dazu proportionale Stromdichte $\mathbf{J}$ sowie die daraus resultierenden magnetischen Felder ebenfalls nur räumlich. Die Stromverteilungen entsprechen den in Kap. 3 behandelten stationären Strömungsfeldern. Genau wie in Kap. 2 über elektrostatische Felder werden wir dabei zunächst die den stationären Magnetfeldern zugrunde liegende Theorie in Form eines kurzen Repetitoriums wiederholen und dabei auf die wesentlichen Aspekte und Begrifflichkeiten der Theorie stationärer Magnetfelder eingehen. Weitere Einzelheiten findet man bei Lehner [13, Kap. 5] und bei Küpfmüller [18, Teil V]. Im Anschluss werden die eingeführten zum Teil recht abstrakten Modelle und Begriffe anhand von Beispielaufgaben näher erläutert.

4.1.1 Die Grundgleichungen stationärer Magnetfelder

Im Falle stationärer Magnetfelder vereinfachen sich die in Kap. 1 eingeführten Maxwellgleichungen zu

$$\operatorname{div} \mathbf{B} = 0 \tag{4.1a}$$

$$\operatorname{rot} \mathbf{H} = \mathbf{J}, \tag{4.1b}$$

J. Anders et al., *Übungsbuch Elektromagnetische Feldtheorie*,
https://doi.org/10.1007/978-3-662-72186-5_4

wobei wie üblich zusätzlich Materialgleichungen erforderlich sind, um den benötigten Zusammenhang zwischen dem B- und H-Feld herzustellen. Durch diesen Zusammenhang zwischen dem B- und H-Feld sind für beide Felder sowohl die Divergenz als auch die Rotation festgelegt, so dass gemäß dem Satz von Helmholtz, vgl. Kap. 1, die beiden Felder festgelegt sind. Des Weiteren sind zur eindeutigen Beschreibung des Problems – genau wie in der Elektrostatik – geeignete Randbedingungen auf allen Rändern des betrachteten Gebiets erforderlich. Die beiden Felder **B** und **H** sind dabei analog zur Elektrostatik als zwei Vektorfelder zu verstehen, welche gemeinsam den magnetischen Anteil des physikalischen elektromagnetischen Felds modellieren. Analog zum E-Feld in der Elektrostatik beschreibt das B-Feld dabei eine normierte Kraftwirkung auf bewegte Ladungen im Magnetfeld gemäß

$$m\frac{\mathrm{d}\mathbf{r}}{\mathrm{d}t} = \mathbf{F}_{\mathrm{L}} := q\,(\mathbf{v} \times \mathbf{B}) \ , \tag{4.2}$$

wobei m die Masse, q die Ladung, $\mathbf{r}$ der Ort und $\mathbf{v}$ die Geschwindigkeit des betrachteten Teilchens sind. Die Lorentz-Kraft[1] $\mathbf{F}_{\mathrm{L}}$ ist dabei ein Maß für die kinematische Beschleunigung des geladenen Teilchens, vgl. Küpfmüller [18]. Im Gegensatz dazu ersetzt das H-Feld im Sinne des Nahwirkungsprinzips, vgl. Küpfmüller [18], das ursächlich felderzeugende Stromdichtefeld $\mathbf{J}$.

Der stationäre Fall der Kontinuitätsgleichung für die Ladungserhaltung

$$\operatorname{div} \mathbf{J} = 0 \tag{4.3}$$

ist in Gl. (4.1b) bereits enthalten, wie man mit Hilfe der Vektoridentität $\operatorname{div}\operatorname{rot}() = 0$ aus Gl. (4.1b) leicht zeigen kann.

4.1.2 Das magnetische Vektorpotenzial

Im elektrostatischen Fall ließ sich die Berechnung der Felder durch Einführung des elektrostatischen Potenzials φ auf die Bestimmung eines skalaren Feldes reduzieren. Anschließend konnten die Felder mit Hilfe dieses Potenzials berechnet werden. Das skalare Potenzial φ ließ sich dabei im Sinne der Potenzialtheorie aufgrund der Rotationsfreiheit des E-Felds, vgl. Kap. 2, gemäß (2.8) einführen. Analog hierzu lässt sich im Falle stationärer Magnetfelder aufgrund der Quellenfreiheit des B-Feldes (4.1a) das magnetische Vektorpotentials $\mathbf{A}$ über

$$\mathbf{B} = \operatorname{rot} \mathbf{A} \tag{4.4}$$

einführen. Gl. (4.4) legt dabei nur die Rotation des Vektorpotenzials $\mathbf{A}$ fest, so dass im Sinne des Satzes von Helmholtz für dessen Festlegung noch die Divergenz von $\mathbf{A}$ definiert werden

---

[1] Hendrik Antoon Lorentz (1853–1928).

muss. Dabei stellt sich heraus, dass im Rahmen der klassischen Physik[2] nur die Rotation von **A** gemäß Gl. (4.2) eine physikalische Interpretation besitzt. Aus diesem Grund lässt sich die Divergenz des A-Felds im Rahmen der hier behandelten klassischen Elektrodynamik frei wählen. In der Literatur wird dies als Eichung des A-Feldes mittels sogenannter Eichbedingungen bezeichnet. Die Eichung erfolgt dabei in der Art, dass die Bestimmung des A-Feldes möglichst vereinfacht wird. Im Fall stationärer Magnetfelder lässt sich die in der Regel verwendete Eichbedingung $\operatorname{div}\mathbf{A} = 0$ folgendermaßen motivieren: Unter Annahme eines linearen und isotropen Materialgesetzes gemäß $\mathbf{B} = \mu\mathbf{H}$, wobei μ als Permeabilität des Materials bezeichnet wird, ergibt sich aus Gl. (4.4)

$$\mathbf{B} = \mu\mathbf{H} = \operatorname{rot}\mathbf{A}. \tag{4.5}$$

Unter Verwendung der im Rahmen der Elektrodynamik häufig benutzten Vektoridentität $\operatorname{rot}\operatorname{rot}() = \operatorname{grad}\operatorname{div}() - \Delta()$ ergibt sich daraus

$$\mu \operatorname{rot}\mathbf{H} = \mu\mathbf{J} = \operatorname{rot}\operatorname{rot}\mathbf{A} = \operatorname{grad}\operatorname{div}\mathbf{A} - \Delta\mathbf{A}\,. \tag{4.6}$$

Durch Wahl von $\operatorname{div}\mathbf{A} = 0$, der sogenannten Coulomb-Eichung, lässt sich diese Gleichung vereinfachen, und es ergibt sich in diesem Fall

$$\Delta\mathbf{A} = -\mu\mathbf{J} \tag{4.7}$$

als Bestimmungsgleichung für das Vektorpotential **A**. Diese Gleichung wird als Vektor-Poisson-Gleichung bezeichnet. An dieser Stelle sei darauf hingewiesen, dass sich – völlig analog zum elektrostatischen Fall – für kompliziertere Materialgesetze komplexere Bestimmungsgleichungen für das Vektorpotential ergeben.

In kartesischen Koordinaten gilt dabei für den Vektor-Laplace-Operator

$$\Delta\mathbf{v} = \Delta v_x\mathbf{e}_x + \Delta v_y\mathbf{e}_y + \Delta v_z\mathbf{e}_z, \tag{4.8}$$

wobei v_x, v_y, v_z die x-,y- bzw. z-Komponenten des Vektorfeldes **v** und $\mathbf{e}_x, \mathbf{e}_y, \mathbf{e}_z$ die kartesischen Einheitsvektoren sind. In krummlinigen Koordinaten sind entsprechend noch die Ableitungen der (ortsabhängigen) Einheitsvektoren zu berücksichtigen (Küpfmüller [18, Anhang B]). Eine partikuläre Lösung für die Vektor-Poisson-Gleichung Gl. (4.7) ergibt sich in Analogie zum Kirchhoff-Integral, vgl. Gl. (2.13), gemäß

$$\mathbf{A}(\mathbf{r}) = -\frac{\mu}{4\pi}\iiint_V \frac{\mathbf{J}}{\|\mathbf{r} - \tilde{\mathbf{r}}\|}\mathrm{d}\tilde{V}\,. \tag{4.9}$$

Da es sich bei Gl. (4.7) um eine lineare (Differential-)Gleichung handelt, weist ihr Lösungsraum die Struktur eines affinen Funktionenraums auf und lässt sich demgemäß als Superposi-

[2] in der Quantenmechanik ändert sich dies, vgl. Aharonov-Bohm-Effekt bei Lehner [13, S. 726–738] und bei [5].

tion einer partikulären und der allgemeinen Lösung der zugehörigen homogenen Gleichung schreiben, vgl. Kap. 2.

Für den Fall von Materialgrenzen zwischen zwei Materialien mit den linearen Permeabilitäten μ_1 und μ_2 lassen sich aus den Grundgleichungen des stationären Magnetfelds Gl. (4.1) analog zur Elektrostatik, vgl. Kap. 2, mittels der Sätze von Gauß und Stokes folgende Stetigkeitsbedingungen für das B- und das H-Feld ermitteln:

$$B_{n2} - B_{n1} = 0, \tag{4.10a}$$

$$\mathbf{n}_{12} \times (\mathbf{H}_2 - \mathbf{H}_1) = \mathbf{K}, \tag{4.10b}$$

wobei B_{n1}, B_{n2} die Normalkomponenten des B-Felds, $\mathbf{n}_{12}$ der Normalenvektor der Grenzfläche, der vom Gebiet 1 zum Gebiet 2 zeigt, und H_1, H_2 die H-Felder in den jeweiligen Gebieten sind. Die Flächenstromdichte $\mathbf{K}$ ist ähnlich der in Gl. (2.11) eingeführten Flächenladungsdichte eine zwar in der Natur nicht vorkommende Größe – alle realen Stromverteilungen haben eine endliche Ausdehnung in allen drei Raumrichtungen – erweist sich aber für die mathematische Modellbildung als sehr nützlich.

Da die partikuläre Lösung für das Vektorpotenzial gemäß Gl. (4.9) in ähnlicher Art und Weise von der Singularitätenfunktion $1/\|\mathbf{r} - \tilde{\mathbf{r}}\|$ abhängt wie die partikuläre Lösung für das skalare Potenzial φ in der Elektrostatik, lässt sich analog zur Multipolentwicklung in der Elektrostatik eine Multipolentwicklung für das Vektorpotenzial $\mathbf{A}$ für räumlich begrenzte Stromdichten einführen. Aufgrund der Divergenzfreiheit des B-Felds ist in dieser Entwicklung der Monopolterm stets gleich null, d. h. der erste von null verschiedene Term in der Entwicklung ist der Dipolterm.

4.1.3 Das Gesetz von Biot und Savart

Analog zu Gl. (4.7) ergeben sich für lineare Materialien auch für die Felder $\mathbf{B}$ und $\mathbf{H}$ Vektor-Poisson-Gleichungen. Für das B-Feld ist diese beispielsweise durch

$$\Delta\mathbf{B} = -\mu \operatorname{rot} \mathbf{J} \tag{4.11}$$

gegeben, wobei $\mathbf{J}$ und μ die Stromdichte bzw. Permeabilität der Anordnung darstellen. Als lineare inhomogene Differentialgleichung ist der Lösungsraum der Vektor-Poisson-Gleichung ein affiner Funktionenraum, der sich durch die allgemeine Lösung der zugehörigen homogenen Gleichung (Vektor-Laplace-Gleichung) sowie einer speziellen Lösung (partikuläre Lösung) der inhomogenen Differentialgleichung bestimmen lässt. Für den Spezialfall natürlicher Randbedingungen ist die homogene Lösung identisch gleich null, so dass nur die partikuläre Lösung bestimmt werden muss. Ähnlich dem Kirchhoff-Integral in der Elektrostatik, vgl. Abschn. 2, existiert für stationäre Magnetfelder in linearen homogenen Medien mit natürlichen Randbedingungen mit dem sogenannten Biot-Savart-Gesetz eine geschlossene Lösungsformel zur Bestimmung des B-Feldes. Das Biot-Savart-Gesetz, welches ursprünglich durch Jean-Baptiste Biot und Félix Savart experimentell für linienhafte Leiter ermittelt wurde, ermöglicht die Ermittlung des B-Feldes bei natürlichen Randbedingungen und vorgegebener Stromdichte $\mathbf{J}$ gemäß

$$\mathbf{B}(\mathbf{r}) = \frac{\mu}{4\pi} \iiint_V \frac{\mathbf{J} \times \frac{\mathbf{r}-\tilde{\mathbf{r}}}{\|\mathbf{r}-\tilde{\mathbf{r}}\|}}{\|\mathbf{r}-\tilde{\mathbf{r}}\|^2} \, \mathrm{d}\tilde{V}. \tag{4.12}$$

4.1.4 Die Multipolentwicklung im Falle stationärer Magnetfelder

Durch Entwicklung des Terms $1/\|\mathbf{r}-\tilde{\mathbf{r}}\|$ in Legendre-Polynome lässt sich das magnetische Vektorpotenzial gemäß

$$\mathbf{A}(\mathbf{r}) = \frac{\mu}{4\pi} \iiint_V \frac{\mathbf{r} \cdot \mathbf{J}(\tilde{\mathbf{r}})}{\|\mathbf{r}-\tilde{\mathbf{r}}\|^3} \, \mathrm{d}\tilde{V} + \mathcal{O}(1/\|\mathbf{r}\|^3) \tag{4.13}$$

schreiben. Der offensichtlichste Unterschied zur Multipolentwicklung des elektrostatischen Potenzials φ besteht in der Tatsache, dass der Monopolterm für die Multipolentwicklung des magnetischen Vektorpotenzials stets verschwindet und somit der Dipolterm der erste von null verschiedene Term ist. Unter Einführung des magnetischen Dipolmoments $\mathbf{m}$ gemäß

$$\mathbf{m} = \frac{1}{2} \iiint_V \tilde{\mathbf{r}} \times \mathbf{J}(\tilde{\mathbf{r}}) \, \mathrm{d}\tilde{V} \tag{4.14}$$

lässt sich Gl. (4.13) umschreiben zu

$$\mathbf{A}(\mathbf{r}) = \frac{\mu}{4\pi} \frac{\mathbf{m} \times \mathbf{r}}{\|\mathbf{r}\|^3} + \mathcal{O}(1/\|\mathbf{r}\|^3). \tag{4.15}$$

4.1.5 Die Induktivitätskoeffizienten und die Energie im magnetischen Feld

In völliger Analogie zur Elektrostatik erfordert die allgemeine Lösung stationärer Magnetfeldprobleme zunächst die Bestimmung des magnetischen Vektorpotenzials $\mathbf{A}$, aus dem sich dann mittels (4.4) zunächst das B-Feld und anschließend – unter Ausnutzung der vorliegenden Materialgesetze – das H-Feld bestimmen lässt. An dieser Stelle sei noch einmal darauf hingewiesen, dass – in völliger Analogie zur Elektrostatik – die Lösung der Vektor-Poisson-Gleichung (4.7) erst durch die Vorgabe geeigneter Randbedingungen gegebenenfalls eine eindeutige Lösung erhält. Dieses Lösungsverfahren liefert am Ende die räumliche Verteilung der beiden Felder $\mathbf{B}$ und $\mathbf{H}$ an jedem Ort mit zugehörigem Ortsvektor $\mathbf{r}$ des betrachteten Gebiets. Für viele praktische Fragestellungen wird dieser Detailgrad im Ergebnis allerdings gar nicht benötigt. Daher können – ähnlich dem Vorgehen in der Elektrostatik, in der die Maxwellschen Kapazitätskoeffizienten eingeführt wurden, um Anordnungen von endlich und unendlich ausgedehnten Leitern bezüglich Ihrer Spannungs-Ladungsbeziehung und der gespeicherten Energie zu beschreiben, vgl. Abschn. 2.1.6 – für die Modellierung stationärer Magnetfelder die sogenannten Induktivitätskoeffizienten zur vereinfachten Beschreibung von Anordnungen (magnetisch gekoppelter) Leiterschleifen genutzt werden. Die Induktivitätskoeffizienten verknüpfen dabei den magnetischen Fluss, $\Phi = \int_A \mathbf{B} \cdot \mathrm{d}\mathbf{A}$, der von einem Strom in einer der Leiterschleifen erzeugt wird, in allen vorhandenen Leiterschleifen, inklusive der stromführenden/felderzeugenden Leiterschleife, gemäß

$$L_{i,j} = \frac{\Phi_{i,j}}{I_j} = \frac{\int_{A_i} \mathbf{B}_{i,j} \cdot \mathrm{d}\mathbf{A}}{I_j}, \tag{4.16}$$

wobei I_j der Strom in der felderzeugenden Schleife, $\Phi_{i,j}$ der magnetische Fluss, den der in der Leiterschleife j fließende Strom in der Leiterschleife i erzeugt, A_i die Fläche der Leiterschleife i und $\mathbf{B}_{i,j}$ das durch den Strom I_j erzeugte B-Feld sind. Die Induktivitätskoeffizienten können z. B. dafür genutzt werden, die in einer Anordnung N magnetisch gekoppelter Leiterschleifen gespeicherte Energie gemäß

$$W = \frac{1}{2} \sum_{\mu=1}^{N} \sum_{\nu=1}^{N} L_{\mu\nu} I_\mu I_\nu, \tag{4.17}$$

zu berechnen. Hierbei sind die $I_{\mu,\nu}$ die Ströme in den jeweiligen Leiterschleifen. Ebenso ermöglichen die Induktivitätskoeffizienten bei magnetischen Wechselfeldern die Berechnung der aufgrund der magnetischen Kopplung induzierten Spannungen.

4.2 Berechnung stationärer Magnetfelder mit der Lösungsformel nach Biot und Savart – Vier Linienleiter

4.2.1 Motivation

In dieser Aufgabe wollen wir zur Einführung eine typische Anordnung bestehend aus verschiedenen drahtförmigen Leitersegmenten betrachten, um die typischen Schritte bei der Anwendung des Biot-Savart-Gesetzes gemäß Gl. (4.12) exemplarisch kennenzulernen. Diese Schritte sind

(i) Einordnung der Aufgabe in den Gültigkeitsbereich des Biot-Savart-Gesetzes
(ii) Überführung des symbolischen Integrals im Biot-Savart-Gesetz in ein lösbares Integral durch Parametrisierung der gegebenen Stromdichte bzw. Leitergeometrie
(iii) Lösung des entstehenden, gegebenenfalls mehrdimensionalen Integrals

4.2.2 Beschreibung der Aufgabenstellung

Gegeben ist eine ebene Leiterschleife (siehe Abb. 4.1), die sich aus einem Halbkreis (1) und vier geraden Linienleiterstücken zusammensetzt (2)–(5). Der Halbkreis hat den Radius a. Durch die Leiterschleife fließt ein Strom I gegen den Uhrzeigersinn.

Aufgaben

a) Geben Sie das Biot-Savart-Gesetz für einen Linienstrom I im Raumpunkt $\mathbf{r}$ an. Wie lautet das vereinfachte Biot-Savart-Gesetz für das Feld im Ursprung einer ebenen Leiterschleife, welche in Polarkoordinaten $\tilde{\mathbf{r}} = \tilde{\mathbf{r}}(\tilde{\phi})$ parametrisiert ist?
b) Berechnen Sie das vom Strom I erzeugte B-Feld $\mathbf{B}$ im Koordinatenursprung. Berechnen Sie für alle Linienleiter das B-Feld im Ursprung jeweils mit beiden aus Aufgabenteil a) angegebenen Formeln.

Hinweise

$$\int \frac{a}{\left(a^2 + y^2\right)^{\frac{3}{2}}} \mathrm{d}y = \frac{y}{a\sqrt{a^2 + y^2}}$$

$$\int \frac{2a}{\left(2x^2 - 4ax + 4a^2\right)^{\frac{3}{2}}} \mathrm{d}x = \frac{x - a}{a\sqrt{2x^2 - 4ax + 4a^2}}$$

4.2.3 Lösung der Aufgabe

a) Geben Sie das Biot-Savart-Gesetz für einen Linienstrom I im Raumpunkt $\mathbf{r}$ an. Wie lautet das vereinfachte Biot-Savart-Gesetz für das Feld im Ursprung einer ebenen Leiterschleife, welche in Polarkoordinaten $\tilde{\mathbf{r}} = \tilde{\mathbf{r}}(\tilde{\phi})$ parametrisiert ist?

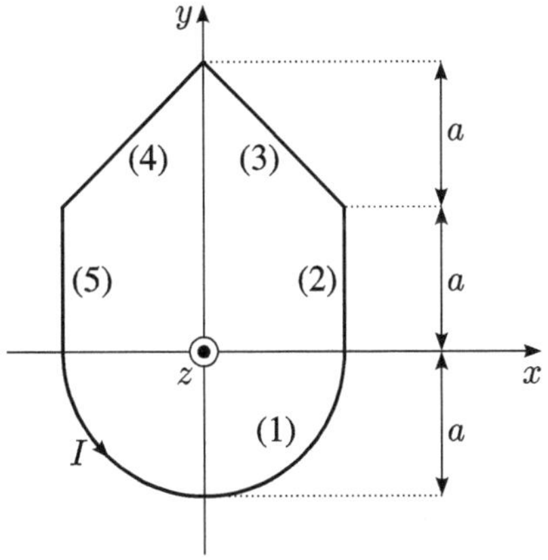

Abb. 4.1 Anordnung zu Aufgabe 4.2. Ebene Leiterschleife mit fünf Teilstücken

Das B-Feld im Raumpunkt **r** für einen Linienstrom I wird berechnet gemäß dem Integral

$$\mathbf{B}(\mathbf{r}) = \frac{\mu}{4\pi} I \oint_{\mathcal{C}} \frac{\mathrm{d}\tilde{\mathbf{r}} \times (\mathbf{r} - \tilde{\mathbf{r}})}{\|\mathbf{r} - \tilde{\mathbf{r}}\|^3}$$

mit μ als magnetischer Permeabilität. Unter Verwendung einer Parametrisierung der Kurve $\mathcal{C}$ der Art $\tilde{\mathbf{r}} = \tilde{\mathbf{r}}(\phi)$ ergibt sich daraus für das B-Feld im Ursprung das vereinfachte Biot-Savart-Gesetz einer ebenen Leiterschleife

$$\mathbf{B}(\mathbf{0}) = \frac{\mu}{4\pi} I \int_{\phi_1}^{\phi_2} \frac{\mathrm{d}\tilde{\phi}}{\tilde{r}(\tilde{\phi})} \mathbf{e}_z.$$

b) Berechnen Sie das vom Strom I erzeugte B-Feld **B** im Koordinatenursprung. Berechnen Sie für alle Linienleiter das B-Feld im Ursprung jeweils mit beiden aus Aufgabenteil a) angegebenen Formeln.

Das B-Feld $\mathbf{B}(\mathbf{0})$ im Koordinatenursprung $\mathbf{r} = \mathbf{0}$ setzt sich aus den Anteilen der Leiterstücke (1)–(5) zusammen.

Aufgrund der Symmetrie gilt

$$\mathbf{B}_2(\mathbf{0}) = \mathbf{B}_5(\mathbf{0}) \quad \text{und} \quad \mathbf{B}_3(\mathbf{0}) = \mathbf{B}_4(\mathbf{0}).$$

Für das gesamte B-Feld im Ursprung gilt

$$\mathbf{B}(\mathbf{0}) = \mathbf{B}_1(\mathbf{0}) + 2\mathbf{B}_2(\mathbf{0}) + 2\mathbf{B}_3(\mathbf{0}).$$

Das B-Feld im Koordinatenursprung berechnet sich gemäß Biot-Savart zu

$$\mathbf{B}(\mathbf{0}) = -\frac{\mu_0}{4\pi} I \oint_{\mathcal{C}} \frac{\mathrm{d}\tilde{\mathbf{r}} \times \tilde{\mathbf{r}}}{\|\tilde{\mathbf{r}}\|^3}.$$

Leiterstück (1): Halbkreis

Die Parametrisierung zu Leiterstück (1) erfolgt in Polarkoordinaten

$$\tilde{\mathbf{r}}_1 = \begin{pmatrix} a\cos\tilde{\phi} \\ a\sin\tilde{\phi} \\ 0 \end{pmatrix}, \qquad \frac{\mathrm{d}\tilde{\mathbf{r}}_1}{\mathrm{d}\tilde{\phi}} = \begin{pmatrix} -a\sin\tilde{\phi} \\ a\cos\tilde{\phi} \\ 0 \end{pmatrix}$$

mit $\|\tilde{\mathbf{r}}_1\| = a$ und $\mathrm{d}\tilde{\mathbf{r}}_1 \times \tilde{\mathbf{r}}_1 = -a^2\mathbf{e}_z\mathrm{d}\tilde{\phi}$. Das B-Feld ergibt sich damit zu

$$\begin{aligned}\mathbf{B}_1(\mathbf{0}) &= \frac{\mu_0}{4\pi} I \int_{\pi}^{2\pi} \frac{a^2}{a^3} \mathbf{e}_z \mathrm{d}\tilde{\phi} \\ &= \frac{\mu_0}{4\pi} I \int_{\pi}^{2\pi} \frac{\mathrm{d}\tilde{\phi}}{a} \mathbf{e}_z \\ &= \frac{\mu_0}{4} \frac{I}{a} \mathbf{e}_z.\end{aligned}$$

Da es sich bei Leiterstück (1) um einen Halbkreis handelt und die Radiusfunktion konstant sein muss, d. h. $\tilde{r}(\tilde{\phi}) = \text{const} = a$ mit $\tilde{\phi} \in (\pi, 2\pi)$, entspricht das letzte Integral direkt dem vereinfachten Biot-Savart-Gesetz.

Leiterstück (2): Gerade in y-Richtung

Die Parametrisierung zu Leiterstück (2) erfolgt zunächst kartesisch

$$\tilde{\mathbf{r}}_2 = \begin{pmatrix} a \\ \tilde{y} \\ 0 \end{pmatrix}, \qquad \frac{\mathrm{d}\tilde{\mathbf{r}}_2}{\mathrm{d}\tilde{y}} = \begin{pmatrix} 0 \\ 1 \\ 0 \end{pmatrix}$$

mit $\|\tilde{\mathbf{r}}_2\| = \sqrt{a^2 + \tilde{y}^2}$ und $\mathrm{d}\tilde{\mathbf{r}}_2 \times \tilde{\mathbf{r}}_2 = -a\mathbf{e}_z \mathrm{d}\tilde{y}$.

$$\begin{aligned}\mathbf{B}_2(\mathbf{0}) &= \frac{\mu_0}{4\pi} I \int_0^a \frac{a}{\left(a^2 + \tilde{y}^2\right)^{\frac{3}{2}}} \mathbf{e}_z \mathrm{d}\tilde{y} \\ &= \frac{\mu_0}{4\pi} I \left. \frac{\tilde{y}}{a\sqrt{a^2 + \tilde{y}^2}} \right|_0^a \mathbf{e}_z \\ &= \frac{\mu_0}{4\pi} I \frac{a}{a\sqrt{a^2 + a^2}} \mathbf{e}_z \\ &= \frac{\mu_0}{4\sqrt{2}\pi} \frac{I}{a} \mathbf{e}_z\end{aligned}$$

Dieses Leiterstück lässt sich alternativ mit der Radiusfunktion $\tilde{r}(\tilde{\phi}) = a/\cos(\tilde{\phi})$ mit $\tilde{\phi} \in (0, \pi/4)$ parametrisieren. Gemäß dem vereinfachten Biot-Savart-Gesetz folgt dann

$$\begin{aligned}\mathbf{B}_2(\mathbf{0}) &= \frac{\mu_0}{4\pi} I \int_0^{\frac{\pi}{4}} \frac{\cos(\tilde{\phi})}{a} \mathbf{e}_z \mathrm{d}\tilde{\phi} \\ &= \frac{\mu_0}{4\pi} \frac{I}{a} \left. \sin(\tilde{\phi}) \right|_0^{\frac{\pi}{4}} \mathbf{e}_z \\ &= \frac{\mu_0}{4\sqrt{2}\pi} \frac{I}{a} \mathbf{e}_z.\end{aligned}$$

Leiterstück (3): Gerade in x, y-Richtung

Die Parametrisierung zu Leiterstück (3) erfolgt wiederum zunächst kartesisch

$$\tilde{\mathbf{r}}_3 = \begin{pmatrix} \tilde{x} \\ 2a - \tilde{x} \\ 0 \end{pmatrix}, \qquad \frac{\mathrm{d}\tilde{\mathbf{r}}_3}{\mathrm{d}\tilde{x}} = \begin{pmatrix} 1 \\ -1 \\ 0 \end{pmatrix}$$

mit $\|\tilde{\mathbf{r}}_3\| = \sqrt{\tilde{x}^2 + (2a - \tilde{x})^2} = \sqrt{2\tilde{x}^2 - 4a\tilde{x} + 4a^2}$ und $\mathrm{d}\tilde{\mathbf{r}}_3 \times \tilde{\mathbf{r}}_3 = 2a\mathbf{e}_z\mathrm{d}\tilde{x}$.

$$\begin{aligned} \mathbf{B}_3(\mathbf{0}) &= -\frac{\mu_0}{4\pi} I \int_a^0 \frac{2a}{\left(2\tilde{x}^2 - 4a\tilde{x} + 4a^2\right)^{\frac{3}{2}}} \mathbf{e}_z \mathrm{d}\tilde{x} \\ &= \frac{\mu_0}{4\pi} I \int_0^a \frac{2a}{\left(2\tilde{x}^2 - 4a\tilde{x} + 4a^2\right)^{\frac{3}{2}}} \mathbf{e}_z \mathrm{d}\tilde{x} \\ &= \frac{\mu_0}{4\pi} I \left. \frac{\tilde{x} - a}{a\sqrt{2\tilde{x}^2 - 4a\tilde{x} + 4a^2}} \right|_0^a \mathbf{e}_z \\ &= \frac{\mu_0}{4\pi} I \frac{a}{a\sqrt{4a^2}} \mathbf{e}_z \\ &= \frac{\mu_0}{8\pi} \frac{I}{a} \mathbf{e}_z \end{aligned}$$

Dieses Leiterstück lässt sich alternativ ebenfalls mit einer Radiusfunktion $\tilde{r}(\tilde{\phi})$ parametrisieren. Dazu wird die Gerade $\tilde{y} = 2a - \tilde{x}$ in Polarkoordinaten umgeschrieben zu $\tilde{r}\cos(\tilde{\phi}) = 2a - \tilde{r}\sin(\tilde{\phi})$, sodass folgt

$$\tilde{r}(\tilde{\phi}) = \frac{2a}{\cos(\tilde{\phi}) + \sin(\tilde{\phi})} \quad \text{mit } \tilde{\phi} \in \left(\frac{\pi}{4}, \frac{\pi}{2}\right].$$

Dies lässt sich mit der Substitution $\hat{\phi} = \tilde{\phi} - \pi/4$ vereinfachen zu $\tilde{r}(\hat{\phi}) = \sqrt{2}a/\cos(\hat{\phi})$ mit $\hat{\phi} \in (0, \pi/4)$. Gemäß dem vereinfachten Biot-Savart-Gesetz folgt dann

$$\begin{aligned} \mathbf{B}_3(\mathbf{0}) &= \frac{\mu_0}{4\pi} I \int_0^{\frac{\pi}{4}} \frac{\cos(\hat{\phi})}{\sqrt{2}a} \mathbf{e}_z \mathrm{d}\hat{\phi} \\ &= \frac{\mu_0}{4\pi} \frac{I}{\sqrt{2}a} \sin(\hat{\phi}) \Big|_0^{\frac{\pi}{4}} \mathbf{e}_z \\ &= \frac{\mu_0}{8\pi} \frac{I}{a} \mathbf{e}_z. \end{aligned}$$

Das von der Leiterschleife erzeugte B-Feld $\mathbf{B}(\mathbf{0})$ ergibt sich damit zu

$$\begin{aligned} \mathbf{B}(\mathbf{0}) &= \mathbf{B}_1(\mathbf{0}) + 2\mathbf{B}_2(\mathbf{0}) + 2\mathbf{B}_3(\mathbf{0}) \\ &= \frac{\mu_0}{4} \frac{I}{a} \mathbf{e}_z + 2\frac{\mu_0}{4\sqrt{2}\pi} \frac{I}{a} \mathbf{e}_z + 2\frac{\mu_0}{8\pi} \frac{I}{a} \mathbf{e}_z \\ &= \frac{\mu_0}{4\pi} \frac{I}{a} \left(\pi + \sqrt{2} + 1\right) \mathbf{e}_z. \end{aligned}$$

4.2.4 Zusammenfassung

In dieser Aufgabe haben wir das Gesetz vo Biot und Savart als probates Lösungsverfahren für die Berechnung stationärer Magnetfelder bei linienhaften Leitern angewendet. Durch die planare linienhafte Geometrie der Leiter lässt sich dabei eine vereinfachte Form des Gesetzes von Biot und Savart zur Berechnung des Felds im Ursprung verwenden. Das Gesetz von Biot und Savart ist dabei besonders einfach auszurechnen, wenn das gesuchte Feld nur in einem Raumpunkt bzw. auf einer interessierenden Linie oder Fläche gesucht ist.

4.3 Berechnung stationärer Magnetfelder mit der Lösungsformel nach Biot und Savart – Flächenleiter

4.3.1 Motivation

In der Anwendung werden stationäre magnetische Felder oftmals durch stationäre Stromdichten erzeugt, wobei näherungsweise natürliche Randbedingungen angenommen werden dürfen, da das stromführende Gebiet z. B. in einen relativ großen Luftbereich eingebettet ist. In solchen Fällen verschwindet die homogene Lösung und die Lösung kann direkt mittels dem Gesetz von Biot und Savart bestimmt werden. Die folgende Aufgabe ist ein Beispiel für diesen Fall, bei dem der stromführende Leiter als Flächenleiter ausgeprägt ist.

4.3.2 Beschreibung der Aufgabenstellung

Gegeben ist ein in der x, y-Ebene liegender, scheibenförmiger Flächenleiter mit der Parametrisierung (siehe Abb. 4.2)

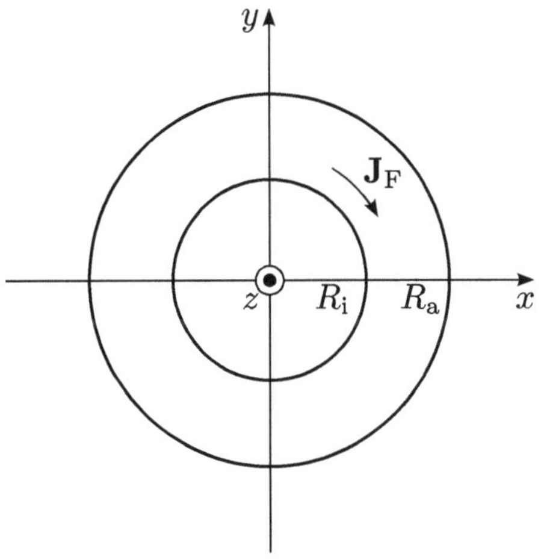

Abb. 4.2 Anordnung zu Aufgabe 4.3. Scheibenförmiger Flächenleiter mit Stromdichte $\mathbf{J}_\mathrm{F}$ im Uhrzeigersinn

$$\tilde{\mathbf{r}}(\tilde{\phi}) = \begin{pmatrix} \tilde{r}\cos(\tilde{\phi}) \\ \tilde{r}\sin(\tilde{\phi}) \\ 0 \end{pmatrix}.$$

Der innere Radius ist R_i und der äußere R_a. Auf seiner Oberfläche fließt im Kreis ein elektrischer Strom mit der Flächenstromdichte

$$\mathbf{J}_\mathrm{F} = -J_0\,\tilde{r}\,\mathbf{e}_\phi.$$

Aufgaben
Berechnen Sie das von der Flächenstromdichte $\mathbf{J}_\mathrm{F}$ erzeugte B-Feld $\mathbf{B}$ im Koordinatenursprung.

4.3.3 Lösung der Aufgabe

Berechnen Sie das von der Flächenstromdichte $\mathbf{J}_\mathrm{F}$ erzeugte B-Feld $\mathbf{B}$ im Koordinatenursprung. Das B-Feld im Koordinatenursprung berechnet sich gemäß Biot-Savart zu

$$\mathbf{B}(\mathbf{0}) = -\frac{\mu_0}{4\pi}\iint_{\mathcal{A}} \frac{\mathbf{J}_\mathrm{F}\times\tilde{\mathbf{r}}}{\|\tilde{\mathbf{r}}\|^3}\mathrm{d}\tilde{A}.$$

Die Parametrisierungen sind gegeben als

$$\tilde{\mathbf{r}} = \begin{pmatrix} \tilde{r}\cos(\tilde{\phi}) \\ \tilde{r}\sin(\tilde{\phi}) \\ 0 \end{pmatrix} \quad \text{und} \quad \mathbf{J}_\mathrm{F} = J_0\,\tilde{r}\begin{pmatrix} \sin(\tilde{\phi}) \\ -\cos(\tilde{\phi}) \\ 0 \end{pmatrix},$$

mit $\|\tilde{\mathbf{r}}\| = \tilde{r}$ und $\mathbf{J}_\mathrm{F}\times\tilde{\mathbf{r}} = J_0\,\tilde{r}^2\,\mathbf{e}_z$. Da es sich hierbei um Zylinderkoordinaten handelt ist das Flächenelement $\mathrm{d}\tilde{A} = \tilde{r}\,\mathrm{d}\tilde{r}\,\mathrm{d}\tilde{\phi}$. Das B-Feld wird damit zu

$$\begin{aligned}
\mathbf{B}(\mathbf{0}) &= -\frac{\mu_0}{4\pi}\int_{R_\mathrm{i}}^{R_\mathrm{a}}\int_0^{2\pi}\frac{J_0\,\tilde{r}^2\,\mathbf{e}_z}{\tilde{r}^3}\tilde{r}\,\mathrm{d}\tilde{\phi}\,\mathrm{d}\tilde{r} \\
&= -\frac{\mu_0}{4\pi}J_0\int_{R_\mathrm{i}}^{R_\mathrm{a}}\int_0^{2\pi}\mathrm{d}\tilde{\phi}\,\mathrm{d}\tilde{r}\,\mathbf{e}_z \\
&= -\frac{\mu_0}{2}J_0\int_{R_\mathrm{i}}^{R_\mathrm{a}}\mathrm{d}\tilde{r}\,\mathbf{e}_z \\
&= -\frac{\mu_0}{2}J_0(R_\mathrm{a}-R_\mathrm{i})\mathbf{e}_z
\end{aligned}$$

4.3.4 Zusammenfassung

Gemäß der Aufgabenstellung war das B-Feld nur im Ursprung zu bestimmen. Der Grund hierfür liegt in der Tatsache, dass für andere Aufpunkte $\mathbf{r}$ das resultierende Integral nicht geschlossen gelöst werden kann. Dies ist charakteristisch für viele Aufgaben, bei denen das Gesetz von Biot und Savart zur Berechnung des B-Felds genutzt wird.

4.4 Berechnung stationärer Magnetfelder mit Hilfe der Multipolentwicklung - Zylinderspule

4.4.1 Motivation

Die nachfolgende Aufgabe nutzt in den Aufgabenteilen b) und c) zwei unterschiedliche Näherungen, um das Feld einer Zylinderspule näherungsweise zu berechnen. Ein derartiges Vorgehen ist in der Praxis sehr üblich, da durch die Näherungen der Berechnungsaufwand gegenüber einer analytischen Berechnung mittels des Biot-Savart-Gesetzes deutlich sinkt. Für die Berechnung des Felds im Außenbereich, weit entfernt von dern Spule werden wir die im Abschn. 4.1.4 eingeführte Multipolentwicklung für das stationäre Magnetfeld nutzen.

4.4.2 Beschreibung der Aufgabenstellung

Gegeben ist eine zylindrische Spule der Länge h mit n Windungen, welche konzentrisch zur z-Achse angeordnet ist (siehe Abb. 4.3). Der Durchmesser d der Spule ist sehr viel kleiner als ihre Länge h ($d \ll h$). In der Spule fließt ein zeitlich langsam veränderlicher Strom $i(t) = I_0 \sin(\omega t)$. Im gesamten Raum gilt $\mu = \mu_0$.

Aufgaben

a) Geben Sie für das vorliegende Problem das Teilgebiet der Theorie elektromagnetischer Felder, die zugrundeliegende Differentialgleichung und die Methode zur Lösung des Problems an.
b) Berechnen Sie das H-Feld in der x, y-Ebene für $\|\mathbf{r}\| < d/2$. Welche Vereinfachung ergibt sich aufgrund der vorausgesetzten geometrischen Verhältnisse?
c) Berechnen Sie das magnetische Vektorpotenzial $\mathbf{A}(\mathbf{r})$ für $\|\mathbf{r}\| \gg h$ als Näherung 2. Ordnung. Wie ist das Koordinatensystem zu setzen?

4.4.3 Lösung der Aufgabe

a) Geben Sie für das vorliegende Problem das Teilgebiet der elektromagnetischer Felder, die zugrundeliegende Differentialgleichung und die Methode zur Lösung des Problems an.

Abb. 4.3 Anordnung zu Aufgabe 4.4. Spiralförmige Zylinderspule

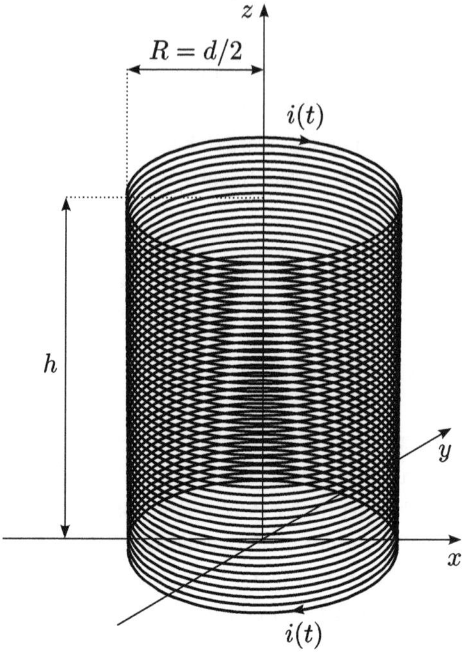

Das Problem ist im Rahmen der Theorie stationärer Magnetfelder zu behandeln, die zugrundeliegende Differentialgleichung lautet $\Delta \mathbf{A} = -\mu_0 \mathbf{J}$ mit dem Vektorpotential $\mathbf{A}$ und der Stromdichte $\mathbf{J}$. Das Problem wird mit der Multipolentwicklung gelöst.

b) Berechnen Sie das **H**-Feld in der x, y-Ebene für $\|\mathbf{r}\| < d/2$. Welche Vereinfachung ergibt sich aufgrund der vorausgesetzten geometrischen Verhältnisse?

Für $d \ll h$ ist das Magnetfeld im inneren der Spule $\|\mathbf{r}\| < d/2$ homogen und verläuft in z-Richtung. Unter der Voraussetzung, dass das Feld außerhalb der Spule zu vernachlässigen ist, folgt die Berechnung des H-Feldes im Inneren mit Hilfe des Durchflutungssatzes (Ampèresches Gesetz) gemäß

$$\begin{aligned} &\oint_{\mathcal{C}} \mathbf{H}\,\mathrm{d}\mathbf{s} = \iint_{\mathcal{A}} \mathbf{J}\,\mathrm{d}\mathbf{A} \\ \Leftrightarrow\quad & \mathbf{H}\,h\,(-\mathbf{e}_z) = n\,i(t) \\ \Leftrightarrow\quad & \mathbf{H} = -\frac{n}{h} I_0 \sin(\omega t)\,\mathbf{e}_z . \end{aligned}$$

c) Berechnen Sie das magnetische Vektorpotenzial $\mathbf{A}(\mathbf{r})$ für $\|\mathbf{r}\| \gg h$ als Näherung 2. Ordnung. Wie ist das Koordinatensystem zu setzen?

Für $\|\mathbf{r}\| \gg h$ wird die Spule als magnetischer Dipol im Ursprung modelliert (Nährung 2. Ordnung, Dipolnäherung). Demzufolge muss die Spule aus Abb. 4.3 um $-h/2$ in z-Richtung versetzt werden, um ein möglichst gutes Ergebnis mit der Näherung 2. Ordnung (Dipolnäherung) zu erhalten. Die Querschnittsfläche der Spule hat den Flächeninhalt πr^2 und den Flächennormalenvektor $-\mathbf{e}_z$. Da die Stromrichtung entgegengesetzt eines Rechtssystems verläuft ist das Vorzeichen des Flächennormalenvektors negativ (Rechte-Faust-Regel). Demzufolge ist das Dipolmoment

$$\mathbf{m} = -m\,\mathbf{e}_z \quad \text{mit}\, m := \pi\, r^2 n\, i(t) = \frac{\pi}{4} d^2\, n\, i(t).$$

Damit berechnet sich das magnetische Vektorpotenzial im Punkt $\mathbf{r} = (x, y, z - h/2)^\mathsf{T}$ mit $r := \sqrt{x^2 + y^2 + (z - h/2)^2}$ zu

$$\begin{aligned}
\mathbf{A}(\mathbf{r}) &= \frac{\mu_0}{4\pi} \frac{\mathbf{m} \times \mathbf{r}}{\|\mathbf{r}\|^3} \\
&= \frac{\mu_0}{4\pi} \frac{m}{r^3} \left(\begin{pmatrix} 0 \\ 0 \\ -1 \end{pmatrix} \times \begin{pmatrix} x \\ y \\ z - \frac{h}{2} \end{pmatrix} \right) \\
&= \frac{\mu_0}{4\pi} \frac{m}{r^3} \begin{pmatrix} y \\ -x \\ 0 \end{pmatrix}.
\end{aligned}$$

Das B-Feld $\mathbf{B}(\mathbf{r})$ berechnet sich aus der Rotation des Vektorpotenzials gemäß

$$\begin{aligned}
\mathbf{B}(\mathbf{r}) &= \operatorname{rot} \mathbf{A}(\mathbf{r}) \\
&= \frac{\mu_0}{4\pi} m \operatorname{rot} \frac{1}{r^3} \begin{pmatrix} y \\ -x \\ 0 \end{pmatrix} \\
&= \frac{\mu_0}{4\pi} \frac{m}{r^5} \begin{pmatrix} -3x\left(z - \frac{h}{2}\right) \\ -3y\left(z - \frac{h}{2}\right) \\ -2r^2 + 3x^2 + 3y^2 \end{pmatrix}.
\end{aligned}$$

4.4.4 Zusammenfassung

Da das Biot-Savart-Gesetz oftmals keine analytischen Lösungen erlaubt bzw. mit einem hohen Rechenaufwand verbunden ist, werden in der Praxis oftmals Näherungslösungen gesucht. Durch die Annahmen eines homogenen Felds im Inneren der Spule sowie ein verschwindendes Feld außerhalb des Spulenkanals konnten wir das nun eindimensionale Problem mittels des Durchflutungsgesetzes analytisch lösen. Zur näherungsweisen Bestimmung des Felds im Außenraum, weit entfernt von der Spule hat sich die Multipolnäherung als geeignete Berechnungsmethode erwiesen, um das Feld abzuschätzen. Im Gegensatz zur

Multipolentwicklung in der Elektrostatik verschwindet der Monopolterm in der Multipolentwicklung des magnetischen Vektorpotenzials **A**, so dass der erste von null verschiedene Term der Dipolterm ist.

4.5 Berechnung stationärer Magnetfelder mit Hilfe der Multipolentwicklung – Raumkurve

4.5.1 Motivation

Die in Abschn. 4.1.4 eingeführte Multipolentwicklung ist eine Methode zur näherungsweisen Berechnung des Vektorpotenzials **A**, welche insbesondere für die Berechnung der Felder weit entfernt von der felderzeugenden Stromdichte geeignet ist, da in diesem Fall bereits sehr wenige Terme der Entwicklung ein recht genaues Ergebnis liefern. Die nachfolgende Aufgabe liefert ein Beispiel, wie die Multipolentwicklung für die Feldberechnung eines dreidimensionalen Linienleiters im Vakuum weit entfernt vom Leiter genutzt werden kann.

4.5.2 Beschreibung der Aufgabenstellung

Gegeben ist eine geschlossene Linienleiterschleife, die in positiver Orientierung des Parameters $\tilde{t}$ von einem zeitlich konstanten Strom I durchflossen wird (siehe Abb. 4.4). Die Leiterschleife wird durch die folgende Parametrisierung beschrieben

$$\tilde{\mathbf{r}}(\tilde{t}) = r_0 \begin{pmatrix} \sin(\tilde{t})\cos(\tilde{t}) \\ \sin^2(\tilde{t}) \\ \cos(\tilde{t}) \end{pmatrix} \quad \text{mit } \tilde{t} \in [0, 2\pi).$$

Im gesamten Raum gilt $\mu = \mu_0$.

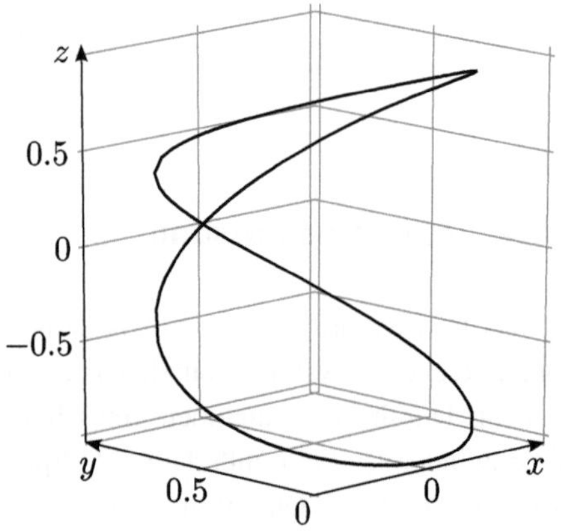

Abb. 4.4 Anordnung zu Aufgabe 4.5. Linienleiterschleife im Raum

Aufgaben

a) Berechnen Sie das magnetischen Vektorpotenzial $\mathbf{A}(\mathbf{r})$ für $\|\mathbf{r}\| \gg \|\tilde{\mathbf{r}}\|$ als Näherung 2. Ordnung. Welche Methode wenden Sie an?
b) Berechnen Sie das B-Feld in großer Entfernung zur Stromschleife.

Hinweise

$$\int_a^{a+2\pi} \cos^3(x)\,\mathrm{d}x = 0$$

$$\int_a^{a+2\pi} \sin^2(x)\,\mathrm{d}x = \pi$$

$$\int_a^{a+2\pi} \left(\sin^3(x) + 2\sin(x)\cos^2(x)\right)\,\mathrm{d}x = 0$$

4.5.3 Lösung der Aufgabe

a) Berechnen Sie das magnetische Vektorpotenzial $\mathbf{A}(\mathbf{r})$ für $\|\mathbf{r}\| \gg \|\tilde{\mathbf{r}}\|$ als Näherung 2. Ordnung. Welche Methode wenden Sie an?

Das magnetische Vektorpotenzial $\mathbf{A}(\mathbf{r})$ berechnet sich mit Hilfe der Multipolentwicklung 2. Ordnung (Dipolnäherung) gemäß

$$\mathbf{A}(\mathbf{r}) = \frac{\mu_0}{4\pi}\frac{\mathbf{m}\times\mathbf{r}}{\|\mathbf{r}\|^3}.$$

Da es keine magnetischen Monopole gibt, ist die Näherung 2. Ordnung des magnetischen Vektorpotenzials eine reine Dipolnäherung. Das Dipolmoment $\mathbf{m}$ eines Linienleiters ist

$$\mathbf{m} = \frac{I}{2}\oint_C \tilde{\mathbf{r}} \times \mathrm{d}\tilde{\mathbf{r}}.$$

Die Parametrisierung ist in kartesischer Basis gegeben

$$\tilde{\mathbf{r}} = r_0 \begin{pmatrix} \sin(\tilde{t})\cos(\tilde{t}) \\ \sin^2(\tilde{t}) \\ \cos(\tilde{t}) \end{pmatrix}, \qquad \frac{\mathrm{d}\tilde{\mathbf{r}}}{\mathrm{d}\tilde{t}} = r_0 \begin{pmatrix} \cos^2(\tilde{t}) - \sin^2(\tilde{t}) \\ 2\sin(\tilde{t})\cos(\tilde{t}) \\ -\sin(\tilde{t}) \end{pmatrix}$$

mit $\|\tilde{\mathbf{r}}\| = r_0$ und

$$\tilde{\mathbf{r}} \times \mathrm{d}\tilde{\mathbf{r}} = r_0^2 \begin{pmatrix} -\sin^3(\tilde{t}) - 2\sin(\tilde{t})\cos^2(\tilde{t}) \\ \cos^3(\tilde{t}) - \sin^2(\tilde{t})\cos(\tilde{t}) + \sin^2(\tilde{t})\cos(\tilde{t}) \\ 2\sin^2(\tilde{t})\cos^2(\tilde{t}) - \sin^2(\tilde{t})\cos^2(\tilde{t}) + \sin^4(\tilde{t}) \end{pmatrix} \mathrm{d}\tilde{t}$$

$$= r_0^2 \begin{pmatrix} -\sin^3(\tilde{t}) - 2\sin(\tilde{t})\cos^2(\tilde{t}) \\ \cos^3(\tilde{t}) \\ \sin^2(\tilde{t}) \end{pmatrix} \mathrm{d}\tilde{t}.$$

Das Dipolmoment berechnet sich somit gemäß den Hinweisen zu

$$\mathbf{m} = \frac{I}{2} \cdot r_0^2 \cdot \oint_0^{2\pi} \begin{pmatrix} -\sin^3(\tilde{t}) - 2\sin(\tilde{t})\cos^2(\tilde{t}) \\ \cos^3(\tilde{t}) \\ \sin^2(\tilde{t}) \end{pmatrix} \mathrm{d}\tilde{t}$$

$$= \frac{\pi}{2} r_0^2 \cdot I \cdot \mathbf{e}_z.$$

Damit berechnet sich das magnetische Vektorpotenzial im Punkt $\mathbf{r} = (x, y, z)^\mathsf{T}$ mit $r := \|\mathbf{r}\| = \sqrt{x^2 + y^2 + z^2}$ zu

$$\mathbf{A}(\mathbf{r}) = \frac{\mu_0}{4\pi} \frac{\mathbf{m} \times \mathbf{r}}{\|\mathbf{r}\|^3}$$

$$= \frac{\mu_0}{4\pi} \frac{\pi}{2} \frac{I}{r^3} r_0^2 \begin{pmatrix} 0 \\ 0 \\ 1 \end{pmatrix} \times \begin{pmatrix} x \\ y \\ z \end{pmatrix}$$

$$= \frac{\mu_0}{8} \frac{I}{r^3} r_0^2 \begin{pmatrix} -y \\ x \\ 0 \end{pmatrix}.$$

b) Berechnen Sie das B-Feld in großer Entfernung zur Stromschleife.

Das B-Feld $\mathbf{B}(\mathbf{r})$ berechnet sich aus der Rotation des Vektorpotenzials gemäß

$$\mathbf{B}(\mathbf{r}) = \operatorname{rot} \mathbf{A}(\mathbf{r})$$

$$= \frac{\mu_0}{8} r_0^2 \operatorname{rot} \frac{I}{r^3} \begin{pmatrix} -y \\ x \\ 0 \end{pmatrix}$$

$$= \frac{\mu_0}{8} r_0^2 \frac{I}{r^5} \begin{pmatrix} 3xz \\ 3yz \\ 2r^2 - 3x^2 - 3y^2 \end{pmatrix}.$$

4.5.4 Zusammenfassung

Die Multipolentwicklung des Vektorpotenzials $\mathbf{A}$ ist ein sehr nützliches Verfahren zur näherungsweisen Berechnung des B-Feldes einer Stromdichte. Der Monopolterm verschwindet stets, so dass der erste von null verschiedene Term der Dipolterm ist. In ausreichend großer Entfernung von der felderzeugenden Stromdichte können Terme höherer Ordnung vernachlässigt werden, so dass der Dipolterm eine gute Näherung für das gesamte Vektorpotenzial darstellt, d. h. das Feld der Stromverteilung sieht in ausreichender Entfernung wie das Feld eines äquivalenten Dipols aus. Dabei ist zu beachten, dass das resultierende Dipolmoment von der Wahl des Koordinatenursprunges abhängt. Das B-Feld lässt sich aus dem näherungsweise berechneten Vektorpotenzial $\mathbf{A}$ gemäß $\mathbf{B} = \operatorname{rot} \mathbf{A}$ berechnen.

4.6 Berechnung von Induktivitätskoeffizienten - Deltoid

4.6.1 Motivation

Gemäß Abschn. 4.1.5 stellen die Induktivitätskoeffizienten ein wichtiges Mittel zur Datenreduktion bei der Beschreibung einer Anordnung aus dem Bereich stationärer Magnetfelder dar. So interessiert bei stromführenden gekoppelten Leiterschleifen oftmals nicht die exakte Feldverteilung in jedem Raumpunkt sondern es interessiert oftmals vielmehr die Energie der Gesamtanordnung, inkl. der Beiträge der einzelnen Leiterschleifen sowie der Beitrag der Kopplung, da dieser für einen Energieübertrag, z. B. beim induktiven Laden genutzt werden kann. Die nachfolgende Aufgabe veranschaulicht, wie die Induktivitätskoeffizienten für eine konkrete Anordnung gekoppelte Leiterschleifen berechnet werden können.

4.6.2 Beschreibung der Aufgabenstellung

In der x, z-Ebene sind zwei in z-Richtung unendlich ausgedehnte Linienleiter sowie eine drachenförmige Leiterschleife (Deltoid) gegeben (siehe Abb. 4.5). Es fließt ein Strom I durch die Linienleiter. Im ganzen Raum gilt $\mu = \mu_0$.

Aufgaben

a) Geben Sie für das vorliegende Problem das Teilgebiet der Theorie elektromagnetischer Felder, die zugrundeliegende Differentialgleichung und eine allgemeine Lösungsmethode zur Lösung dieser Gleichung für natürliche Randbedingungen an.
b) Berechnen Sie das H-Feld $\mathbf{H}(x, y)$ der beiden Linienleiter in kartesischen Koordinaten.
c) Berechnen Sie die Gegeninduktivität M zwischen den Linienleitern und der Leiterschleife.

Hinweis

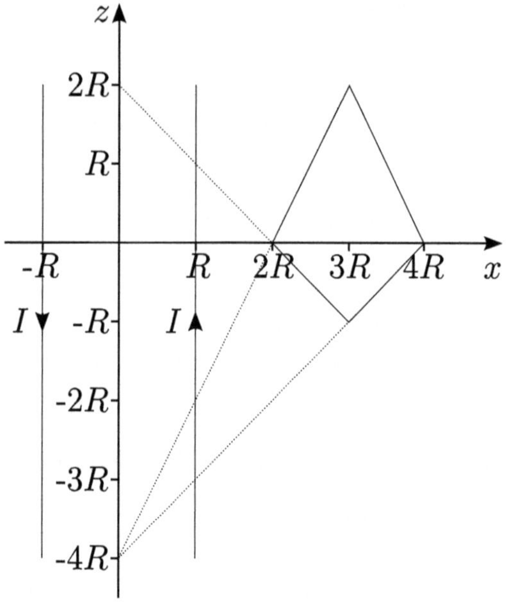

Abb. 4.5 Anordnung zu Aufgabe 4.6. Deltoid neben zwei Linienleitern

$$\int \frac{ax + bR}{x^2 - R^2}\, \mathrm{d}x = \frac{1}{2}\left[(a + b)\ln(x - R) + (a - b)\ln(x + R)\right]$$

4.6.3 Lösung der Aufgabe

a) Geben Sie für das vorliegende Problem das Teilgebiet der Theorie elektromagnetischer Felder, die zugrundeliegende Differentialgleichung und eine allgemeine Lösungsmethode zur Lösung dieser Gleichung für natürliche Randbedingungen an.

Das Problem ist im Rahmen der Theorie stationärer Magnetfelder zu behandeln, die zugrundeliegende Differentialgleichung lautet $\Delta\mathbf{A} = -\mu_0\mathbf{J}$ mit dem Vektorpotenzial $\mathbf{A}$ und der Stromdichte $\mathbf{J}$. Die partikuläre Lösung der Vektorpoissongleichung für das Vektorpotenzial, welche bei homogenen Randbedingungen die vollständige Lösung darstellt, lässt sich mit Hilfe des Kirchhoffintegrals bestimmen.

b) Berechnen Sie das H-Feld $\mathbf{H}(x, y)$ der beiden Linienleiter in kartesischen Koordinaten.

Das Feld der Linienleiter bei homogenen Randbedingungen lässt sich aufgrund der Symmetrie der Anordnung am einfachsten mit Hilfe des Durchflutungsgesetzes gemäß

$$\oint_C \mathbf{H}(\mathbf{r})\mathrm{d}\mathbf{r} = I$$

bestimmen. Dabei beschreibt $\mathrm{d}\mathbf{r}$ ein infinitesimales Teilstück der geschlossenen Kurve $\mathcal{C}$. In Zylinderkoordinaten ergibt sich für einen Linienleiter $\mathrm{d}\mathbf{r} = r\mathrm{d}\phi\,\mathbf{e}_\phi$ mit $\phi \in [0, 2\pi)$ und es folgt

$$\oint_0^{2\pi} \mathbf{H}(r) \cdot \mathbf{e}_\phi\, r\, \mathrm{d}\phi = I$$

$$\Leftrightarrow \quad \mathbf{H}(r) = \frac{I}{2\pi r}\mathbf{e}_\phi .$$

Der Basisvektor konnte auf die rechte Seite gebracht werden, da $\mathbf{e}_\phi \cdot \mathbf{e}_\phi = 1$ gilt. Mit $r = ||\mathbf{r}||$ folgt

$$\mathbf{H}(\mathbf{r}) = \frac{I}{2\pi||\mathbf{r}||}\mathbf{e}_\phi = \frac{I}{2\pi||\mathbf{r}||}\left(\mathbf{e}_z \times \frac{\mathbf{r}}{||\mathbf{r}||}\right).$$

Das H-Feld zweier Linienleiter ergibt sich aus der Überlagerung der einzelnen Felder unter Berücksichtigung der Stromrichtung (Superpositionsprinzip)

$$\mathbf{H}(\mathbf{r}_1, \mathbf{r}_2) = \frac{I}{2\pi\,||\mathbf{r}_1||}\left(\mathbf{e}_z \times \frac{\mathbf{r}_1}{||\mathbf{r}_1||}\right) - \frac{I}{2\pi\,||\mathbf{r}_2||}\left(\mathbf{e}_z \times \frac{\mathbf{r}_2}{||\mathbf{r}_2||}\right)$$

mit

$$\mathbf{r}_1 = (x - R, y, 0)^\mathsf{T}, \qquad ||\mathbf{r}_1|| = \sqrt{(x - R)^2 + y^2},$$

$$\mathbf{r}_2 = (x + R, y, 0)^\mathsf{T}, \qquad ||\mathbf{r}_2|| = \sqrt{(x + R)^2 + y^2}.$$

c) Berechnen Sie die Gegeninduktivität M zwischen den Linienleitern und der Leiterschleife.

Das $\mathbf{H}$-Feld in der x, z-Ebene (d. h. $y = 0$) lautet

$$\mathbf{H}(x) = \frac{I}{2\pi}\left(\frac{1}{x - R} - \frac{1}{x + R}\right)\mathbf{e}_y = \frac{RI}{\pi\left(x^2 - R^2\right)}\mathbf{e}_y .$$

Der magnetische Fluss durch ein Flächenelement $\mathrm{d}\mathbf{A}$ ist definiert durch

$$\Phi = \iint_{\mathcal{A}} \mathbf{B}\,\mathrm{d}\mathbf{A} = \mu_0 \iint_{\mathcal{A}} \mathbf{H}\,\mathrm{d}\mathbf{A}.$$

Dabei gilt, dass stets in positiver Richtung der Basisvektoren des jeweiligen Koordinatensystems integriert und das Flächenelement $\mathrm{d}\mathbf{A}$ entsprechend dem jeweiligen Rechts- oder Linkssystem aufgestellt wird (denn das Kreuzprodukt ist unter Vertauschung antisymmetrisch). D.h. die untere Integralgrenze ist stets kleiner als die Obere. Damit ist gewährleistet, dass das Vorzeichen mehrerer Flächen $\mathcal{A}$ zueinander identisch ist. In einer Analogie zu elektrischen Schaltungen entspricht dies der gleichbleibenden Definition der Stromrichtung von I durch einen Leiter.

$\mathrm{d}\mathbf{A}$ wird in einem Rechtssystem aus einem Kreuzprodukt aufgestellt, dessen Reihenfolge eine Permutation der Basisvektoren bildet. Beispiel: Sei $\mathcal{B} = \{\mathbf{e}_x, \mathbf{e}_y, \mathbf{e}_z\}$ die kartesische Basis, dann sind $\mathbf{e}_x \times \mathbf{e}_y$, $\mathbf{e}_y \times \mathbf{e}_z$ und $\mathbf{e}_z \times \mathbf{e}_x$ Kreuzprodukte die dies erfüllen. Folglich ist der magnetische Fluss eine gerichtete Größe, sodass ein Fluss durch eine Fläche $\mathcal{A}$ entgegengesetzt der Flächennormalen negativ ist. Dies führt dazu, dass die Gegeninduktivität M auch negativ sein kann.

Die Gegeninduktivität M zwischen den Linienleitern und der Leiterschleife berechnet sich gemäß

$$M = \frac{\Phi(I)}{I}.$$

Die Leiterschleife setzt sich aus zwei Teilflächen zusammen, deren Grenzen durch die Geraden

$$f_1(x) = 2x - 4R, \qquad g_1(x) = -x + 2R,$$
$$f_2(x) = -2x + 8R, \qquad g_2(x) = x - 4R$$

festgelegt sind. Der magnetische Fluss Φ durch die Leiterschleife ist demnach

$$\Phi(I) = \Phi_1 + \Phi_2.$$

Das Flächenelement berechnet sich zu

$$\mathrm{d}\mathbf{A} = \mathbf{n}\,\mathrm{d}A = \mathbf{e}_z \times \mathbf{e}_x\,\mathrm{d}x\mathrm{d}z = \mathbf{e}_y\,\mathrm{d}x\mathrm{d}z.$$

Die Berechnung des Flusses Φ_1 durch die linke Teilfläche (d. h. $x \in [2R, 3R)$) ergibt

$$\begin{aligned}
\Phi_1(I) &= \mu_0 \int_{2R}^{3R} \int_{-x+2R}^{2x-4R} \frac{RI}{\pi\left(x^2 - R^2\right)} \mathrm{d}z\,\mathrm{d}x\,\mathbf{e}_y \cdot \mathbf{e}_y \\
&= \frac{\mu_0}{\pi} RI \int_{2R}^{3R} \frac{2x - 4R + x - 2R}{x^2 - R^2} \mathrm{d}x \\
&= \frac{\mu_0}{\pi} RI \int_{2R}^{3R} \frac{3x - 6R}{x^2 - R^2} \mathrm{d}x \\
&= \frac{\mu_0}{2\pi} RI \left[(3-6)\ln(x-R) + (3+6)\ln(x+R)\right]_{2R}^{3R} \\
&= \frac{\mu_0}{2\pi} RI \left[-9\ln(3) + 15\ln(2)\right] \\
&\approx \frac{\mu_0}{4\pi} RI.
\end{aligned}$$

Die Berechnung des Flusses Φ_2 durch die rechte Teilfläche (d. h. $x \in [3R, 4R]$) ergibt

$$
\begin{aligned}
\Phi_2(I) &= \mu_0 \int_{3R}^{4R} \int_{x-4R}^{-2x+8R} \frac{RI}{\pi\left(x^2 - R^2\right)} \mathrm{d}z \, \mathrm{d}x \, \mathbf{e}_y \cdot \mathbf{e}_y \\
&= \frac{\mu_0}{\pi} RI \int_{3R}^{4R} \frac{-2x + 8R - x + 4R}{x^2 - R^2} \mathrm{d}x \\
&= \frac{\mu_0}{\pi} RI \int_{3R}^{4R} \frac{-3x + 12R}{x^2 - R^2} \mathrm{d}x \\
&= \frac{\mu_0}{2\pi} RI \left[(-3 + 12)\ln(x - R) + (-3 - 12)\ln(x + R)\right]_{3R}^{4R} \\
&= \frac{\mu_0}{2\pi} RI \left[9\ln\left(\frac{3}{2}\right) - 15\ln\left(\frac{5}{4}\right)\right] \\
&\approx \frac{\mu_0}{6\pi} RI.
\end{aligned}
$$

Berechnung des Gesamtflusses Φ

$$
\begin{aligned}
\Phi(I) &= \Phi_1(I) + \Phi_2(I) \\
&= \frac{\mu_0}{2\pi} RI \left(15\ln(2) - 9\ln(3) + 9\ln\left(\frac{3}{2}\right) - 15\ln\left(\frac{5}{4}\right)\right) \\
&= \frac{\mu_0}{2\pi} RI \left(36\ln(2) - 15\ln(5)\right)
\end{aligned}
$$

Die Gegeninduktivität M ergibt sich damit zu

$$
M = \frac{\Phi(I)}{I} = \frac{\mu_0}{2\pi} R \left(36\ln(2) - 15\ln(5)\right) > 0.
$$

Der magnetische Fluss strömt von oben durch den Deltoid. Da der magnetische Fluss in dieselbe Richtung zeigt wie das Flächenelement d**A** ist die Gegeninduktivität positiv.

4.6.4 Zusammenfassung

Eine Möglichkeit zur Berechnung der Gegeninduktivität zweier Leiterschleifen besteht in der Ausnutzung der Definitionsgleichung $M = \Phi(I)/I$, wobei I der Strom in der einen Leiterschleife und $\Phi(I)$ der magnetische Fluss durch die andere Leiterschleife ist. Aufgrund der Reziprozität der Anordnung ist dabei unwichtig, welche Leiterschleife als stromführend angenommen wird. Der magnetische Fluss kann dabei auf verschiedenen Wegen berechnet werden. Da die felderzeugende Leiterschleife in dieser Aufgabe aus zwei unendlich ausgedehnten Linienleitern besteht, bot sich die Berechnung mittels des Durchflutungsgesetzes an.

4.7 Berechnung von Induktivitätskoeffizienten – Variierende Parametrisierung

4.7.1 Motivation

Wie bereits erläutert ist in der Praxis oftmals nicht die genaue Kenntnis des Magnetfelds einer Anordnung in jedem Raumpunkt notwendig sondern es reicht die Kenntnis der Induktivitätskoeffizienten aus, was einer immensen Reduktion der für eine gegebene Anordnung zu speichernden Daten entspricht. Diese Datenreduktion ist insbesondere beim Entwurf von elektrotechnischen Systemen sehr vorteilhaft, da hier noch entsprechende Entwurfsparameter optimiert werden müssen. Die nachfolgenden Aufgabe beschäftigt sich mit einer solchen Anordnung bestehend aus zwei Leiterschleifen, bei der es noch einen freien Parameter n gibt und für die der Gegeninduktivitätskoeffizient als Funktion dieses Parameters bestimmt werden soll.

4.7.2 Beschreibung der Aufgabenstellung

In der x, y-Ebene sind zwei Linienleiterschleifen gegeben (siehe Abb. 4.6). Beide Linienleiterschleifen werden parametrisiert gemäß

$$\tilde{\mathbf{r}}_n(\tilde{t}) = r_0 \begin{pmatrix} \cos(\tilde{t}) + \sin^n(\tilde{t}) \\ \sin(\tilde{t}) \\ 0 \end{pmatrix} + \begin{pmatrix} x_0 \\ 0 \\ 0 \end{pmatrix} \quad \text{mit } n \in \mathbb{N},\ \tilde{t} \in [0, 2\pi),$$

wobei für Schleife (1) der Mittelpunkt $x_0 = 0$ und für Schleife (2) $x_0 = a$ mit $a \gg r_0$ ist. Durch Schleife (1) fließt ein konstanter Strom I. Für verschiedene Werte des Parameters n ändert sich die Geometrie der Linienleiterschleifen (siehe Abb. 4.7). Im ganzen Raum gilt $\mu = \mu_0$.

Aufgaben

a) Berechnen Sie das magnetische Dipolmoment und geben Sie den Flächeninhalt der durch $\tilde{\mathbf{r}}_n$ parametrisierten Leiterschleifen für alle $n \in \mathbb{N}$ an.
b) Berechnen Sie die Gegeninduktivität M beider Linienleiterschleifen für $n \gg 1$. Betrachten Sie dabei die beiden Spitzen der Linienleiterschleifen in Abbildung (4.7) als unendlich dünn. Sie können das Vektorpotenzial und das B-Feld in kartesischen, zylindrischen oder sphärischen Koordinaten berechnen.

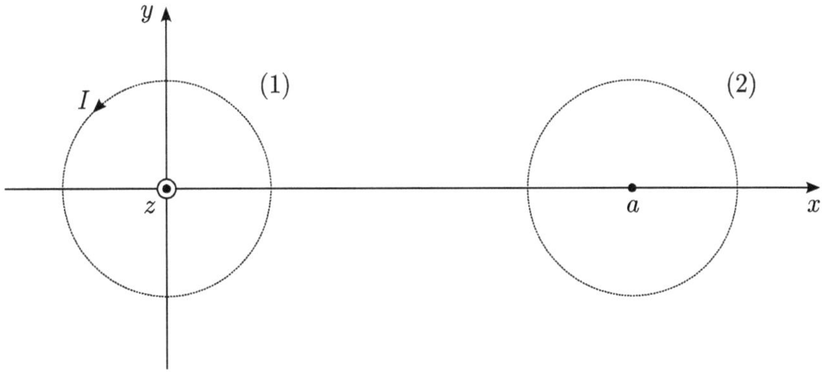

Abb. 4.6 Anordnung zu Aufgabe 4.7. Zwei Leiterschleifen die ihre Geometrie über den Parameter n ändern

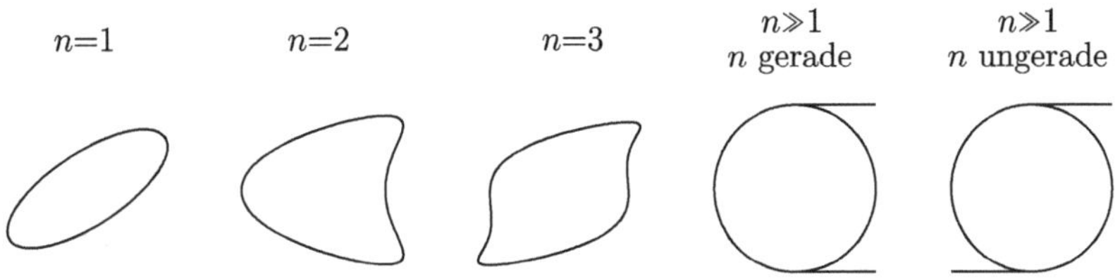

Abb. 4.7 Geometrieveränderungen zu verschiedenen Werten des Parameters n

4.7.3 Lösung der Aufgabe

a) Berechnen Sie das magnetische Dipolmoment und geben Sie den Flächeninhalt der durch $\tilde{\mathbf{r}}_n$ parametrisierten Leiterschleifen für alle $n \in \mathbb{N}$ an.

Das magnetische Dipolmoment $\mathbf{m}$ über eine geschlossene Kurve $\mathcal{C}$ für als Linienleiter modellierte Leiterschleifen wird berechnet gemäß

$$\mathbf{m} = \frac{I}{2} \oint_{\mathcal{C}} \tilde{\mathbf{r}}_n \times \mathrm{d}\tilde{\mathbf{r}}_n.$$

Die Parametrisierung für die Leiterschleife im Ursprung ($x_0 = 0$) war gegeben mit

$$\tilde{\mathbf{r}}_n = r_0 \begin{pmatrix} \cos(\tilde{t}) + \sin^n(\tilde{t}) \\ \sin(\tilde{t}) \\ 0 \end{pmatrix}, \qquad \frac{\mathrm{d}\tilde{\mathbf{r}}_n}{\mathrm{d}\tilde{t}} = r_0 \begin{pmatrix} -\sin(\tilde{t}) + n \sin^{n-1}(\tilde{t}) \cos(\tilde{t}) \\ \cos(\tilde{t}) \\ 0 \end{pmatrix}.$$

Daraus folgt

$$\begin{aligned}
\mathbf{m} &= r_0^2 \cdot \frac{I}{2} \int_0^{2\pi} \begin{pmatrix} \cos(\tilde{t}) + \sin^n(\tilde{t}) \\ \sin(\tilde{t}) \\ 0 \end{pmatrix} \times \begin{pmatrix} -\sin(\tilde{t}) + n \sin^{n-1}(\tilde{t}) \cos(\tilde{t}) \\ \cos(\tilde{t}) \\ 0 \end{pmatrix} \mathrm{d}\tilde{t} \\
&= r_0^2 \cdot \frac{I}{2} \int_0^{2\pi} \left(\cos^2(\tilde{t}) + \sin^n(\tilde{t}) \cos(\tilde{t}) + \sin^2(\tilde{t}) - n \sin^n(\tilde{t}) \cos(\tilde{t})\right) \mathbf{e}_z \, \mathrm{d}\tilde{t} \\
&= r_0^2 \cdot \frac{I}{2} \int_0^{2\pi} \left(1 + (1-n) \sin^n(\tilde{t}) \cos(\tilde{t})\right) \mathbf{e}_z \, \mathrm{d}\tilde{t} \\
&= r_0^2 \cdot \frac{I}{2} \left[\tilde{t} + \frac{1-n}{1+n} \sin^{n+1}(\tilde{t})\right]_0^{2\pi} \mathbf{e}_z \\
&= \pi r_0^2 \cdot I \cdot \mathbf{e}_z .
\end{aligned}$$

Demnach ist $\forall n$ der Flächeninhalt πr_0^2. Die gerichtete Fläche ist $\mathbf{F} = \pi r_0^2 \cdot \mathbf{e}_z$, da für eine ebene geschlossene Stromschleife in der x, y-Ebene mit der Fläche πr_0^2 das magnetische Dipolmoment $\mathbf{m} = I \, \pi \, r_0^2 \cdot \mathbf{e}_z$ ist.

b) Berechnen Sie die Gegeninduktivität M beider Linienleiterschleifen für $n \gg 1$. Betrachten Sie dabei die beiden Spitzen der Linienleiterschleifen in Abbildung (4.7) als unendlich dünn. Sie können das Vektorpotenzial und das B-Feld in kartesischen, zylindrischen oder sphärischen Koordinaten berechnen.

Wegen $a \gg r_0$ kann das Feld von der Leiterschleife im Ursprung am Ort der zweiten Leiterschleife mit Hilfe der Dipolnäherung berechnet werden. Im Rahmen der Dipolnäherung kann das Vektorpotenzial der Leiterschleife im Ursprung in einem Raumpunkt $\mathbf{r}$ gemäß

$$\mathbf{A}(\mathbf{r}) = \frac{\mu_0}{4\pi} \frac{\mathbf{m} \times \mathbf{r}}{\|\mathbf{r}\|^3}$$

berechnet werden. Im Hinweis steht, dass für $n \gg 1$ die beiden Spitzen der Linienleiterschleifen als unendlich dünn angesehen werden können. Damit konvergieren die Leiterschleifen zu einem Kreis und es ist gewährleistet, dass das Feld für $a \gg r_0$ als homogen über der Fläche der Leiterschleife (2) betrachtet werden kann.

Die Raumparametrisierung $\mathbf{r}$ des Vektorpotenzials $\mathbf{A}(\mathbf{r})$ kann sowohl in kartesischen, zylindrischen als auch in sphärischen Koordinaten erfolgen.

Kartesische Koordinaten

$$\mathbf{r} = \begin{pmatrix} x \\ y \\ z \end{pmatrix} \quad \text{mit } \|\mathbf{r}\| = \sqrt{x^2 + y^2 + z^2}.$$

Es folgt für das Vektorpotenzial

$$
\begin{aligned}
\mathbf{A}(\mathbf{r}) &= \frac{\mu_0}{4\pi}\frac{I\pi r_0^2}{\left(x^2+y^2+z^2\right)^{\frac{3}{2}}}\,\mathbf{e}_z\times\mathbf{r}\\
&= \frac{\mu_0}{4}\frac{I r_0^2}{\left(x^2+y^2+z^2\right)^{\frac{3}{2}}}\begin{pmatrix}0\\0\\1\end{pmatrix}\times\begin{pmatrix}x\\y\\z\end{pmatrix}\\
&= \frac{\mu_0}{4}\frac{I r_0^2}{\left(x^2+y^2+z^2\right)^{\frac{3}{2}}}\begin{pmatrix}-y\\x\\0\end{pmatrix}.
\end{aligned}
$$

Mit dem Nabla-Operator in kartesischer Basis

$$
\nabla = \mathbf{e}_x\frac{\partial}{\partial x}+\mathbf{e}_y\frac{\partial}{\partial y}+\mathbf{e}_z\frac{\partial}{\partial z}
$$

folgt für die Rotation zur Berechnung des B-Feldes

$$
\begin{aligned}
\mathbf{B}(\mathbf{r}) &= \operatorname{rot}\mathbf{A}\\
&= \frac{\mu_0}{4} I\, r_0^2\begin{pmatrix}\partial_x\\\partial_y\\\partial_z\end{pmatrix}\times\begin{pmatrix}-\frac{y}{(x^2+y^2+z^2)^{\frac{3}{2}}}\\\frac{x}{(x^2+y^2+z^2)^{\frac{3}{2}}}\\0\end{pmatrix}\\
&= \frac{\mu_0}{4}\frac{I r_0^2}{|\mathbf{r}|^5}\begin{pmatrix}3xz\\3yz\\-3x^2-3y^2+2|\mathbf{r}|^2\end{pmatrix}\\
&= \frac{\mu_0}{4}\frac{I r_0^2}{\left(x^2+y^2+z^2\right)^{\frac{5}{2}}}\begin{pmatrix}3xz\\3yz\\-x^2-y^2+2z^2\end{pmatrix}
\end{aligned}
$$

Die Berechnung des B-Feldes im Punkt **P** mit dem Ortsvektor $\mathbf{r}_\mathbf{P}(x,y,z)=(a,0,0)$ ergibt

$$
\mathbf{B}(\mathbf{r}_\mathbf{P}) = -\frac{\mu_0}{4}\frac{r_0^2}{a^3}I\,\mathbf{e}_z.
$$

Da das Feld um den Punkt **P** wegen $a \gg r_0$ als homogen verteilt angenommern werden kann, berechnet sich der magnetische Fluss gemäß

$$
\Phi = \iint_{\mathcal{A}}\mathbf{B}(\mathbf{r}_\mathbf{P})\cdot \mathrm{d}\mathbf{A} = \mathbf{B}(\mathbf{r}_\mathbf{P})\cdot\mathbf{F} = -\frac{\mu_0}{4}\frac{r_0^2}{a^3}\cdot\pi r_0^2\cdot I
$$

dabei ist $\mathbf{F}=\pi r_0^2\mathbf{e}_z$ die gerichtete Kreisfläche mit Radius r_0.

Zylinderkoordinaten

$$\mathbf{r} = \begin{pmatrix} r\cos(\phi) \\ r\sin(\phi) \\ z \end{pmatrix} \quad \text{mit } \|\mathbf{r}\| = \sqrt{r^2 + z^2}.$$

Es folgt für das Vektorpotenzial

$$\begin{aligned}
\mathbf{A}(\mathbf{r}) &= \frac{\mu_0}{4\pi} \frac{I\pi r_0^2}{\left(r^2 + z^2\right)^{\frac{3}{2}}} \mathbf{e}_z \times \mathbf{r} \\
&= \frac{\mu_0}{4} \frac{I r_0^2}{\left(r^2 + z^2\right)^{\frac{3}{2}}} \begin{pmatrix} 0 \\ 0 \\ 1 \end{pmatrix} \times \begin{pmatrix} r\cos(\phi) \\ r\sin(\phi) \\ z \end{pmatrix} \\
&= \frac{\mu_0}{4} \frac{I\, r_0^2\, r}{\left(r^2 + z^2\right)^{\frac{3}{2}}} \begin{pmatrix} -\sin(\phi) \\ \cos(\phi) \\ 0 \end{pmatrix} \\
&= \frac{\mu_0}{4} \frac{I\, r_0^2\, r}{\left(r^2 + z^2\right)^{\frac{3}{2}}} \mathbf{e}_\phi .
\end{aligned}$$

Mit dem Nabla-Operator in Zylinderkoordinaten

$$\nabla = \mathbf{e}_r \frac{\partial}{\partial r} + \mathbf{e}_\phi \frac{1}{r} \frac{\partial}{\partial \phi} + \mathbf{e}_z \frac{\partial}{\partial z}$$

folgt für die Rotation zur Berechnung B-Feldes

$$\mathbf{B}(\mathbf{r}) = \operatorname{rot} \mathbf{A} = \left(\frac{1}{r} \frac{\partial A_z}{\partial \phi} - \frac{\partial A_\phi}{\partial z} \right) \mathbf{e}_r + \left(\frac{\partial A_r}{\partial z} - \frac{\partial A_z}{\partial r} \right) \mathbf{e}_\phi + \frac{1}{r} \left(\frac{\partial}{\partial r} \left(r A_\phi\right) - \frac{\partial A_r}{\partial \phi} \right) \mathbf{e}_z .$$

Die Berechnung des B-Feldes soll im Punkt **P** mit dem Ortsvektor $\mathbf{r}_\mathbf{P}(x, y, z) = (a, 0, 0)$ erfolgen, d. h. es kann bei der Berechnung des gesuchten B-Feldes direkt $z = 0$ gesetzt werden. Ferner gilt aufgrund der ebenen Anordnung $\partial_z \mathbf{A} = \mathbf{0}$, was aber natürlich auch durch Rechnung überprüft werden kann.

$$\begin{aligned}
\mathbf{B}(r, \phi, 0) &= \frac{r_0^2}{r} \frac{\partial}{\partial r} \left(r A_\phi\right) \mathbf{e}_z \\
&= \frac{\mu_0}{4} I \frac{r_0^2}{r} \frac{\partial}{\partial r} \left(\frac{r \cdot r}{r^3} \right) \mathbf{e}_z \\
&= -\frac{\mu_0}{4} \frac{r_0^2}{r^3} I\, \mathbf{e}_z
\end{aligned}$$

Die Berechnung des B-Feldes am Ort $\mathbf{r_P}(x, y, z) = (a, 0, 0)$ in Zylinderkoordinaten also $\mathbf{r_P}(r, \phi, z) = (a, 0, 0)$ ergibt

$$\mathbf{B}(\mathbf{r_P}) = -\frac{\mu_0}{4}\frac{r_0^2}{a^3} I \mathbf{e}_z .$$

Da das Feld um Punkt **P** wegen $a \gg r_0$ als homogen verteilt angenommern werden kann, berechnet sich der magnetische Fluss gemäß

$$\Phi = \mathbf{B}(\mathbf{r_P})\mathbf{F} = -\frac{\mu_0}{4}\frac{r_0^2}{a^3} \cdot \pi r_0^2 \cdot I$$

dabei ist $\mathbf{F} = \pi r_0^2 \cdot \mathbf{e}_z$ die gerichtete Kreisfläche mit Radius r_0.

Kugelkoordinaten

$$\mathbf{r} = \begin{pmatrix} r \sin(\vartheta)\cos(\phi) \\ r \sin(\vartheta)\sin(\phi) \\ r\cos(\vartheta) \end{pmatrix} \quad \text{mit } \|\mathbf{r}\| = r .$$

Es folgt für das Vektorpotenzial

$$\begin{aligned} \mathbf{A}(\mathbf{r}) &= \frac{\mu_0}{4\pi}\frac{I\pi r_0^2}{r^3}\mathbf{e}_z \times \mathbf{r} \\ &= \frac{\mu_0}{4\pi}\frac{I\pi r_0^2}{r^3}\begin{pmatrix} -r\sin(\vartheta)\sin(\phi) \\ r\sin(\vartheta)\cos(\phi) \\ 0 \end{pmatrix} \\ &= \frac{\mu_0}{4}\frac{I r_0^2}{r^3} r\sin(\vartheta)\,\mathbf{e}_\phi \\ &= \frac{\mu_0}{4}\frac{I r_0^2}{r^2}\sin(\vartheta)\,\mathbf{e}_\phi . \end{aligned}$$

Mit dem Nabla-Operator in Kugelkoordinaten

$$\nabla = \mathbf{e}_r \frac{\partial}{\partial r} + \mathbf{e}_\vartheta \frac{1}{r}\frac{\partial}{\partial \vartheta} + \mathbf{e}_\phi \frac{1}{r\sin(\vartheta)}\frac{\partial}{\partial \phi}$$

folgt für das B-Feld

$$
\begin{aligned}
\mathbf{B}(\mathbf{r}) &= \operatorname{rot}\mathbf{A}\\
&= \frac{1}{r\sin(\vartheta)}\left(\frac{\partial}{\partial\vartheta}(A_\phi\sin(\vartheta)) - \frac{\partial A_\vartheta}{\partial\phi}\right)\mathbf{e}_r + \frac{1}{r}\left(\frac{r_0^2}{\sin(\vartheta)}\frac{\partial A_r}{\partial\phi} - \frac{\partial}{\partial r}(rA_\phi)\right)\mathbf{e}_\vartheta\\
&\quad + \frac{1}{r}\left(\frac{\partial}{\partial r}(rA_\vartheta) - \frac{\partial A_r}{\partial\vartheta}\right)\mathbf{e}_\phi\\
&= \frac{1}{r\sin(\vartheta)}\frac{\partial}{\partial\vartheta}(A_\phi\sin(\vartheta))\mathbf{e}_r - \frac{1}{r}\frac{\partial}{\partial r}(rA_\phi)\mathbf{e}_\vartheta\\
&= \frac{\mu_0}{4}I\,r_0^2\left[\frac{1}{r\sin(\vartheta)}\frac{\partial}{\partial\vartheta}\left(\frac{\sin(\vartheta)}{r^2}\sin(\vartheta)\right)\mathbf{e}_r - \frac{1}{r}\frac{\partial}{\partial r}\left(r\frac{\sin(\vartheta)}{r^2}\right)\mathbf{e}_\vartheta\right]\\
&= \frac{\mu_0}{4}I\,r_0^2\left[\frac{1}{r^3\sin(\vartheta)}\frac{\partial}{\partial\vartheta}\left(\sin^2\vartheta\right)\mathbf{e}_r - \frac{\sin(\vartheta)}{r}\frac{\partial}{\partial r}\left(\frac{1}{r}\right)\mathbf{e}_\vartheta\right]\\
&= \frac{\mu_0}{4}I\,r_0^2\left[\frac{1}{r^3\sin(\vartheta)}2\sin(\vartheta)\cos(\vartheta)\,\mathbf{e}_r + \frac{\sin(\vartheta)}{r}\frac{1}{r^2}\mathbf{e}_\vartheta\right]\\
&= \frac{\mu_0}{4}\frac{r_0^2}{r^3}I\left[2\cos(\vartheta)\,\mathbf{e}_r + \sin(\vartheta)\,\mathbf{e}_\vartheta\right].
\end{aligned}
$$

Die Berechnung des B-Feldes am Ort $\mathbf{r_P}(x, y, z) = (a, 0, 0)$ in Kugelkoordinaten $\mathbf{r_P}(r, \vartheta, \phi) = (a, \frac{\pi}{2}, 0)$ ergibt

$$
\begin{aligned}
\mathbf{B}(\mathbf{r_P}) &= \frac{\mu_0}{4}\frac{r_0^2}{a^3}I\left[2\cos\left(\frac{\pi}{2}\right)\mathbf{e}_r + \sin\left(\frac{\pi}{2}\right)\mathbf{e}_\vartheta\right]\\
&= \frac{\mu_0}{4}\frac{r_0^2}{a^3}I\mathbf{e}_\vartheta.
\end{aligned}
$$

Da das Feld um Punkt **P** wegen $a \gg r_0$ als homogen verteilt angenommern werden kann, berechnet sich der magnetische Fluss gemäß

$$
\Phi = \mathbf{B}(\mathbf{r_P})\mathbf{F} = \frac{\mu_0\pi r_0^2}{4}\frac{r_0^2}{a^3}I\mathbf{e}_\vartheta\mathbf{e}_z = -\frac{\mu_0}{4}\frac{r_0^2}{a^3}\cdot\pi r_0^2\cdot I,
$$

dabei ist $\mathbf{F} = \pi r_0^2\cdot\mathbf{e}_z$ die gerichtete Kreisfläche mit Radius r_0. Für $\vartheta = \pi/2$ ist das Produkt der Basisvektoren $\mathbf{e}_\vartheta\mathbf{e}_z = -\sin(\vartheta) = -1$.
Die Gegeninduktivität wird berechnet zu

$$
M = \frac{\Phi}{I} = -\frac{\mu_0\pi r_0^2}{4}\frac{r_0^2}{a^3}.
$$

Der mag. Fluss strömt von oben durch den rechten Kreis. Da der magnetische Fluss in die entgegengesetzte Richtung zeigt wie das Flächenelement d**A** ist die Gegeninduktivität negativ.

4.7.4 Zusammenfassung

Die Induktivitätskoeffizienten stellen eine probate Methode zur Datenreduktion im Bereich stationärer Magnetfelder dar. Dies zahlt sich insbesondere beim Entwurf aus, bei dem freie Parameter berücksichtigt werden müssen. Die Berechnung der Induktivitätskoeffizienten kann dabei auf verschiedene Weisen erfolgen. In dieser Aufgabe wurde die spezielle Eigenschaft der Parametrisierung ausgenutzt, dass für große Werte des Parameters n die beiden Leiterschleifen zu einem Kreis konvergieren, so dass bei aus (a) bekanntem Dipolmoment der Leiterschleife im Ursprung und entsprechend großem Abstand der beiden Leiterschleifen die Bestimmung des Gegenflusses auf die Bestimmung des B-Feldes im Mittelpunkt der zweiten Leiterschleife zurückgeführt werden kann. Derartige Vereinfachungen sind unerlässlich, um die beim Entwurf i. d. R. gewünschten geschlossenen Lösungsausdrücke zu erhalten.

Quasistationäre Näherung 5

5.1 Einleitung

Bei vielen technischen Anwendungen sind die betrachteten Vorgänge so niederfrequent, dass Wellenerscheinungen vernachlässigt werden können. Bei *langsam zeitveränderlichen Feldern* wirkt sich eine Änderung der Ladungs- und Stromverteilung augenblicklich im ganzen Raum aus, was einer unendlich großen Ausbreitungsgeschwindigkeit der Felder entspricht.

Innerhalb stromdurchflossener metallischer Leiter und in deren Umgebung ist bei langsam zeitveränderlichen Feldern die magnetische Feldenergie viel größer als die elektrische Feldenergie. Bei solchen *induktiven Systemen* treten zwar induzierte elektrische Felder auf, deren Rückwirkung auf die magnetischen Felder über Verschiebungsströme ist aber unbedeutend. Der Verschiebungsstromdichteterm $\partial \mathbf{D}/\partial t$ braucht dann nicht berücksichtigt zu werden. Das elektrische Strömungsfeld durchläuft eine zeitliche Aufeinanderfolge stationärer Zustände. Man spricht deshalb auch von einem *quasistationären elektromagnetischen Feld* oder von der *quasistationären Näherung*, siehe Lehner [13, Kap. 6], Küpfmüller [18, Teil VI]. Es verbleibt eine wechselseitige Kopplung von $(\mathbf{B}, \mathbf{H})$ mit $(\mathbf{D}, \mathbf{E})$ über die Materialbeziehung $\mathbf{J} = \mathbf{J}(\mathbf{E})$ und den Induktionsterm $-\partial \mathbf{B}/\partial t$.

Für die zeitliche Änderung der Dichte w der im elektromagnetischen Feld gespeicherten Energie gilt

$$\frac{\partial w}{\partial t} = \mathbf{E} \cdot \frac{\partial \mathbf{D}}{\partial t} + \mathbf{H} \cdot \frac{\partial \mathbf{B}}{\partial t}\,. \tag{5.1}$$

Dabei beschreibt der erste Term die Änderungsrate der elektrischen und der zweite jene der magnetischen Energiedichte. Die Feldenergie gewinnt man daraus durch zeitliche und räumliche Integration. Man sieht, dass durch die Vernachlässigung des Verschiebungsstromterms eine Speicherung von elektrischer Feldenergie nicht mehr möglich ist. Dem System werden nur noch induktive und keine kapazitiven Eigenschaften zugeschrieben. Insbesondere können damit Skin- und Proximityeffekt [11, S. 226–263], Wirbelstromprobleme und andere

J. Anders et al., *Übungsbuch Elektromagnetische Feldtheorie*,
https://doi.org/10.1007/978-3-662-72186-5_5

induktive Erscheinungen behandelt werden, jedoch keine kapazitiven Erscheinungen und keine Wellenausbreitung.

In den folgenden Abschnitten werden zunächst die Grundgleichungen der quasistationären Näherung wiederholt. Deren Lösung lässt sich stets mit Hilfe eines nun auch von der Zeit abhängigen magnetischen Vektorpotenzials $\mathbf{A} = \mathbf{A}(\mathbf{r}, t)$ darstellen. Unter Verwendung der Materialbeziehungen führt dieser Ansatz auf eine *Vektordiffusionsgleichung* für $\mathbf{A}$, die mit Hilfe der *Laplace-Transformation* auf eine rein räumliche partielle Differentialgleichung zurückgeführt wird. Sie ist den Lösungsmethoden für stationäre Magnetfelder aus Kap. 4 zugänglich. Wie in den vorherigen Kapiteln schließen sich daran einige illustrative Beispielaufgaben an.

Bemerkungen

1. Die Zerlegung der Feldenergie in einen elektrischen und in einen magnetischen Anteil, Gl. (5.1), hängt mit der Klassifikation elektromagnetischer Felder nach Tab. 5.1 zusammen, wie wir sie auch in diesem Buch verwenden.
2. An Tab. 5.1 erkennt man außerdem, dass es aus Symmetriegründen neben der hier behandelten *quasistationären Näherung* noch eine zweite (duale) Näherung für langsam zeitveränderliche Felder geben muss, die sogenannte *quasistatische Näherung.* Dabei wird der Verschiebungsstromterm $\partial\mathbf{D}/\partial t$ berücksichtigt, nicht jedoch der Induktionsterm $-\partial\mathbf{B}/\partial t$. Diese Näherung ist geeignet, um *kapazitive Systeme* zu beschreiben, wie sie häufig in der Hochspannungstechnik und in der Mikroelektronik auftreten. Näheres dazu ist in [27] zu finden, insbesondere zum Gültigkeitsbereich der einzelnen Näherungen.
3. Man kann sogar noch einen Schritt weiter gehen, und im vollständigen System der Maxwellschen Gleichungen nur den Wirbelanteil $\partial\mathbf{D}_{\text{rot}}/\partial t$ des Verschiebungsstromterms berücksichtigen, im Sinne einer Helmholtzzerlegung. Diese sogenannte *Darwin-Näherung* [12] umfasst sowohl kapazitive als auch induktive Effekte, einschließlich von Resonanzen, jedoch keine Wellenausbreitung.

Tab. 5.1 Klassifikation elektromagnetischer Felder

Feld energie	Elektro statische Felder Kap. 2	Stationäre Magnet felder Kap. 4	Quasi-stationäre Näherung Kap. 5	Elektro magnetische Wellen Kap. 6
Elektrisch	Konstant	0	0	Veränderlich
Magnetisch	0	Konstant	Veränderlich	Veränderlich

5.1.1 Die Grundgleichungen quasistationärer Felder

Im Falle quasistationärer Felder vereinfachen sich die Maxwellschen Gleichungen (siehe Lehner [13, Abschn. 6.2.1], Küpfmüller [18, Abschn. 26.3]) zu

$$\operatorname{div}\mathbf{B} = 0\,, \tag{5.2a}$$

$$\operatorname{rot}\mathbf{H} = \mathbf{J}\,, \tag{5.2b}$$

$$\operatorname{rot}\mathbf{E} = -\frac{\partial \mathbf{B}}{\partial t}\,, \tag{5.2c}$$

wobei zusätzlich Materialbeziehungen der Form $\mathbf{B} = \mathbf{B}(\mathbf{H})$[1] und $\mathbf{J} = \mathbf{J}(\mathbf{E})$[2] benötigt werden, um den Zusammenhang zwischen dem B- und H-Feld beziehungsweise dem J- und E-Feld herzustellen. Die erste Beziehung beschreibt das magnetische Materialverhalten, die zweite das Verhalten in Bezug auf die elektrische Leitfähigkeit, das ist für lineare Verhältnisse das Ohmsche Gesetz.

Des Weiteren sind zur eindeutigen Beschreibung des Problems geeignete Randbedingungen auf allen Rändern des betrachteten Gebiets notwendig, sowie geeignete Anfangsbedingungen.

Bildet man die Divergenz von (5.2b), findet man wieder die stationäre Kontinuitätsgleichung (4.3)

$$\operatorname{div}\mathbf{J} = 0\,. \tag{5.3}$$

Man sieht, dass – wie in der Einleitung behauptet – das elektrische Strömungsfeld eine zeitliche Aufeinanderfolge stationärer Zustände durchläuft, vgl. Kap. 3.

Bemerkungen

1. Wir hatten $\partial\mathbf{D}/\partial t = 0$ vorausgesetzt. Ein möglicherweise vorhandenes D-Feld muss also zeitlich konstant sein. Dieser Fall entspricht einem überlagerten elektrostatischen Zusatzfeld, welches wir hier gemäß Tab. 5.1 nicht betrachten wollen, $\mathbf{D} = 0$, so dass die Gleichung $\operatorname{div}\mathbf{D} = \rho$ hier irrelevant ist.
2. Weshalb bedürfen die Gleichungen der Elektrostatik und der stationären Magnetfelder überhaupt der Ergänzung durch Zeitableitungen für zeitabhängige Probleme? Mit anderen Worten, weshalb durchlaufen die Felder nicht einfach eine nach der Zeit parametrierte Folge statischer Zustände? Das kann man sich mit Hilfe eines Gedankenexperiments klarmachen, ausgehend von der Lorentzkraft

$$\mathbf{F}_{\mathrm{L}} = q\,(\mathbf{E} + \mathbf{v} \times \mathbf{B}) \tag{5.4}$$

[1] Bei Materialien, die Hysterese zeigen, muss man Modelle verwenden, die das „magnetische Gedächtnis" des Materials berücksichtigen, zum Beispiel in der Form $\mathbf{B}(t) = \mathbf{B}\big(\{\mathbf{H}(s)\}_{s\le t}\big)$.

[2] Für bewegte Körper lautet die korrekte Form $\mathbf{J} = \mathbf{J}(\mathbf{E}, \mathbf{B})$, siehe Bemerkung 1 auf Seite 107.

auf ein Probeteilchen mit der Ladung q und der Geschwindigkeit $\mathbf{v}$. Bewegt man das Teilchen geeignet am Pol eines Stabmagneten vorbei, erfährt es die Lorentzkraft $\mathbf{F}_\mathrm{L} = q(\mathbf{v} \times \mathbf{B})$. Hält man umgekehrt das Teilchen fest, $\mathbf{v} = 0$, und bewegt den Magnet derart, so dass sich dieselbe Relativbewegung ergibt, ist $\mathbf{F}_\mathrm{L} = 0$, was dem Relativitätsprinzip widerspricht. Allerdings ist das Feld am Ort des Teilchens nun zeitabhängig, $\mathbf{B} = \mathbf{B}(t)$. Aufgrund des *Induktionsterms* $-\partial\mathbf{B}/\partial t$ in (5.2c) erzeugt das zeitveränderliche Magnetfeld ein elektrisches Wirbelfeld $\mathbf{E}_\mathrm{ind}$, welches – wie man zeigen kann – dieselbe Lorentzkraft $\mathbf{F}_\mathrm{L} = q\mathbf{E}_\mathrm{ind}$ hervorruft wie im zuerst betrachteten Fall.

5.1.2 Das magnetische Vektorpotenzial

In völliger Analogie zum Vorgehen bei den stationären Magnetfeldern kann das B-Feld aus einem magnetischen Vektorpotenzial gewonnen werden,

$$\mathbf{B} = \mathrm{rot}\,\mathbf{A}\,, \tag{5.5}$$

so dass (5.2a) per Konstruktion erfüllt ist,

$$\mathrm{div}\,\mathbf{B} = \mathrm{div}\,\mathrm{rot}\,\mathbf{A} = 0\,. \tag{5.6}$$

Man beachte, dass nun alle Felder und Potenziale im allgemeinen von der Zeit abhängig sind. Gl. (5.5) gilt dann zu jedem Zeitpunkt. Auch das E-Feld kann aus dem magnetischen Vektorpotenzial gewonnen werden (Bemerkung 2 unten), indem man

$$\mathbf{E} = -\frac{\partial\mathbf{A}}{\partial t} \tag{5.7}$$

setzt. Dann ist auch (5.2c) per Konstruktion erfüllt,

$$\mathrm{rot}\,\mathbf{E} = -\,\mathrm{rot}\,\frac{\partial\mathbf{A}}{\partial t} = -\frac{\partial\,\mathrm{rot}\,\mathbf{A}}{\partial t} = -\frac{\partial\mathbf{B}}{\partial t}\,. \tag{5.8}$$

Bemerkungen

1. Man kann zeigen, dass der durch (5.5), (5.7) gegebene Ansatz vollständig ist, das heißt, alle Lösungen der Gl. (5.2a), (5.2c) können in dieser Form dargestellt werden.
2. Ganz allgemein betrachtet man ein Paar $(\mathbf{A}, \varphi)$ zeitabhängiger Potenziale: das magnetische Vektorpotenzial und das skalare elektrische Potenzial, siehe dazu Kap. 6, Gl. (6.21), (6.22). Gegebene Felder $(\mathbf{B}, \mathbf{E})$ können auf vielerlei Arten durch die Potenziale $(\mathbf{A}, \varphi)$ repräsentiert werden, das ist die sogenannte *Eichfreiheit.* Wir haben davon Gebrauch gemacht, indem wir $\varphi = 0$ gesetzt haben, die sogenannte *transversale Eichung* [10]. Eine andere gebräuchliche Eichung ist die *Coulomb-Eichung,* $\mathrm{div}\,\mathbf{A} = 0$. Es hängt von der jeweiligen Aufgabenstellung ab, welche Eichung und damit welche Form der Gleichungen besonders zweckmäßig ist.

3. Zur praktischen Berechnung von Induktivitäten werden häufig magnetische Flüsse $\Phi(A)$ durch solche Flächen A benötigt, die von dünnen Leiterschleifen $C = \partial A$ berandet sind. Durch Verwendung des *Integralsatzes von Stokes* lassen sich solche Flüsse mit Vorteil aus dem magnetischen Vektorpotenzial berechnen,

$$\Phi(A) = \iint_A \mathbf{B} \cdot \mathrm{d}\mathbf{A} = \iint_A \operatorname{rot} \mathbf{A} \cdot \mathrm{d}\mathbf{A} = \oint_C \mathbf{A} \cdot \mathrm{d}\mathbf{s}\,. \tag{5.9}$$

Der Vorteil besteht darin, dass sich der Fluss durch ein einfaches Integral ausdrücken lässt, nämlich ein Linienintegral längs der Leiterschleife C.

5.1.3 Die Vektordiffusionsgleichung

Zwei der drei Gl. (5.2a)–(5.2c) konnten alleine durch den geschickt gewählten Ansatz (5.5), (5.7) ohne Beschränkung der Allgemeinheit gelöst werden. Es verbleibt Gleichung (5.2b). Wenn man den einfachsten Fall annimmt, nämlich, dass das Materialverhalten im betrachteten Gebiet V durch eine konstante skalare magnetische Permeabilität μ sowie eine konstante skalare elektrische Leitfähigkeit κ charakterisiert werden kann, ergeben sich die Materialbeziehungen in der Form

$$\mathbf{B} = \mu\mathbf{H}\,, \tag{5.10}$$

$$\mathbf{J} = \kappa\mathbf{E} \quad \text{(Ohmsches Gesetz)}\,. \tag{5.11}$$

Durch Einsetzen des Ansatzes (5.5), (5.7) mit den Materialbeziehungen (5.10), (5.11) in (5.2b) erhält man

$$\operatorname{rot}\operatorname{rot} \mathbf{A} + \mu\kappa \frac{\partial \mathbf{A}}{\partial t} = 0\,. \tag{5.12}$$

Bildet man von dieser Gleichung die Divergenz, findet man

$$\operatorname{div} \frac{\partial \mathbf{A}}{\partial t} = \frac{\partial}{\partial t}(\operatorname{div} \mathbf{A}) = 0\,. \tag{5.13}$$

Das heißt, die Divergenz des magnetischen Vektorpotenzials ist – unter der hier getroffenen Voraussetzung einer konstanten Leitfähigkeit[3] – eine Erhaltungsgröße. Wenn nun eine homogene Anfangsbedingung gewählt wird,

$$\operatorname{div} \mathbf{A}(t)\big|_{t=0} = 0\,, \tag{5.14}$$

gilt $\operatorname{div} \mathbf{A}(t) = 0$ für alle Zeiten $t > 0$, das ist die *Coulomb-Eichung*[4]. Dies wollen wir im folgenden voraussetzen. Unter Verwendung der Vektoridentität $\operatorname{rot}\operatorname{rot}() = \operatorname{grad}\operatorname{div}() - \Delta()$

[3] Und ruhender leitfähiger Körper – siehe Bemerkung 1 auf Seite 107.

[4] Das bedeutet: unter den hier getroffenen einfachen Voraussetzungen sind die transversale Eichung $\varphi = 0$ und die Coulomb-Eichung $\operatorname{div} \mathbf{A} = 0$ kompatibel.

ergibt sich daraus und aus (5.12)

$$\Delta\mathbf{A} - \mu\kappa\frac{\partial\mathbf{A}}{\partial t} = 0\,. \tag{5.15}$$

Das ist die *Vektordiffusionsgleichung* [13, Gl. (6.30)], [18, Gl. (26.51)], sie beschreibt die Dynamik des quasistationären elektromagnetischen Felds. Der Term mit der ersten Zeitableitung wird als *Diffusionsterm* bezeichnet; dessen Koeffizienten sind in der *Diffusionszeitkonstanten*

$$t_0 = \mu\kappa\ell^2 \tag{5.16}$$

enthalten. Das ist die charakteristische Zeit, die das elektromagnetische Feld nach einer sprunghaften Änderung an den Rändern des Gebietes benötigt, um bis zu einer *Eindringtiefe* ℓ zu diffundieren. Die quadratische Abhängigkeit von ℓ ist charakteristisch für Diffusionsprozesse.

Zur Lösung von (5.15) ist die *Laplace-Transformation* hilfreich, ähnlich wie bei Schaltvorgängen in linearen elektrischen Netzwerken. Durch die Laplace-Transformation wird dem Differentialoperator $\partial/\partial t$ im Bildbereich eine Multiplikation mit dem komplexen Frequenzparameter s zugeordnet. Bezeichnen wir die Laplace-transformierten Größen mit einer Tilde, geht (5.15) über in

$$(\Delta - \mu\kappa s)\,\widetilde{\mathbf{A}} = -\mu\kappa\mathbf{A}_0\,. \tag{5.17}$$

Hierin wurde die Anfangsbedingung $\mathbf{A}_0 = \mathbf{A}(t)\big|_{t=0}$ berücksichtigt. Der Vorteil dieses Vorgehens liegt darin, dass die raum-zeitliche partielle Differentialgleichung (5.15) auf die rein räumliche partielle Differentialgleichung (5.17) im Bildbereich zurückgeführt werden konnte, die dort den Lösungsmethoden für stationäre Magnetfelder aus Kap. 4 zugänglich ist.

Eine partikuläre Lösung von Gl. (5.17) in drei Dimensionen lautet

$$\widetilde{\mathbf{A}}(\mathbf{r}) = \iiint_V G(\mathbf{r},\mathbf{r}')\mu\kappa\mathbf{A}_0(\mathbf{r}')\,\mathrm{d}V'\,, \tag{5.18}$$

mit der *Fundamentallösung*

$$G(\mathbf{r},\mathbf{r}') = \frac{\exp(-\sqrt{\mu\kappa s}\,\|\mathbf{r}-\mathbf{r}'\|)}{4\pi\,\|\mathbf{r}-\mathbf{r}'\|}\,. \tag{5.19}$$

Für $\kappa = 0$ reduziert sich (5.19) auf die Fundamentallösung der Laplace-Gleichung,

$$G(\mathbf{r},\mathbf{r}') = \frac{1}{4\pi\,\|\mathbf{r}-\mathbf{r}'\|}\,, \tag{5.20}$$

siehe Kap. 2.

Bemerkungen

1. Das Ohmsche Gesetz gilt in seiner Form (5.11) nur für ruhende Körper. Das *Ohmsche Gesetz für bewegte Körper* (mit skalarer elektrischer Leitfähigkeit κ) lautet

$$\mathbf{J} = \kappa\,(\mathbf{E} + \mathbf{v} \times \mathbf{B}) \ . \tag{5.21}$$

   Dabei ist $\mathbf{v}$ das Geschwindigkeitsfeld des bewegten Körpers. Der in Klammern stehende Term entspricht der Lorentzkraft, die gemäß (5.4) auf eine Einheitsladung wirkt.
2. Gl. (5.12), die sogenannte „curl-curl equation“ (curl = englisch für Rotation), wird oft als Ausgangspunkt für numerische Verfahren verwendet, wie zum Beispiel die Methode der finiten Elemente.
3. Man kann zeigen, dass auch für die anderen relevanten Felder, wie zum Beispiel das B-Feld, Diffusionsgleichungen vom Typ (5.15) gelten, mit dem *Diffusionsoperator*

$$\Delta - \mu\kappa \frac{\partial}{\partial t} \ .$$

4. Zur Vereinfachung ist es oft zweckmäßig, auf eine normierte Darstellung überzugehen, indem man den dimensionslosen Ortsvektor $\boldsymbol{\xi} = \mathbf{r}/\ell$ und die dimensionslose Zeit $\tau = t/t_0$ einführt, und in den Gl. (5.12) sowie (5.15) bis (5.19) das Produkt $\mu\kappa$ entsprechend Gl. (5.16) durch eins ersetzt. Zum Beispiel lautet die normierte Fundamentallösung (5.19) dann

$$G(\boldsymbol{\xi}, \boldsymbol{\xi}') = \frac{\exp(-\sqrt{s}\,\|\boldsymbol{\xi} - \boldsymbol{\xi}'\|)}{4\pi\,\|\boldsymbol{\xi} - \boldsymbol{\xi}'\|} \ .$$

Diese Art der Darstellung wird in [13, Kap. 6] häufig bei der Betrachtung von Beispielen benutzt.

5.2 Zweileitersystem

5.2.1 Motivation

In dieser Aufgabe wird eines der einfachsten möglichen Zweileitersysteme betrachtet, nämlich ein gerader Leiter und eine bewegliche rechteckige Stromschleife, und die magnetische Kopplung zwischen beiden Stromkreisen untersucht. Es werden Gegeninduktivität, magnetische Kraft und induzierte Spannung berechnet. Induktivitäten wurden bereits im Kap. 4 behandelt. Die Aufgabe demonstriert das Grundprinzip der elektromechanischen Energiewandlung, wie es zum Beispiel elektrischen Maschinen zugrunde liegt.

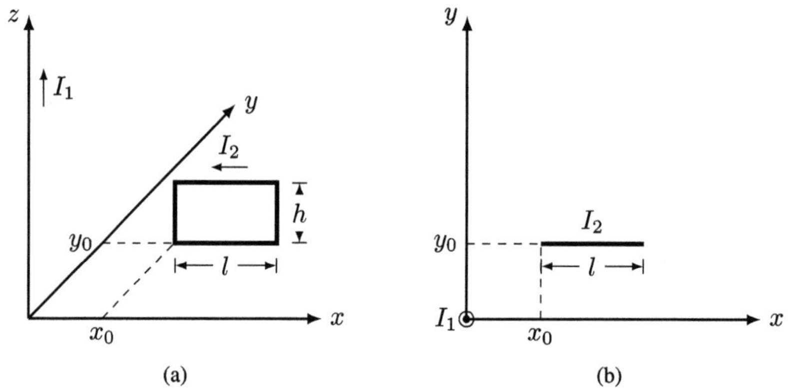

Abb. 5.1 Anordnung zur Aufgabe „Zweileitersystem"

5.2.2 Beschreibung der Aufgabenstellung

Wie die Abb. 5.1a und b zeigen, befindet sich im Raum ein unendlich langer gerader Leiter entlang der z-Achse eines kartesischen Koordinatensystems und eine rechteckige Stromschleife mit den Seitenlängen l und h. Die Ströme sind I_1 und I_2.

a) Man berechne die Gegeninduktivität dieser Anordnung.
b) Die Schleife sei durch eine Art Schiene so gehalten, dass y_0 fest, x_0 jedoch veränderlich ist. Wie groß ist die in Schienenrichtung wirkende Kraft auf die Schleife? Die Berechnung soll auf zwei Arten erfolgen, einmal direkt von den Lorentzkräften ausgehend und einmal mit Hilfe des Prinzips der virtuellen Verrückung.
c) Welche Spannung wird induziert, wenn die Schleife bei festem y_0 mit der Geschwindigkeit $v(t)$ in Richtung zunehmender Werte von x_0 bewegt wird?

5.2.3 Lösung der Aufgabe

Aus Abb. 5.2 liest man ab:

$$r_0^2 = x_0^2 + y_0^2 \,, \tag{5.22a}$$

$$r_1^2 = (x_0 + l)^2 + y_0^2 \,. \tag{5.22b}$$

a) Gegeninduktivität. Für die z-Komponente des magnetischen Vektorpotenzials des Stroms I_1 entlang der z-Achse gilt

$$A_z = -\frac{\mu_0}{2\pi} I_1 \ln r \,, \tag{5.23}$$

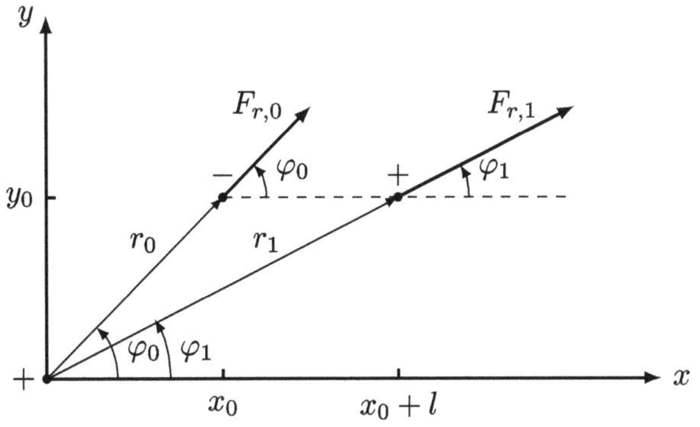

Abb. 5.2 Skizze für die bei der Rechnung verwendeten Größen, mit Zylinderkoordinaten (r, φ). + bzw. − bezieht sich auf Ströme aus der Zeichenebene hinaus bzw. in die Zeichenebene hinein

für den magnetischen Fluss durch die Schleife

$$\begin{aligned}\Phi &= h\big(A_z(r_1) - A_z(r_0)\big)\\ &= -L_0 I_1 \ln\frac{r_1}{r_0}\,, \quad \text{mit} \quad L_0 := \frac{\mu_0 h}{2\pi}\,,\end{aligned} \tag{5.24}$$

und für die Gegeninduktivität

$$M = \frac{\Phi}{I_1} = -\frac{L_0}{2}\ln\frac{(x_0+l)^2 + y_0^2}{x_0^2 + y_0^2}\,. \tag{5.25}$$

b) Berechnung über die Lorentzkraft. Ein z-gerichtetes Segment der Schleife im Abstand r von der z-Achse mit Strom $+I$ erfährt die Lorentzkraft

$$\mathbf{F} = hI\mathbf{e}_z \times \mathbf{B} = hI\underbrace{\mathbf{e}_z \times \mathbf{e}_\varphi}_{-\mathbf{e}_r}\frac{\mu_0 I_1}{2\pi r}\,. \tag{5.26}$$

Für deren radiale Komponente gilt

$$F_r = -L_0 I_1 I \frac{1}{r}\,, \tag{5.27}$$

und deshalb für die beiden z-gerichteten Segmente der Schleife

$$\left.\begin{aligned} F_{r,0} &= L_0 I_1 I_2 \frac{1}{r_0}\\ F_{r,1} &= -L_0 I_1 I_2 \frac{1}{r_1}\end{aligned}\right\}\,. \tag{5.28}$$

Die in Schienenrichtung wirkende Kraft auf die Schleife ist dann

$$
\begin{aligned}
F_x &= F_{r,0}\cos\varphi_0 + F_{r,1}\cos\varphi_1 \\
&= L_0 I_1 I_2 \left(\frac{x_0}{r_0^2} - \frac{x_0+l}{r_1^2}\right) \\
&= L_0 I_1 I_2 \left(\frac{x_0}{x_0^2+y_0^2} - \frac{x_0+l}{(x_0+l)^2+y_0^2}\right).
\end{aligned} \tag{5.29}
$$

c) Berechnung über virtuelle Verrückung.

$$
\begin{aligned}
F_x &= \left.\frac{\mathrm{d}W}{\mathrm{d}x_0}\right|_{I=\text{const}} = I_1 I_2 \frac{\mathrm{d}M}{\mathrm{d}x_0} \\
&= L_0 I_1 I_2 \left(\frac{x_0}{x_0^2+y_0^2} - \frac{x_0+l}{(x_0+l)^2+y_0^2}\right).
\end{aligned} \tag{5.30}
$$

d) Berechnung der induzierten Spannung mit Hilfe der Leistungsbilanz. Die eingespeiste elektrische Leistung muss stets gleich der abgegebenen mechanischen Leistung sein,

$$
u(t) I_2 = F_x v(t)\,. \tag{5.31}
$$

Daraus folgt

$$
u(t) = v(t)\frac{F_x}{I_2} = v(t) L_0 I_1 \left(\frac{x_0}{x_0^2+y_0^2} - \frac{x_0+l}{(x_0+l)^2+y_0^2}\right). \tag{5.32}
$$

d*) Alternative Berechnung der induzierten Spannung aus dem Induktionsgesetz.

$$
\begin{aligned}
u_{\text{ind}} &= -\frac{\mathrm{d}\Phi}{\mathrm{d}t} = -\frac{\mathrm{d}\Phi}{\mathrm{d}x_0}\underbrace{\frac{\mathrm{d}x_0}{\mathrm{d}t}}_{v(t)} \\
&= -v(t) I_1 \frac{\mathrm{d}M}{\mathrm{d}x_0} = -v(t)\frac{F_x}{I_2}\,.
\end{aligned} \tag{5.33}
$$

Dabei wurden die Gl. (5.25) und (5.30) verwendet. Das im Vergleich zu Gl. (5.32) negative Vorzeichen rührt daher, dass bei der Leistungsbilanz die eingespeiste elektrische Leistung positiv gezählt wurde. Das entspricht einer Verbraucher-Zählpfeilung [2, S. 104], $u(t) = -u_{\text{ind}}$, siehe Abb. 5.3.

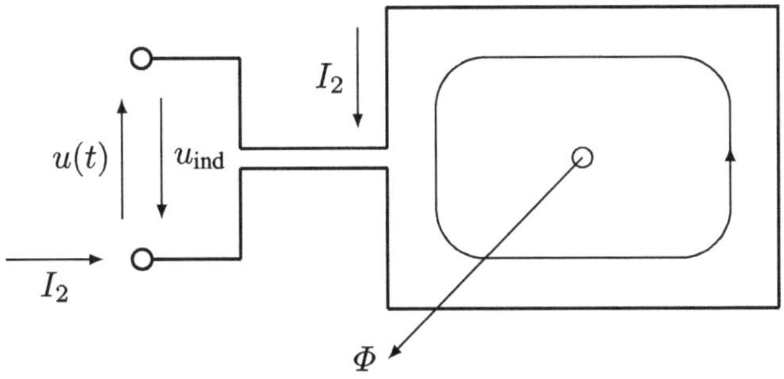

Abb. 5.3 Zur Berechnung der induzierten Spannung aus dem Induktionsgesetz. Es wurde ein zu Φ *rechtswendiger* Umlaufsinn der Schleife so gewählt, dass sich die korrekte Pfeilung von I_2 wie in Abb. 5.1a und damit von u_{ind} ergibt

5.2.4 Zusammenfassung

Man erkennt, dass zur Berechnung von magnetischen Flüssen und von Induktivitäten eine Feldbeschreibung durch das magnetische Vektorpotenzial vorteilhaft ist, vergleiche mit Bemerkung 3 im Abschn. 5.1.2. Das vom Strom I_1 erzeugte Feld ist zylindersymmetrisch, deshalb kann man durch Einführung von Zylinderkoordinaten die Schreibarbeit bei den Zwischenrechnungen stark reduzieren. Das betrachtete System ist ein verlustfreier elektromechanischer Energiewandler. Darauf beruht die kompakte Berechnung der Kraft auf die Schleife in Teilaufgabe b) und der induzierten Spannung in c), siehe auch [18, Abschn. 25.2], sowie [13, Abschn. 2.15] für die analoge elektrostatische Situation.

5.3 Skineffekt im Halbraum

5.3.1 Motivation

Wechselstrom kann sich im allgemeinen nicht gleichförmig über den Querschnitt eines Leiters verteilen. Das liegt an der Induktionswirkung und dem damit verbundenen *Skineffekt*, siehe Lehner [13, Abschn. 6.5.4], Küpfmüller [18, Abschn. 29.1]. Abhängig von der Frequenz konzentriert sich der Strom in der Nähe der Oberfläche des Leiters, was durch die sogenannte *Eindringtiefe* ℓ charakterisiert wird.

Nachfolgend wird die vielleicht einfachste mögliche Aufgabe dieser Art behandelt, nämlich die Frage, wie sich ein zeitharmonischer Wechselstrom in einem leitfähigen Halbraum verteilt. Der Strom ist dabei überall einheitlich gerichtet, parallel zur Grenzfläche des Halbraumes.

5.3.2 Beschreibung der Aufgabenstellung

Gegeben ist der leitfähige Halbraum $x \geq 0$, mit der Leitfähigkeit κ und der Permeabilität μ, siehe Abb. 5.4. Der Halbraum ist von einem zeitharmonischen Wechselstrom mit der Kreisfrequenz $\omega > 0$ erfüllt, den wir mit der z-gerichteten komplexwertigen elektrischen Stromdichte

$$\underline{\mathbf{J}}(x,t) = \underline{J}_z(x)\exp(\mathrm{j}\omega t)\mathbf{e}_z\,, \quad x \geq 0 \tag{5.34}$$

ansetzen. Dabei ist $\underline{J}_z(x)$ die komplexe ortsabhängige Amplitude. Siehe zu dieser Darstellung auch Abschn. 6.1.1.

An der Oberfläche $x = 0$ des Halbraums gilt $\underline{J}_z(0) = J_0$, das heißt dort ist

$$\underline{\mathbf{J}}(0,t) = J_0 \exp(\mathrm{j}\omega t)\mathbf{e}_z\,. \tag{5.35}$$

Gegenstand der Aufgabe ist die Berechnung von $\underline{J}_z(x)$, $x \geq 0$, ausgehend von dem gegebenen Randwert J_0 bei $x = 0$.

a) Wie lautet die Diffusionsgleichung für die z-Komponente $\underline{J}_z(x,t)$ der Stromdichte $\underline{\mathbf{J}}$?
b) Wie lautet die allgemeine Lösung dieser Gleichung, ausgehend vom Ansatz (5.34)?
c) Welche Randbedingungen gelten für $x \to \infty$ und für $x = 0$? Berechnen Sie damit $\underline{\mathbf{J}}(x,t)$ im leitfähigen Halbraum!
d) Berechnen Sie die *Eindringtiefe*, das ist jener Abstand ℓ von der Oberfläche, für den gilt

$$\frac{\|\underline{\mathbf{J}}(\ell,t)\|}{\|\underline{\mathbf{J}}(0,t)\|} = \frac{1}{\mathrm{e}}\,.$$

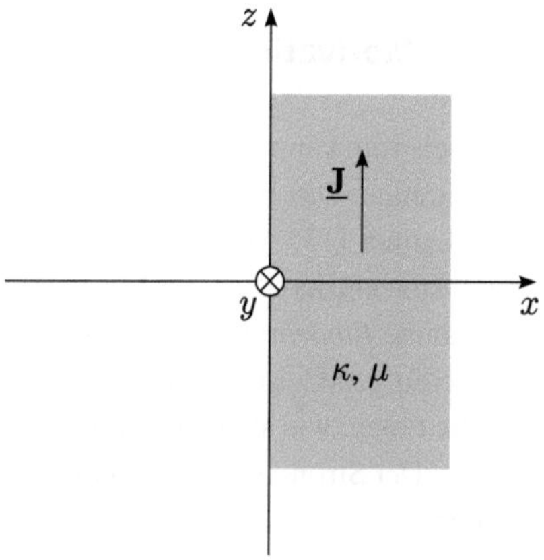

Abb. 5.4 Anordnung zu Aufgabe „Skineffekt im Halbraum“

5.3.3 Lösung der Aufgabe

a) Die Diffusionsgleichung für die z-Komponente der Stromdichte $\underline{\mathbf{J}}$ lautet

$$\frac{\partial^2 \underline{J}_z(x,t)}{\partial x^2} - \mu\kappa \frac{\partial \underline{J}_z(x,t)}{\partial t} = 0\,. \tag{5.36}$$

Das erkennt man zum Beispiel, indem man die Vektordiffusionsgleichung (5.15) für $\mathbf{A}$ nach der Zeit differenziert, von der Beziehung (5.7) für $\mathbf{E}$ und vom Ohmschen Gesetz (5.11) Gebrauch macht. Man erhält eine Vektordiffusionsgleichung für $\mathbf{J}$ bzw. die analytische Fortsetzung $\underline{\mathbf{J}}$,

$$\Delta\underline{\mathbf{J}} - \mu\kappa \frac{\partial \underline{\mathbf{J}}}{\partial t} = 0\,, \tag{5.37}$$

die in kartesischen Koordinaten in drei skalare Diffusionsgleichungen zerfällt.

b) Wenn man den Ansatz (5.34) in die Diffusionsgleichungen (5.37) bzw. (5.36) einsetzt, bekommt man

$$\frac{\partial^2 \underline{J}_z(x)}{\partial x^2} - \mu\kappa \mathrm{j}\omega \underline{J}_z(x) = 0\,. \tag{5.38}$$

Ausgehend von $\underline{J}_z(x) \sim \exp(\lambda x)$ erhält man die charakteristische Gleichung $\lambda^2 - \mu\kappa\mathrm{j}\omega = 0 \Leftrightarrow \lambda = \pm\sqrt{\mu\kappa\mathrm{j}\omega}$. Die allgemeine Lösung von (5.36) unter Verwendung des Ansatzes (5.34) lautet demnach

$$\underline{J}_z(x,t) = \left(A\exp(\sqrt{\mu\kappa\mathrm{j}\omega}x) + B\exp(-\sqrt{\mu\kappa\mathrm{j}\omega}x)\right)\exp(\mathrm{j}\omega t)\,, \tag{5.39}$$

mit den Konstanten A und B.

c) Die Konstanten werden durch die Randbedingungen festgelegt.
Randbedingung 1: $\underline{J}_z(x \to \infty) = 0$, das heißt

$$0 = \lim_{x\to\infty}\left(A\exp(\sqrt{\mu\kappa\mathrm{j}\omega}x) + B\exp(-\sqrt{\mu\kappa\mathrm{j}\omega}x)\right). \tag{5.40}$$

Dabei kommt es auf den Realteil im Argument der Exponentialfunktionen an. Mit

$$\sqrt{\mathrm{j}} = \frac{1+\mathrm{j}}{\sqrt{2}} \tag{5.41}$$

erkennt man, dass $A = 0$ sein muss, weil der erste Term für große x unbeschränkt wächst, während der zweite Term gegen null geht. Es ergibt sich als Zwischenlösung

$$\underline{J}_z(x) = B\exp(-\sqrt{\mu\kappa\mathrm{j}\omega}x)\,. \tag{5.42}$$

Randbedingung 2: $\underline{J}_z(0) = J_0$, das heißt, dass $B = J_0$ sein muss. Als Lösung im leitfähigen Halbraum erhalten wir deshalb

$$\underline{\mathbf{J}}(x,t) = J_0 \exp(-\sqrt{\mu\kappa \mathrm{j}\omega}x)\exp(\mathrm{j}\omega t)\mathbf{e}_z$$
$$= J_0 \exp\left(-\sqrt{\frac{\mu\kappa\omega}{2}}x\right) \exp\left(\mathrm{j}\left(\omega t - \sqrt{\frac{\mu\kappa\omega}{2}}x\right)\right)\mathbf{e}_z\,. \tag{5.43}$$

d) Der Betrag der Stromdichte ist

$$\|\underline{\mathbf{J}}(x,t)\| = J_0 \exp\left(-\sqrt{\frac{\mu\kappa\omega}{2}}x\right). \tag{5.44}$$

Gemäß Aufgabenstellung folgt für die Eindringtiefe

$$\frac{1}{\mathrm{e}} = \frac{\|\underline{\mathbf{J}}(\ell,t)\|}{\|\underline{\mathbf{J}}(0,t)\|} = \exp\left(-\sqrt{\frac{\mu\kappa\omega}{2}}\ell\right) \quad \Leftrightarrow \quad \ell = \sqrt{\frac{2}{\mu\kappa\omega}}, \tag{5.45}$$

vergleiche mit Gl. (6.42).

5.3.4 Zusammenfassung

Unter Verwendung der Eindringtiefe ℓ kann man die Lösung (5.43) in der kompakten Form

$$\underline{\mathbf{J}}(x,t) = J_0 \exp\left(-\frac{x}{\ell}\right) \exp\left(\mathrm{j}\left(\omega t - \frac{x}{\ell}\right)\right)\mathbf{e}_z \tag{5.46}$$

schreiben. Sie hat die Gestalt einer über die charakteristische Länge ℓ exponentiell gedämpften harmonischen ebenen Welle, mit der Wellenzahl $k = 1/\ell$, siehe Lehner [13, Abb. 6.23]. Dieses Verhalten ist typisch für den Skineffekt und findet sich (lokal) in ähnlicher Form auch bei Leitern mit einer komplizierteren Geometrie.

Die Herleitung mit Hilfe des Ansatzes (5.34) weist große Analogien zur komplexen Wechselstromrechnung auf. Die komplexe Amplitude $\underline{J}_0(x)$ ist hier aber ortsabhängig, da wir nicht an einem konzentrierten Strom sondern an einer verteilten Stromdichte interessiert sind. Andere Lösungsansätze führen zum Beispiel über die Laplace-Transformation Lehner [13, Abschn. 6.5]. Selbstverständlich ergibt sich stets dieselbe Lösung, vergleiche mit Lehner [13, Gl. (6.145)] und Küpfmüller [18, Gl. (29.46)].

5.4 Einseitige Stromverdrängung

5.4.1 Motivation

Beim Käfigläufer einer Drehstrom-Asynchronmaschine sind leitfähige Stäbe aus Kupfer oder Aluminium in die Nuten eines aus Eisenblechen geschichteten Läuferblechpaketes eingelegt oder eingegossen. Im Betrieb werden die Stäbe von Wechselstrom durchflossen, dessen Frequenz vom Betriebspunkt der Maschine abhängig ist. Aufgrund von Induktionseffekten verteilt sich der Strom nicht gleichförmig über den Stabquerschnitt, sondern wird zur Nutöffnung hin verdrängt. Diesen Effekt macht man sich beim sogenannten Stromverdrängungsläufer zunutze, um durch eine spezielle Formgebung des Stabquerschnitts die Drehmomentenkennlinie der Maschine günstig zu beeinflussen.

In der nachfolgenden Aufgabe wird diese sogenannte einseitige Stromverdrängung unter vereinfachenden Annahmen untersucht.

5.4.2 Beschreibung der Aufgabenstellung

Es wird eine rechteckförmige Nut mit einem Leiterstab betrachtet, siehe Abb. 5.5, und angenommen, dass die Anordnung in z-Richtung unendlich ausgedehnt sei (ebenes Problem). Der Leiterstab besitzt die Leitfähigkeit κ. Das Blechpaket ist magnetisch ideal leitend, so dass an dessen Grenzflächen die Tangentialkomponente des H-Feldes verschwindet, $\mathbf{H}_\mathrm{t} = \mathbf{0}$. Ein Streufluss bei $y = h$ wird vernachlässigt, das heißt dort gilt für die Normalkomponente des B-Feldes $\mathbf{B}_\mathrm{n} = 0$.

Im Leiterstab fließt ein zeitharmonischer Strom mit Amplitude I und der Kreisfrequenz ω,

$$\underline{i}(t) = I \exp(\mathrm{j}\omega t)\,. \tag{5.47}$$

Wir setzen den Strom und alle Feldgrößen als komplexwertige zeitharmonische Größen an.

Ziel der Aufgabe ist die Berechnung der Verteilung der elektrischen Stromdichte $\underline{\mathbf{J}}$ im Leiterstab. Weil es sich um ein ebenes Problem handelt, können die Verhältnisse mit einem

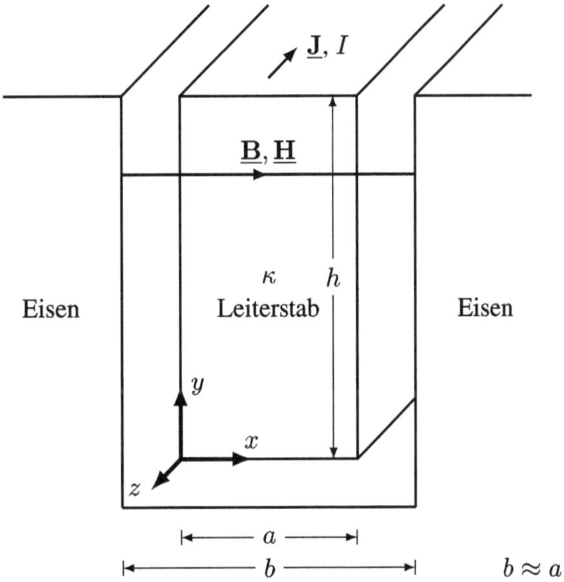

Abb. 5.5 Anordnung zur Aufgabe „Einseitige Stromverdrängung“

z-gerichteten Vektorpotenzial $\underline{A}_z$ beschrieben werden, welches wir in der Form

$$\underline{A}_z(y, t) = \underline{A}_z(y)\exp(\mathrm{j}\omega t) \tag{5.48}$$

ansetzen.

a) Wie übersetzen sich die oben angegebenen Randbedingungen für die Felder $\underline{\mathbf{B}}$ und $\underline{\mathbf{H}}$ in Randbedingungen für $\underline{A}_z(y)$? Welche der Randbedingungen sind durch den Ansatz (5.48) bereits erfüllt, welche sind noch zu erfüllen?
b) Wie lautet die Bestimmungsgleichung für $\underline{A}_z(y)$? Man gebe deren allgemeine Lösung an!
c) Aus der verbleibenden Bedingung aus a) soll nun die Lösung für $\underline{A}_z(y)$ bis auf eine (komplexe) Konstante C berechnet werden.
d) Die verbleibende Konstante ergibt sich aus der Bedingung (5.47). Bestimmen Sie dazu der Reihe nach $\underline{B}_x(y)$, $\underline{H}_x(y)$, $\underline{J}_z(y)$ und schließlich I!
e) Was erhält man für $\underline{H}_x(y)$ und $\underline{J}_z(y)$ für Gleichstrom, das heißt $\omega \to 0$? Ist das Resultat plausibel?
Hinweis: $\sinh(x) \approx x$, $\cosh x \approx 1$, für $|x| \ll 1$.

5.4.3 Lösung der Aufgabe

a) Alle Randbedingungen sind durch den Ansatz erfüllt, bis auf jene bei $y = 0$.

Fläche	Randbedingung Feld	Randbedingung Potenzial	Status
$y = 0$	$\mathbf{H}_\mathrm{t} = \mathbf{0}$	$\dfrac{\partial \underline{A}_z(y)}{\partial y} = 0$	Offen
$x = 0$	$\mathbf{H}_\mathrm{t} = \mathbf{0}$	$\dfrac{\partial \underline{A}_z(y)}{\partial x} = 0$	Erfüllt
$x = a$	$\mathbf{H}_\mathrm{t} = \mathbf{0}$	$\dfrac{\partial \underline{A}_z(y)}{\partial x} = 0$	Erfüllt
$y = h$	$\mathbf{B}_\mathrm{n} = 0$	$\underline{A}_z(y) = \text{konstant}$	Erfüllt

Man beachte, dass man bei $y = h$ nicht $\underline{A}_z(y) = 0$ fordern darf. Diese Bedingung wäre zu restriktiv, sie würde erzwingen, dass $\underline{A}_z$ und damit alle Felder verschwinden.

b) Das Vektorpotenzial muss die Vektordiffusionsgleichung (5.15) erfüllen, die in kartesischen Koordinaten in drei skalare Diffusionsgleichungen zerfällt. Für die z-Komponente gilt deshalb

$$\Delta A_z - \mu\kappa \frac{\partial A_z}{\partial t} = 0\,. \tag{5.49}$$

Mit dem Ansatz (5.48) und $\mu = \mu_0$ im Kupferstab folgt daraus

$$\frac{\partial^2 \underline{A}_z(y)}{\partial y^2} - \mu_0 \kappa \mathrm{j}\omega \underline{A}_z(y) = 0 \tag{5.50}$$

als Bestimmungsgleichung für $\underline{A}_z(y)$.

Ausgehend von $\underline{A}_z(y) \sim \exp(\lambda y)$ erhält man die charakteristische Gleichung $\lambda^2 - \mu_0 \kappa \mathrm{j}\omega = 0 \Leftrightarrow \lambda = \pm\sqrt{\mu_0 \kappa \mathrm{j}\omega}$. Die allgemeine Lösung lautet demnach

$$\underline{A}_z(y) = \tilde{B} \exp(\sqrt{\mu_0 \kappa \mathrm{j}\omega} y) + \tilde{C} \exp(-\sqrt{\mu_0 \kappa \mathrm{j}\omega} y)\,, \tag{5.51}$$

mit den Konstanten $\tilde{B}$ und $\tilde{C}$.

c) Die verbleibende Randbedingung aus a)

$$\left.\frac{\partial \underline{A}_z(y)}{\partial y}\right|_{y=0} = 0 \tag{5.52}$$

führt auf

$$\tilde{B} = \tilde{C} =: \frac{C}{2}\,, \tag{5.53}$$

mit der (komplexen) Konstanten C, und deshalb auf

$$\underline{A}_z(y) = C \cosh(\sqrt{\mu_0 \kappa \mathrm{j}\omega} y)\,. \tag{5.54}$$

d) Wir berechnen der Reihe nach $\underline{B}_x(y)$, $\underline{H}_x(y)$, $\underline{J}_z(y)$ und schließlich I.

- Es gilt $\underline{\mathbf{B}} = \operatorname{rot} \underline{\mathbf{A}}$, Gl. (5.5), daraus folgt

$$\underline{B}_x(y) = \frac{\partial \underline{A}_z(y)}{\partial y} = C\sqrt{\mu_0 \kappa \mathrm{j}\omega} \sinh(\sqrt{\mu_0 \kappa \mathrm{j}\omega} y)\,. \tag{5.55}$$

- Mit der Materialbeziehung $\underline{\mathbf{B}} = \mu_0 \underline{\mathbf{H}}$, Gl. (5.10), folgt

$$\underline{H}_x(y) = \frac{1}{\mu_0} \underline{B}_x(y) = C\sqrt{\frac{\kappa \mathrm{j}\omega}{\mu_0}} \sinh(\sqrt{\mu_0 \kappa \mathrm{j}\omega} y)\,. \tag{5.56}$$

- Das Durchflutungsgesetz (5.2b) lautet $\operatorname{rot} \underline{\mathbf{H}} = \underline{\mathbf{J}}$, deshalb ist

$$\underline{J}_z(y) = -\frac{\partial \underline{H}_x(y)}{\partial y} = -C\kappa \mathrm{j}\omega \cosh(\sqrt{\mu_0 \kappa \mathrm{j}\omega} y)\,. \tag{5.57}$$

- Den Strom I durch den Leiterstab aus (5.47) erhält man durch Integration der Stromdichte,

$$I = \int_0^h \int_0^a \underline{J}_z(y)\,\mathrm{d}x\mathrm{d}y = -a \int_0^h \frac{\partial \underline{H}_x(y)}{\partial y}\,\mathrm{d}y$$
$$= a\big(\underline{H}_x(0) - \underline{H}_x(h)\big) = -C\sqrt{\frac{\kappa \mathrm{j}\omega}{\mu_0}}\,a \sinh(\sqrt{\mu_0 \kappa \mathrm{j}\omega}\,h)\,. \tag{5.58}$$

Daraus erhält man schließlich die Konstante

$$C = -I\sqrt{\frac{\mu_0}{\kappa \mathrm{j}\omega}}\,\frac{1}{a \sinh(\sqrt{\mu_0 \kappa \mathrm{j}\omega}\,h)}\,. \tag{5.59}$$

e) Für $\omega > 0$ ergibt sich durch Einsetzen von C in die zuvor ermittelten Ausdrücke

$$\underline{H}_x(y) = -\frac{I}{a}\frac{\sinh(\sqrt{\mu_0 \kappa \mathrm{j}\omega}\,y)}{\sinh(\sqrt{\mu_0 \kappa \mathrm{j}\omega}\,h)}\,, \tag{5.60a}$$
$$\underline{J}_z(y) = \frac{I}{a}\frac{\sqrt{\mu_0 \kappa \mathrm{j}\omega}\cosh(\sqrt{\mu_0 \kappa \mathrm{j}\omega}\,y)}{\sinh(\sqrt{\mu_0 \kappa \mathrm{j}\omega}\,h)}\,. \tag{5.60b}$$

Für $\omega \to 0$ bekommt man daraus mit den in der Aufgabe angegebenen Näherungen

$$\underline{H}_x(y) = -\frac{I}{ah}y\,, \tag{5.61a}$$
$$\underline{J}_z(y) = \frac{I}{ah}\,. \tag{5.61b}$$

Dieses Resultat ist plausibel. Der Gleichstrom I verteilt sich mit konstanter Stromdichte über die Querschnittsfläche ah des Leiterstabes. Der lineare Anstieg von $\underline{H}_x(y)$ ergibt sich durch geeignete Anwendung des Durchflutungsgesetzes in integraler Form.

5.4.4 Zusammenfassung

Für den Betrag der Stromdichte gilt $|\underline{J}_z(y)| \sim |\cosh(\sqrt{\mu_0 \kappa \mathrm{j}\omega}\,y)|$, diese Funktion ist – wie man zeigen kann – für $y > 0$ streng monoton wachsend. Aufgrund der einseitigen Stromverdrängung wächst die Stromdichte also vom Nutgrund bis zur Nutöffnung kontinuierlich an.

Ein anderes interessantes Element bei dieser Aufgabe ist die Randbedingung bei $y = h$ in der Form $\underline{A}_z(y) =$ konstant, bei der das Potenzial konstant ist, jedoch zunächst unbekannt, und sich nachträglich aus der integralen Bedingung (5.58) ergibt. Eine solche Randbedingung nennt man *flotierend.*

Eine Behandlung der einseitigen Stromverdrängung in der Literatur findet man zum Beispiel in [18, Abschn. 29.1.3], siehe insbesondere Gl. (29.73), für $p = 1$.

5.5 Felddiffusion in koaxialen Zylindern

5.5.1 Motivation

Magnetische Felder können nicht schlagartig in leitfähige Medien eindringen. Es gibt immer einen Diffusionsvorgang mit der charakteristischen Zeitkonstanten gemäß Gl. (5.16). Einfache analytisch lösbare Fälle sind die Diffusion in einen leitfähigen Halbraum [13, Abschn. 6.5.2], in eine leitfähige ebene Platte [13, Abschn. 6.6.3] oder einen leitfähigen Zylinder [13, Abschn. 6.7]. Eine periodische zeitliche Änderung des Feldes führt auf den *Skineffekt* [13, Abschn. 6.5.4], [18, Abschn. 29.1], den wir im Abschn. 5.3 behandeln.

In der nachfolgenden Aufgabe wird die Felddiffusion in einen leitfähigen Zylinder betrachtet, mit der Besonderheit, dass der Außenraum durch einen Hohlzylinder gebildet wird. Somit ist ein endliches Reservoir für magnetischen Fluss gegeben, welches mit dem inneren Zylinder durch einen Diffusionsprozesses korrespondiert.

5.5.2 Beschreibung der Aufgabenstellung

Innerhalb eines unendlich langen und unendlich leitfähigen Hohlzylinders befindet sich ein endlich leitfähiger Zylinder. Die beiden Zylinder sind koaxial angeordnet und haben die Radien r_0 und $R_0 = \alpha r_0, \alpha > 1$, siehe Abb. 5.6.

Im folgenden werden die dimensionslosen Koordinaten

$$\tau = \frac{t}{\mu k r_0^2}, \quad x = \frac{r}{r_0} \tag{5.62}$$

verwendet. Zu Beginn ($\tau = 0$) ist der innere Zylinder feldfrei ($0 \leq r < r_0, 0 \leq x < 1$), während außen ein homogenes Magnetfeld $B_z = B_0$ existiert ($r_0 < r < R_0$, $1 < x < \alpha$). Dieses Feld diffundiert nun in den Zylinder hinein.

a) Während des ganzen Diffusionsprozesses gilt für $B_z(x, \tau)$ die Gleichung

$$2 \int_0^1 B_z(x, \tau) x \, \mathrm{d}x + B_z(1, \tau)(\alpha^2 - 1) = B_0(\alpha^2 - 1) \,. \tag{5.63}$$

Was besagt sie und warum gilt sie? Welches Feld $B_z = B_\infty$ wird zuletzt für $\tau \to \infty$ vorhanden sein? Man beachte, dass der Außenzylinder unendlich leitfähig ist.

b) Nun soll das Feld $B_z(x, \tau)$ mit Hilfe der Laplace-Transformation berechnet werden. Das Laplace-transformierte Feld ist

$$\tilde{B}_z(x, s) = f(s) J_0\left(xj\sqrt{s}\right) \,. \tag{5.64}$$

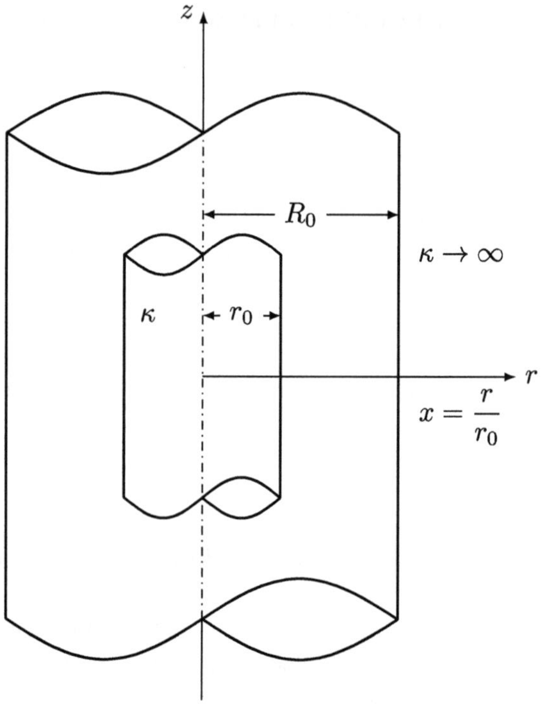

Abb. 5.6 Anordnung zur Aufgabe „Felddiffusion in koaxialen Zylindern“

Die Funktion $f(s)$ und damit $\tilde{B}_z(x, s)$ ergibt sich aus der Randbedingung (5.63). Dabei beachte man die Beziehung

$$\int y J_0(y)\, \mathrm{d}y = y J_1(y) \tag{5.65}$$

für Besselfunktionen. Man zeige, dass sich

$$\tilde{B}_z(x, s) = \frac{B_0 J_0\left(xj\sqrt{s}\right)}{s\left[J_0\left(j\sqrt{s}\right) + \frac{2}{j\sqrt{s}(\alpha^2-1)} J_1\left(j\sqrt{s}\right)\right]} \tag{5.66}$$

ergibt.

c) Welches Laplace-transformierte Feld ergibt sich für den Grenzfall

$$\alpha = \frac{R_0}{r_0} \to \infty\,,$$

und welche Randbedingung ergibt sich in diesem Fall? Ist das Ergebnis für diesen Fall bekannt und richtig?

d) Nun soll das Ergebnis (5.66) mit der Residuenmethode [8, Abschn. 15.4.1] in den Zeitbereich zurück transformiert werden. Dazu sei gesagt, dass der Ausdruck

$$J_0(\eta) + \frac{2}{\eta(\alpha^2 - 1)} J_1(\eta) \tag{5.67}$$

unendlich viele einfache Nullstellen $\eta_k \neq 0$ hat, die als bekannt vorausgesetzt werden dürfen. Zur Vereinfachung der Rechnung sei auch angegeben, dass

$$\begin{aligned} &\lim_{s \to -\eta_k^2} \frac{s + \eta_k^2}{s\left[J_0\left(j\sqrt{s}\right) + \frac{2}{j\sqrt{s}(\alpha^2-1)} J_1\left(j\sqrt{s}\right)\right]} \\ &= \frac{-2}{\eta_k J_1(\eta_k)\left\{1 + \left[\frac{2\alpha}{\eta_k(\alpha^2-1)}\right]^2\right\}} \end{aligned} \tag{5.68}$$

ist. Man gebe alle Pole von $\tilde{B}_z(x, \tau)\exp(s\tau)$ an und man berechne mit ihrer Hilfe $B_z(x, \tau)$.

e) Welches Feld erhält man für $\tau \to \infty$? Stimmt es mit dem schon berechneten Feld B_∞ überein?

5.5.3 Lösung der Aufgabe

a) Interpretation der Randbedingung. Gl. (5.63) bringt Flusserhaltung zum Ausdruck, wenn man sie mit πr_0^2 multipliziert.
   - Der erste Term gibt den Fluss im inneren Zylinder, zum Zeitpunkt τ.
   - Der zweite Term gibt den Fluss zwischen beiden Zylindern, zum Zeitpunkt τ. Dort ist B_z räumlich konstant.
   - Die rechte Seite gibt den konstanten Gesamtfluss, gleichzeitig der Fluss zwischen den beiden Zylindern zum Zeitpunkt $\tau = 0$ (Anfangsbedingung).

   Bliebe der Fluss nicht erhalten, würde bei $r = R_0$ eine Umlaufspannung induziert. Das kann nicht sein, wegen der unendlichen Leitfähigkeit des Außenzylinders.
   Für $\tau \to \infty$ verteilt sich der Fluss gleichmäßig,

$$B_z(x, \tau \to \infty) = B_0\left(1 - \frac{1}{\alpha^2}\right) = B_\infty\,. \tag{5.69}$$

b) Berechnung des Laplace-transformierten Feldes $\tilde{B}_z(x, s)$. Laplace-Transformation von (5.63) mit (5.64),

$$2f(s)\int_0^1 J_0\left(xj\sqrt{s}\right)x\,\mathrm{d}x + f(s)J_0\left(j\sqrt{s}\right)(\alpha^2 - 1) = \frac{1}{s}B_0(\alpha^2 - 1)\,. \tag{5.70}$$

   Mit (5.65) erhält man daraus

$$\begin{aligned} f(s) & \left\{ \frac{2}{\left(j\sqrt{s}\right)^2} \left(xj\sqrt{s}\right) J_1\left(xj\sqrt{s}\right) \Big|_{x=0}^{1} + J_0\left(j\sqrt{s}\right)(\alpha^2-1) \right\} \\ & = \frac{1}{s} B_0(\alpha^2-1)\,, \end{aligned} \tag{5.71}$$

und deshalb

$$f(s) = \frac{B_0}{s\left[J_0\left(j\sqrt{s}\right) + \frac{2}{j\sqrt{s}(\alpha^2-1)} J_1\left(j\sqrt{s}\right)\right]}\,. \tag{5.72}$$

Mit (5.64) bekommt man daraus (5.66).

c) Grenzfall $\alpha \to \infty$:

$$\tilde{B}_z(x,s) = B_0 \frac{J_0\left(xj\sqrt{s}\right)}{s\,J_0\left(j\sqrt{s}\right)}\,. \tag{5.73}$$

Randbedingung $B_z(1,\tau) = B_0$.
Interpretation: Ein im Außenraum konstantes longitudinales Feld B_0 dringt in den Zylinder ein, das ist bekannt und richtig, vgl. [13, Gl. (6.250)].

d) Rücktransformation in den Zeitbereich. Man hat einen Pol bei $s = 0$ und unendlich viele Pole bei $j\sqrt{s} = \eta_k$, das heißt $s = -\eta_k^2$. Es kommt auf die Residuen von

$$\tilde{B}_z(x,s)\exp(s\tau) \tag{5.74}$$

an.

- Pol bei $s = 0$. Für kleine s ist $\exp(s\tau) \approx 1$, $J_0\left(xj\sqrt{s}\right) \approx 1$, $J_1\left(j\sqrt{s}\right) \approx \frac{j\sqrt{s}}{2}$, vgl. [13, Gl. (3.174)]. Also ist

$$\tilde{B}_z(x,s)\exp(s\tau) \approx \frac{B_0}{s}\frac{1}{1+\frac{1}{\alpha^2-1}} = \frac{B_0}{s}\left(1-\frac{1}{\alpha^2}\right)\,, \tag{5.75}$$

mit dem zugehörigen Residuum

$$R_0 = B_0\left(1-\frac{1}{\alpha^2}\right)\,. \tag{5.76}$$

- Pole bei $s = -\eta_k^2$. Für die Residuen R_k gilt mit (5.68) (vgl. [13, Gl. (6.61)])

$$R_k = \frac{-2B_0 J_0(x\eta_k)\exp(-\eta_k^2\tau)}{\eta_k J_1(\eta_k)\left\{1+\left[\frac{2\alpha}{\eta_k(\alpha^2-1)}\right]^2\right\}}\,. \tag{5.77}$$

Insgesamt gilt

$$B_z(x,\tau) = \sum_{k=0}^{\infty} R_k\,. \tag{5.78}$$

e) Für $\tau \to \infty$ geht $R_k \to 0$, falls $k > 0$. Deshalb ist

$$B_z(x, \tau \to \infty) = R_0 = B_0 \left(1 - \frac{1}{\alpha^2}\right) = B_\infty \,, \tag{5.79}$$

wie es sein muss.

5.5.4 Zusammenfassung

Ausgangspunkt für die Lösung war der Ansatz (5.64), der in Lehner [13, Abschn. 6.7.2] für das longitudinale Feld B_z des zylindrischen Diffusionsproblems hergeleitet wurde. Damit gelingt die Lösung im Bildbereich und dann die Rücktransformation in den Zeitbereich, mit Hilfe der Residuenmethode. Nach unendlich langer Zeit ist der Diffusionsprozess abgeschlossen, und der im Reservoir enthaltene magnetische Fluss verteilt sich gleichmäßig über den gesamten Querschnitt des Hohlzylinders.

Für $\alpha \to \infty$ geht das Problem stetig und wie unter c) diskutiert in das in Lehner [13, Abschn. 6.7.2] behandelte Problem mit unendlich ausgedehntem Außenraum über, Gl. (6.248)–(6.251). Dann ist nämlich $R_0 = B_0$ und

$$R_k = \frac{-2B_0 J_0(x\eta_k) \exp(-\eta_k^2 \tau)}{\eta_k J_1(\eta_k)} \,, \tag{5.80}$$

dabei sind $\eta_k = \lambda_{0k}$ die Nullstellen der Besselfunktion J_0. Gl. (5.78) stimmt dann genau mit Gl. (6.251) in [13] überein.

5.6 Rotierender Zylinder

5.6.1 Motivation

Wirbelfreie elektrische Felder im Inneren von Leitern führen zu einer Ladungsverschiebung, bis das Leiterinnere feldfrei geworden ist. Dieser Ausgleichsvorgang heißt *dielektrische Relaxation,* er wird durch eine Zeitkonstante charakterisiert, die *dielektrische Relaxationszeit,* vgl. Lehner [13, Abschn. 4.2], Gl. (4.23),

$$t_\mathrm{r} := \frac{\varepsilon}{\kappa} \,, \tag{5.81}$$

mit der Dielektrizitätskonstanten ε und der spezifischen elektrischen Leitfähigkeit κ. Man kann sich das als eine Art räumlich verteiltes RC-Glied vorstellen. Im Inneren guter Leiter klingen solche Felder deshalb rasch ab. In Lehner [13, Abschn. 4.2] werden Raumladungen als Ursache betrachtet. Im vorliegenden Fall wird das wirbelfreie elektrische Feld im

Leiterinneren jedoch durch Bewegungsinduktion hervorgerufen. Dabei wird der Leiter im Laborsystem beschrieben, so dass das Ohmsche Gesetz für bewegte Körper (5.21) zu berücksichtigen ist.

5.6.2 Beschreibung der Aufgabenstellung

Ein unendlich langer, ungeladener, leitfähiger Zylinder mit der Leitfähigkeit κ rotiert in einem homogenen zu seiner Achse parallelen Magnetfeld $\mathbf{B}$ mit der Kreisfrequenz ω. Sein Radius ist r_0. Die Rotation beginne sprunghaft zur Zeit $t = 0$.

a) Man beschreibe zunächst qualitativ was im Laufe der Zeit geschieht, d. h. wie sich das elektrische Feld, die Stromdichte im Zylinder und die elektrischen Ladungen im Zylinder sowie auf seiner Oberfläche entwickeln. Welche Komponenten treten bei Feldern und Strömen auf?
b) Welcher Zusammenhang besteht zwischen der zeitabhängigen Raumladungsdichte und der ebenfalls zeitabhängigen Stromdichte? Man benutze Zylinderkoordinaten.
c) Welcher Zusammenhang besteht zwischen der zeitabhängigen Raumladungsdichte und der elektrostatischen[5] Feldstärke $\mathbf{E}_s$?

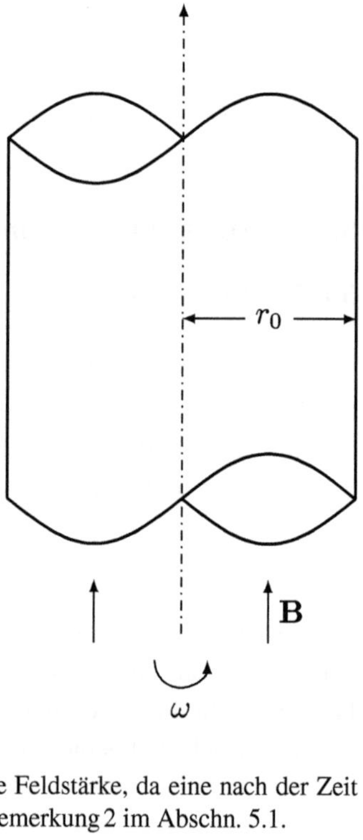

Abb. 5.7 Anordnung zur Aufgabe „Rotierender Zylinder"

[5] Strenggenommen handelt es sich um eine elektroquasistatische Feldstärke, da eine nach der Zeit parametrierte Folge statischer Zustände durchlaufen wird, vgl. Bemerkung 2 im Abschn. 5.1.

d) Welche Feldstärke $\mathbf{E}_\mathrm{i}$ wird induziert?
e) Welcher Zusammenhang besteht zwischen der gesamten Feldstärke $\mathbf{E} = \mathbf{E}_\mathrm{s} + \mathbf{E}_\mathrm{i}$ und der Stromdichte?
f) Aus den nach b) bis e) gewonnenen Beziehungen berechne man $J_r(r,t)$, $E_r(r,t)$ und $\rho(r,t)$ unter Beachtung der Anfangsbedingung $\rho(r,0) = 0$. Was ergibt sich insbesondere für $t \to \infty$?
g) Wo befinden sich die durch die Stromdichte aus dem Volumen transportierten Ladungen? Man berechne deren zeitliche Entwicklung. Man zeige auch, dass die gesamte Ladung des Zylinders zu allen Zeiten verschwindet.
h) Existiert ein elektrisches Feld auch außerhalb des Zylinders? Die Antwort ist zu begründen (Abb. 5.7).

5.6.3 Lösung der Aufgabe

a) Qualitative Beschreibung. Ab $t = 0$ wird ein radiales elektrisches Feld induziert, welches auf die Ladungsträger im Zylinder einwirkt. Dieses radiale Feld hat nach dem Ohmschen Gesetz für bewegte Körper (5.21) eine radiale Stromdichte zur Folge. Dadurch baut sich eine zeitlich veränderliche Ladung im Inneren des Zylinders auf, sowie eine Flächenladung an der Zylinderoberfläche.
Die getrennten Ladungen erzeugen ein (quasi-)elektrostatisches Zusatzfeld. Der Prozess kommt zum Stillstand, wenn sich die elektrischen Felder kompensieren.
b) Der Zusammenhang zwischen Raumladungs- und Stromdichte ist durch die Kontinuitätsgleichung gegeben,

$$\operatorname{div}\mathbf{J} + \frac{\partial\rho}{\partial t} = \frac{1}{r}\frac{\partial}{\partial r}(r J_r) + \frac{\partial\rho}{\partial t} = 0 . \tag{5.82}$$

c) Der Zusammenhang zwischen Raumladungsdichte und (quasi-)elektrostatischer Feldstärke ist durch das Gaußsche Gesetz gegeben,

$$\operatorname{div}\mathbf{D} = \operatorname{div}(\varepsilon_0\mathbf{E}_\mathrm{s}) = \rho ,$$

$$\frac{1}{r}\frac{\partial}{\partial r}\left(r E_{\mathrm{s},r}\right) = \frac{\rho}{\varepsilon_0} . \tag{5.83}$$

d) Induziertes elektrisches Feld,

$$\mathbf{E}_\mathrm{i} = \mathbf{v}\times\mathbf{B} , \quad E_{\mathrm{i},r} = \omega r B_z . \tag{5.84}$$

Bemerkung: $\operatorname{rot}\mathbf{E}_\mathrm{i} = 0$.
e) Der Zusammenhang zwischen gesamter Feldstärke und Stromdichte ist durch das Ohmsche Gesetz gegeben,

$$E_\mathrm{r} = E_{\mathrm{s},r} + E_{\mathrm{i},r} = \frac{J_r}{\kappa} . \tag{5.85}$$

f) Dynamische Analyse. Wir führen die dielektrische Relaxationszeit

$$t_\mathrm{r} := \frac{\varepsilon_0}{\kappa} \tag{5.86}$$

ein, multiplizieren Gl. (5.82) mit t_r und verwenden (5.85),

$$\frac{1}{r}\frac{\partial}{\partial r} r\varepsilon_0 E_r + t_\mathrm{r}\frac{\partial \rho}{\partial t} = 0\,, \tag{5.87}$$

mit $E_\mathrm{r} = E_{\mathrm{s},r} + E_{\mathrm{i},r}$. Im letzten Schritt werden die Gl. (5.83) und (5.84) herangezogen,

$$\rho + \frac{1}{r}\frac{\partial}{\partial r} r\varepsilon_0 \omega r B_z + t_\mathrm{r}\frac{\partial \rho}{\partial t} = 0\,. \tag{5.88}$$

Diese Differentialgleichung kann man folgendermaßen schreiben,

$$\rho + t_\mathrm{r}\frac{\partial \rho}{\partial t} = \rho_\infty\,, \quad \rho_\infty := -2\varepsilon_0\omega B_z\,. \tag{5.89}$$

Die Lösung dieser Differentialgleichung mit der Anfangsbedingung $\rho(r, 0) = 0$ lautet

$$\rho(r, t) = \rho_\infty\left(1 - \exp\left(-\frac{t}{t_\mathrm{r}}\right)\right)\,. \tag{5.90}$$

Das elektrische Feld $E_{\mathrm{s},r}$ gewinnt man daraus durch Integration von (5.83),

$$E_{\mathrm{s},r}(r, t) = \frac{1}{2} r\frac{\rho(t)}{\varepsilon_0} + \frac{C}{r}\,. \tag{5.91}$$

Ein mögliches zeitunabhängiges elektrostatisches Zusatzfeld wird nicht betrachtet, $C = 0$. Mit (5.84) und der Abkürzung ρ_∞ aus (5.89) ist weiter

$$E_{\mathrm{i},r}(r) = \omega r B_z = -\frac{r}{2}\frac{\rho_\infty}{\varepsilon_0}\,. \tag{5.92}$$

Schließlich ist

$$\begin{aligned} E_r(r, t) &= E_{\mathrm{s},r}(r, t) + E_{\mathrm{i},r}(r) \\ &= \frac{r}{2}\frac{\rho(t) - \rho_\infty}{\varepsilon_0} = -\frac{r}{2}\frac{\rho_\infty}{\varepsilon_0}\exp\left(-\frac{t}{t_\mathrm{r}}\right)\,, \end{aligned} \tag{5.93a}$$

$$J_r(r, t) = \kappa E_r(r, t) = -\frac{r}{2}\frac{\rho_\infty}{t_\mathrm{r}}\exp\left(-\frac{t}{t_\mathrm{r}}\right)\,. \tag{5.93b}$$

Für große Zeiten bekommt man

$$\rho(t \to \infty) = \rho_\infty \,, \tag{5.94a}$$

$$E_r\,(r, t \to \infty) = 0 \,, \tag{5.94b}$$

$$J_r\,(r, t \to \infty) = 0 \,. \tag{5.94c}$$

g) Oberflächenladungen. Auf der Zylinderoberfläche lautet die Kontinuitätsgleichung

$$-J_r|_{r=r_0} + \frac{\partial \sigma}{\partial t} = 0 \,. \tag{5.95}$$

Damit ist

$$\frac{\partial \sigma}{\partial t} = -\frac{r_0}{2}\frac{\rho_\infty}{t_\mathrm{r}} \exp\left(-\frac{t}{t_\mathrm{r}}\right) . \tag{5.96}$$

Integration mit der Anfangsbedingung $\sigma(t = 0) = 0$ gibt

$$\sigma(t) = -\frac{r_0}{2}\rho_\infty \left(1 - \exp\left(-\frac{t}{t_\mathrm{r}}\right)\right) . \tag{5.97}$$

Daraus ergeben sich die Ladungen pro Längeneinheit des Zylinders,

$$Q_\mathrm{Vol} = \pi r_0^2 \rho_\infty \left(1 - \exp\left(-\frac{t}{t_\mathrm{r}}\right)\right) , \tag{5.98a}$$

$$Q_\mathrm{Mantel} = 2\pi r_0 \left(-\frac{r_0}{2}\right) \rho_\infty \left(1 - \exp\left(-\frac{t}{t_\mathrm{r}}\right)\right) = -Q_\mathrm{Vol} \,, \tag{5.98b}$$

und deshalb

$$Q = Q_\mathrm{Vol} + Q_\mathrm{Mantel} = 0 \quad \text{für alle Zeiten.} \tag{5.99}$$

h) Es existiert kein elektrisches Feld außerhalb des Zylinders. Begründung: Aufgrund der Zylindersymmetrie genügt es, ein radiales elektrisches Feld zu betrachten, welches nur von r abhängt, vgl. Lehner [13, Abschn. 2.3.3]. Aus dem Gaußschen Gesetz in integraler Form ergibt sich, dass es dabei nur auf die Gesamtladung des Zylinders ankommt. Weil sie zu jedem Zeitpunkt verschwindet, existiert im Außenraum kein elektrisches Feld.

5.6.4 Zusammenfassung

Die Dynamik der elektrischen Raumladungsdichte wird durch Gl. (5.89) beschrieben, einer Differentialgleichung erster Ordnung in der Zeit. Deren wesentliche Bausteine sind die Kontinuitätsgleichung (5.82), das Gaußsche Gesetz (5.83) und das Ohmsche Gesetz (5.85). Wie zu Beginn behauptet, klingt das elektrische Feld mit der Zeitkonstanten t_r ab, Gl. (5.93a).

Ausgehend von den Lösungen (5.93a) und (5.93b) kann man einsehen, dass

$$J_r(r, t) + \varepsilon_0 \frac{\partial E_r(r, t)}{\partial t} = 0 \tag{5.100}$$

für alle Zeiten gilt. Das bedeutet, der Gesamtstrom aus freiem Strom und Verschiebungsstrom ist stets gleich null. Es gibt hier keine Rückwirkung des dielektrischen Relaxationsvorgangs auf das magnetische Feld.

Elektromagnetische Wellen 6

Wir betrachten hier die vier Maxwellschen Gleichungen unter Berücksichtigung aller Terme, vgl. Abschn. 1.2. Das bedeutet, dass die elektrischen und magnetischen Feldanteile des elektromagnetischen Feldes bidirektional gekoppelt sind. Damit kann ein Energieaustausch zwischen dem elektrischen Anteil und dem magnetischen Anteil in beiden Richtungen stattfinden. Im Falle hinreichend schnell zeitveränderlicher elektromagnetischer Felder erhalten wir elektromagnetische Wellen. Dieses Feld breitet sich mit einer endlichen Geschwindigkeit, der Lichtgeschwindigkeit, im Raum aus. Im allgemeinen Fall können wir dann eine elektromagnetische Welle zusammen mit einem Diffusionsvorgang, wie wir ihn bereits im Kap. 5 betrachtet haben, beobachten. In der Anwendung zeigt sich dies sehr deutlich, wenn wir die Ausbreitung elektromagnetischer Wellen in elektrisch leitfähigen beziehungsweise verlustbehafteten Materialien betrachten.

Bevor wir konkrete Aufgaben besprechen, sind im ersten Abschnitt dieses Kapitels nochmals die Maxwellschen Gleichungen zusammengefasst. Ein besonderes Augenmerk liegt dabei auf einer Diskussion der einzelnen Terme und ihrer Bedeutung für mögliche Anwendungen und für mögliche Lösungsansätze. In den darauf folgenden Abschnitten vertiefen wir dies anhand von Beispielen. Diese sind so gewählt, dass sie noch analytisch lösbar sind. Jedes Beispiel repräsentiert aber auch eine für elektromagnetische Wellen typische Problemstellung und dient somit als Grundlage für die Lösung ähnlicher Konfigurationen.

6.1 Grundlagen elektromagnetischer Wellen

Die Grundlage der elektromagnetischen Wellen bilden die vier Maxwellschen Gl. (1.12), welche im ersten Abschnitt zusammen mit ihren wesentlichen Eigenschaften im Hinblick auf die typischen Anwendungsfälle, die in den folgenden Aufgaben untersucht werden, zusam-

J. Anders et al., *Übungsbuch Elektromagnetische Feldtheorie*,
https://doi.org/10.1007/978-3-662-72186-5_6

mengefasst sind. Die weitere Diskussion beinhaltet die im Zusammenhang mit elektromagnetischen Wellen oft gültigen linearen Materialgesetze und ihre geschickte Anwendung im Zusammenhang mit zeitharmonischen elektromagnetischen Wellen. Das elektrische Potenzial und das magnetische Vektorpotenzial werden häufig verwendet, um elektromagnetische Wellen zu beschreiben. Auf die Potenziale und mögliche Eichungen wird im darauf folgenden Abschnitt eingegangen. Schließlich leiten wir im nächsten Abschnitt die Wellengleichungen her, welche Grundlage für die zu diskutierenden Anfangs- und Randwertprobleme sind.

Dabei betrachten wir auch ihre Eigenschaften bei typischen Materialwerten und Frequenzen, um so die praktische Bedeutung der einzelnen Terme aber auch mögliche Näherungen für eine effiziente Lösung der Wellengleichung zu zeigen. Das setzt sich im Abschnitt über die Randbedingungen fort. Zum einen müssen bei der Lösung der Wellengleichung Rand- oder Stetigkeitsbedingungen erfüllt werden. Andererseits eignen sich Randbedingungen auch, um beispielsweise sehr gute Leiter mit hoher Genauigkeit zu approximieren. Unsere Zusammenfassung der Grundlagen elektromagnetischer Wellen endet mit je einem Abschnitt zur Retardierung, welche das Ausbreitungsverhalten von quellenbehafteten elektromagnetischen Feldern beschreibt, und zu ebenen Wellen, die für Untersuchungen an Grenzflächen und auf Objekte auftreffende elektromagnetische Wellen besonders gut geeignet sind.

6.1.1 Maxwellsche Gleichungen

Das verallgemeinerte Durchflutungsgesetz oder auch Ampèresche Gesetz (1.4)

$$\operatorname{rot}\mathbf{H} = \mathbf{J} + \frac{\partial \mathbf{D}}{\partial t} \tag{6.1}$$

beschreibt den Zusammenhang zwischen dem magnetischen H-Feld $\mathbf{H}$, der elektrischen Stromdichte $\mathbf{J}$ und der Verschiebungsstromdichte $\frac{\partial \mathbf{D}}{\partial t}$, die der Maxwellschen Ergänzung Küpfmüller [18, Abschn. 30, 32.1], entspricht[1]. Das Induktionsgesetz oder Faradaysche Gesetz (1.8)

$$\operatorname{rot}\mathbf{E} = -\frac{\partial \mathbf{B}}{\partial t} \tag{6.2}$$

gibt den Zusammenhang zwischen dem elektrischen E-Feld $\mathbf{E}$ und dem magnetischen B-Feld $\mathbf{B}$ an.

Über (6.1) und (6.2) sind somit die Wirbeldichten des H-Feldes und des E-Feldes definiert. Beide Gleichungen beschreiben zudem die bidirektionale Kopplung zwischen den elektrischen und den magnetischen Feldgrößen und ermöglichen somit elektromagnetische Felder in Form von Wellen. Die Verschiebungsstromdichte in (6.1) beschreibt maßgeblich

[1] Häufig wird in der Literatur behauptet, dass die Forderung der Ladungserhaltung den Maxwellschen Verschiebungsstrom impliziert, vgl. Lehner [13, Abschn. 1.10]. Das ist aber nicht korrekt [31].

den kapazitiven Anteil einer betrachteten Anordnung, wohingegen der induktive Anteil über den Term auf der rechten Seite von (6.2) ausgedrückt wird.

Das B-Feld ist immer quellenfrei gemäß

$$\operatorname{div} \mathbf{B} = 0, \tag{6.3}$$

wohingegen das D-Feld **D** seine Quellen in der Ladungsdichte ρ hat

$$\operatorname{div} \mathbf{D} = \rho. \tag{6.4}$$

Sehr häufig werden im Zusammenhang mit technischen Anwendungen zeitharmonische Felder betrachtet. So kann beispielsweise das B-Feld in der Form [30]

$$\mathbf{B}(\mathbf{r}, t) = \begin{pmatrix} B_{0x} \cos(\omega t + \beta_{0x}(\mathbf{r})) \\ B_{0y} \cos(\omega t + \beta_{0y}(\mathbf{r})) \\ B_{0z} \cos(\omega t + \beta_{0z}(\mathbf{r})) \end{pmatrix} \tag{6.5}$$

ausgedrückt werden, wobei B_{0x}, B_{0y} und B_{0z} die Amplituden in den jeweiligen Koordinaten, $\omega = 2\pi f$ die Kreisfrequenz und β_{0x}, β_{0y}, β_{0z} die ortsabhängigen Phasenwerte in den Koordinatenrichtungen sind. Das B-Feld gemäß (6.5) lässt sich auch mithilfe des komplexwertigen B-Felds

$$\underline{\mathbf{B}} = \underline{\mathbf{B}}_0 \, \mathrm{e}^{\mathrm{j}\omega t} \tag{6.6}$$

beschreiben

$$\mathbf{B} = \operatorname{Re}\{\underline{\mathbf{B}}\}. \tag{6.7}$$

Dabei ist

$$\underline{\mathbf{B}}_0 = \begin{pmatrix} B_{0x} \mathrm{e}^{\mathrm{j}\beta_{0x}} \\ B_{0y} \mathrm{e}^{\mathrm{j}\beta_{0y}} \\ B_{0z} \mathrm{e}^{\mathrm{j}\beta_{0z}} \end{pmatrix} \tag{6.8}$$

die komplexe Amplitude. Damit ergibt sich für die Zeitableitung des B-Felds

$$\frac{\partial \underline{\mathbf{B}}}{\partial t} = \frac{\partial}{\partial t} \underline{\mathbf{B}}_0 \, \mathrm{e}^{\mathrm{j}\omega t} = \mathrm{j}\omega \underline{\mathbf{B}}_0 \, \mathrm{e}^{\mathrm{j}\omega t} = \mathrm{j}\omega \underline{\mathbf{B}}. \tag{6.9}$$

Das heißt, in komplexwertiger Darstellung der elektromagnetischen Felder wird aus der Zeitableitung eines Feldwertes der Faktor $\mathrm{j}\omega$. Damit wird aus (6.1)

$$\operatorname{rot} \underline{\mathbf{H}} = \underline{\mathbf{J}} + \mathrm{j}\omega \underline{\mathbf{D}}. \tag{6.10}$$

Da der Faktor $\mathrm{e}^{\mathrm{j}\omega t}$ in allen Termen vorkommt, vereinfacht sich das zu

$$\operatorname{rot} \underline{\mathbf{H}}_0 = \underline{\mathbf{J}}_0 + \mathrm{j}\omega \underline{\mathbf{D}}_0. \tag{6.11}$$

Analog erhält man für (6.2) bis (6.4)

$$\text{rot}\,\underline{\mathbf{E}}_0 = -\text{j}\omega\underline{\mathbf{B}}_0, \tag{6.12}$$

$$\text{div}\,\underline{\mathbf{B}}_0 = 0 \tag{6.13}$$

und

$$\text{div}\,\underline{\mathbf{D}}_0 = \underline{\rho}. \tag{6.14}$$

Da die Gl. (6.11) bis (6.14) nicht mehr von der Zeit abhängen, vereinfachen sich die Maxwellschen Gleichungen im Falle zeitharmonischer Felder also zu rein ortsabhängigen Gleichungen, was sowohl für die analytische Lösung bei den folgenden Aufgaben als auch bei einer numerischen Lösung sehr vorteilhaft ist.

6.1.2 Materialgesetze

Wie wir bereits in Abschn. 1.2 gesehen haben, reichen die vier Maxwellschen Gl. (6.1) bis (6.4) bzw. (6.11) bis (6.14) zusammen mit den Anfangs- und Randwerten nicht aus, um ein elektromagnetisches Feldproblem vollständig zu beschreiben und zu lösen. Die noch fehlenden Gleichungen sind die Materialgesetze. Diese können, wie in den vorangegangenen Kapiteln diskutiert, im konkreten Fall sehr komplex werden. In den Fällen, in den elektromagnetische Wellen in der Anwendung typischerweise auftreten, kann allerdings meistens mit linearen Materialeigenschaften gearbeitet werden. Das gilt in hohem Maße für die Wellenausbreitung in Luft aber auch für viele andere Materialien. Der Zusammenhang zwischen dem B-Feld und dem H-Feld wird somit mithilfe der magnetischen Permeabilität μ beschrieben

$$\mathbf{B} = \mu\mathbf{H}, \tag{6.15}$$

der Zusammenhang zwischen dem D-Feld und dem E-Feld mithilfe der elektrischen Permittivität ε

$$\mathbf{D} = \varepsilon\mathbf{E} \tag{6.16}$$

und für die Stromdichte kann das Ohmsche Gesetz mit der elektrischen Leitfähigkeit κ angenommen werden

$$\mathbf{J} = \kappa\mathbf{E}. \tag{6.17}$$

Setzt man (6.17) und (6.16) in (6.11) ein, so erhält man

$$\text{rot}\,\mathbf{H}_0 = \mathbf{J}_0 + \text{j}\omega\mathbf{D}_0 = \kappa\mathbf{E}_0 + \text{j}\omega\varepsilon\mathbf{E}_0 = (\kappa + \text{j}\omega\varepsilon)\,\mathbf{E}_0 = \text{j}\omega\left(\varepsilon - \text{j}\frac{\kappa}{\omega}\right)\mathbf{E}_0. \tag{6.18}$$

Damit kann man die komplexe elektrische Leitfähigkeit in der Form

$$\underline{\kappa} = \kappa + \text{j}\omega\varepsilon \tag{6.19}$$

definieren. Alternativ können die Ohmschen Verluste in der Permittivität berücksichtigt werden

$$\underline{\varepsilon} = \varepsilon - \mathrm{j}\frac{\kappa}{\omega}. \tag{6.20}$$

Sowohl (6.19) als auch (6.20) fassen den Strom in Leitern sowie den Verschiebungsstrom im Fall zeitharmonischer Felder elegant zusammen.

6.1.3 Potenziale

Elektromagnetische Wellen können direkt über die elektrischen und magnetischen Feldgrößen beschrieben werden oder, wie wir es auch schon in den vorangegangenen Kapiteln gemacht haben, mithilfe des skalaren elektrischen Potenzials φ und des magnetischen Vektorpotenzials $\mathbf{A}$ beschrieben werden. Dabei ist

$$\mathbf{B} = \operatorname{rot} \mathbf{A}. \tag{6.21}$$

Damit erhält man mithilfe von (6.2) für das E-Feld

$$\mathbf{E} = -\frac{\partial \mathbf{A}}{\partial t} - \operatorname{grad} \varphi. \tag{6.22}$$

In Lehner [13, Abschn. 7.4] und Küpfmüller [18, Abschn. 32.2] wird gezeigt, dass die Potenziale $\mathbf{A}$ und φ nicht nur praktische Rechengrößen sind, sondern auch eine physikalische Bedeutung haben.

Wie beispielsweise in Kap. 4 diskutiert wurde, benötigen wir zur Festlegung eines eindeutigen Vektorpotenzials noch eine Eichbedingung. Eine gängige Eichung im Zusammenhang mit elektromagnetischen Wellen ist die Lorenz-Eichung[2]

$$\operatorname{div} \mathbf{A} + \varepsilon\mu \frac{\partial \varphi}{\partial t} = 0. \tag{6.23}$$

Die Eichungen werden in der Praxis häufig so gewählt, dass die folgenden Rechnungen vereinfacht werden, das heißt, dass Terme in den Gleichungen wegfallen.

6.1.4 Wellengleichungen

Anstatt die Maxwellschen Gl. (6.1) bis (6.4) direkt zur Beschreibung des elektromagnetischen Feldproblems zu verwenden, können diese unter Verwendung der linearen Materialgesetze (6.15) bis (6.17) zu sogenannten Wellengleichungen zusammengefasst werden. Da diese Schritte auch im Hinblick auf die Übungsaufgaben und Anwendungsbeispiele sehr wichtig sind, werden wir sie hier ausführlich diskutieren.

Wir beginnen mit dem Durchflutungsgesetz (6.1) und verwenden für das H-Feld die lineare Materialbeziehung (6.15) und für das D-Feld (6.16). Zudem berechnen wir das

[2] Ludvig Valentin Lorenz (1829–1891)

B-Feld über das magnetische Vektorpotenzial (6.21) und das E-Feld sowohl über das Vektorpotenzial als auch über das elektrische Potenzial (6.22). Damit erhalten wir

$$\operatorname{rot}\frac{\mathbf{B}}{\mu}=\frac{1}{\mu}\operatorname{rot}\operatorname{rot}\mathbf{A}=\mathbf{J}+\varepsilon\frac{\partial\mathbf{E}}{\partial t}=\mathbf{J}-\varepsilon\frac{\partial}{\partial t}\left(\frac{\partial\mathbf{A}}{\partial t}+\operatorname{grad}\varphi\right) \tag{6.24}$$

bzw.

$$\operatorname{rot}\operatorname{rot}\mathbf{A}=\operatorname{grad}\operatorname{div}\mathbf{A}-\Delta\mathbf{A}=\mu\mathbf{J}-\varepsilon\mu\frac{\partial^2\mathbf{A}}{\partial t^2}-\varepsilon\mu\operatorname{grad}\frac{\partial\varphi}{\partial t}. \tag{6.25}$$

Mithilfe der Lorenz-Eichung (6.23) vereinfacht sich (6.25) zu

$$\Delta\mathbf{A}-\varepsilon\mu\frac{\partial^2\mathbf{A}}{\partial t^2}=-\mu\mathbf{J}. \tag{6.26}$$

Beginnen wir mit dem Gaußschen Gesetz (6.4), ersetzen das D-Feld über den linearen Materialzusammenhang (6.16) und wenden wir die Definition des E-Feldes über die Potenziale (6.22) an, so erhalten wir

$$\operatorname{div}\mathbf{D}=\operatorname{div}\varepsilon\mathbf{E}=\varepsilon\operatorname{div}\mathbf{E}=-\varepsilon\operatorname{div}\left(\frac{\partial\mathbf{A}}{\partial t}+\operatorname{grad}\varphi\right)=\rho. \tag{6.27}$$

In diesem Fall erhalten wir nach Verwendung der Lorenz-Eichung (6.23)

$$\operatorname{div}\operatorname{grad}\varphi+\frac{\partial}{\partial t}\operatorname{div}\mathbf{A}=\Delta\varphi-\varepsilon\mu\frac{\partial^2\varphi}{\partial t^2}=-\frac{\rho}{\varepsilon} \tag{6.28}$$

Die beiden Wellengleichungen für das magnetische Vektorpotenzial (6.26) und für das skalare elektrische Potenzial (6.28) sind über die Kontinuitätsgleichung

$$\operatorname{div}\mathbf{J}+\frac{\partial\rho}{\partial t}=0 \tag{6.29}$$

miteinander verknüpft.

Die Wellengleichung kann nicht nur für die Potenziale sondern auch direkt für die elektrischen oder magnetischen Felder hergeleitet werden. So beginnen wir für die Wellengleichung des E-Feldes mit dem Induktionsgesetz (6.2) und verwenden die linearen Materialbeziehungen (6.15), (6.16) sowie (6.17). Damit erhalten wir

$$\operatorname{rot}\operatorname{rot}\mathbf{E}=-\operatorname{rot}\frac{\partial\mathbf{B}}{\partial t}=-\frac{\partial}{\partial t}\operatorname{rot}\mu\mathbf{H}=-\mu\frac{\partial}{\partial t}\left(\mathbf{J}+\frac{\partial\mathbf{D}}{\partial t}\right) \tag{6.30}$$

bzw.

$$\operatorname{grad}\operatorname{div}\mathbf{E}-\Delta\mathbf{E}=-\mu\kappa\frac{\partial}{\partial t}\mathbf{E}-\varepsilon\mu\frac{\partial^2\mathbf{E}}{\partial t^2}. \tag{6.31}$$

Für den häufigen Fall, dass im Gebiet, in dem sich die elektromagnetische Welle ausbreitet, keine Ladungen vorhanden sind, vereinfacht sich (6.31) zu

$$\Delta\mathbf{E} - \mu\kappa\frac{\partial}{\partial t}\mathbf{E} - \varepsilon\mu\frac{\partial^2\mathbf{E}}{\partial t^2} = 0. \tag{6.32}$$

Eine Wellengleichung ist, natürlich unter Berücksichtigung der gemachten Annahmen für die linearen Materialzusammenhänge, immer noch sehr allgemein gültig, was für die meisten in der Praxis vorkommenden Konfigurationen nicht notwendig ist. Daher werden, je nach untersuchter typischer Problemstellung, Vereinfachungen durchgeführt. Damit diese korrekt angewandt werden können, untersuchen wir im Folgenden ein paar grundlegende Eigenschaften der Wellengleichungen und ihrer Lösungen.

Wir setzen nun eine zeitharmonische ebene Welle, die sich in z-Richtung ausbreitet, an

$$\mathbf{E}(z) = \mathbf{E}_0(z)\ \mathrm{e}^{-\mathrm{j}kz}\ \mathrm{e}^{\mathrm{j}\omega t}, \tag{6.33}$$

mit

$$k = \beta - \mathrm{j}\alpha. \tag{6.34}$$

Damit erhalten wir schließlich für das E-Feld einer ebenen elektromagnetischen Welle in einem leitfähigen Medium

$$\mathbf{E}(z) = \mathbf{E}_0(z)\ \mathrm{e}^{-\alpha z}\ \mathrm{e}^{\mathrm{j}(\omega t - \beta z)}. \tag{6.35}$$

Dabei sind (vgl. [13], Abschn. 7.2)

$$\alpha = \omega\sqrt{\frac{\mu\varepsilon}{2}\left(\sqrt{1 + \frac{\kappa^2}{\omega^2\varepsilon^2}} - 1\right)} \tag{6.36}$$

die Dämpfungskonstante und

$$\beta = \omega\sqrt{\frac{\mu\varepsilon}{2}\left(1 + \sqrt{1 + \frac{\kappa^2}{\omega^2\varepsilon^2}}\right)} \tag{6.37}$$

die Phasenkonstante der Welle. In einem Isolator mit $\kappa = 0$ vereinfacht sich dies zu

$$\alpha = \omega\sqrt{\frac{\mu\varepsilon}{2}\left(\sqrt{1 + \frac{0}{\omega^2\varepsilon^2}} - 1\right)} = 0, \tag{6.38}$$

$$\beta = \omega\sqrt{\frac{\mu\varepsilon}{2}\left(1 + \sqrt{1 + \frac{0}{\omega^2\varepsilon^2}}\right)} = \omega\sqrt{\frac{2\mu\varepsilon}{2}} = \frac{\omega}{c} = k \tag{6.39}$$

und

$$\mathbf{E}(z) = \mathbf{E}_0(z)\ \mathrm{e}^{\mathrm{j}(\omega t - kz)}. \tag{6.40}$$

Im Falle eines sehr guten Leiters, beispielsweise Kupfer, mit einer Leitfähigkeit $\kappa > 10^7\,\frac{\mathrm{S}}{\mathrm{m}}$ ist $\frac{\kappa^2}{\omega^2\varepsilon^2} \gg 1$. Die Dämpfungskonstante ergibt sich damit ungefähr zu

$$\alpha = \omega\sqrt{\frac{\mu\varepsilon}{2}\left(\sqrt{1+\frac{\kappa^2}{\omega^2\varepsilon^2}}-1\right)} \approx \omega\sqrt{\frac{\mu\varepsilon}{2}\frac{\kappa}{\omega\varepsilon}} = \sqrt{\frac{\omega\mu\kappa}{2}}. \tag{6.41}$$

Das bedeutet für die sogenannte Eindringtiefe der elektromagnetischen Welle in ein sehr gut leitfähiges Medium ist

$$\delta = \frac{1}{\alpha} = \sqrt{\frac{2}{\omega\mu\kappa}}, \tag{6.42}$$

was man auch mit einer Abschätzung basierend auf der quasistationären Näherung erhält (Kap. 5). In Abb. 6.1 ist die Eindringtiefe der ebenen Welle in Abhängigkeit der Frequenz exemplarisch für Kupfer mit einer elektrischen Leitfähigkeit von $\kappa = 5{,}9 \cdot 10^7\,\frac{\mathrm{S}}{\mathrm{m}}$ für die in Anwendungsfällen üblicherweise vorkommenden Frequenzen dargestellt. Es ist gut zu erkennen, dass für höhere Frequenzen, wie sie typischerweise im Zusammenhang mit elektromagnetischen Wellen auftreten, die Eindringtiefe sehr klein ist. Damit lassen sich gute Leiter wie Metalle in der Regel mit $\kappa \to \infty$ und damit $\delta = 0$ approximieren. Formal kann

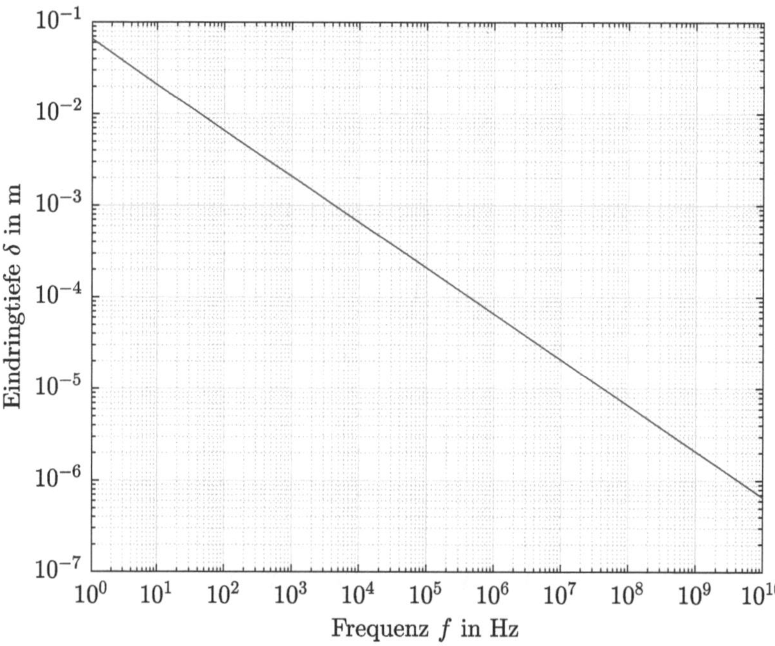

Abb. 6.1 Eindringtiefe einer ebenen elektromagnetischen Welle in Kupfer in Abhängigkeit der Frequenz

dies über geeignete Randbedingungen geschehen, was wir in den Aufgaben auch zur Lösung ansetzen werden.

Die obige Abschätzung der Eindringtiefe δ ist für schlechte elektrische Leiter, bei denen die Leitfähigkeit im Bereich $10^{-6}\,\frac{\mathrm{S}}{\mathrm{m}} < \kappa < 1\,\frac{\mathrm{S}}{\mathrm{m}}$ liegt, nicht mehr gültig. Hier wird $\frac{\kappa^2}{\omega^2\varepsilon^2} < 1$ für genügend großes ω. Mithilfe der Taylorreihenentwicklung

$$\sqrt{1+x} = 1 + \frac{1}{2}x + \ldots \text{ für } x < 1 \tag{6.43}$$

erhält man für $\omega > \frac{\kappa}{\varepsilon}$ für die Dämpfungskonstante aus (6.36)

$$\alpha \approx \omega\sqrt{\frac{\mu\varepsilon}{2}\left(1+\frac{1}{2}\frac{\kappa^2}{\omega^2\varepsilon^2}-1\right)} = \omega\sqrt{\frac{\mu\varepsilon}{4}\frac{\kappa^2}{\omega^2\varepsilon^2}} = \frac{1}{2}\kappa\sqrt{\frac{\mu}{\varepsilon}} = \frac{1}{2}\kappa Z. \tag{6.44}$$

Dabei ist

$$Z = \sqrt{\frac{\mu}{\varepsilon}} \tag{6.45}$$

der Wellenwiderstand der elektromagnetischen Welle. In Abb. 6.2 ist die Eindringtiefe in Abhängigkeit der Frequenz für verschiedene Fälle dargestellt. Es ist zu erkennen, dass bei schlechter elektrischer Leitfähigkeit die Eindringtiefe mit zunehmender Frequenz ab einem bestimmten Wert nicht weiter abnimmt. Zudem wird die Eindringtiefe für zunehmende Permittivität limitiert. Bei großer elektrischer Leitfähigkeit spielt der Wert der Permittivität praktisch keine Rolle mehr.

6.1.5 Randbedingungen

Zusätzlich zu den bereits genannten partiellen Differenzialgleichungen, den Maxwellschen Gleichungen oder den daraus abgeleiteten Wellengleichungen, werden noch Randbedingungen benötigt, um das Feldproblem vollständig zu beschreiben und schließlich zu lösen. Die sogenannten Stetigkeitsbedingungen ergeben sich direkt aus den Maxwellschen Gl. (6.1) bis (6.4)

$$\mathbf{n}_{12} \times (\mathbf{H}_2 - \mathbf{H}_1) = \mathbf{J}_F, \tag{6.46}$$

$$\mathbf{n}_{12} \times (\mathbf{E}_2 - \mathbf{E}_1) = \mathbf{0}, \tag{6.47}$$

$$\mathbf{n}_{12} \cdot (\mathbf{B}_2 - \mathbf{B}_1) = 0 \tag{6.48}$$

und

$$\mathbf{n}_{12} \cdot (\mathbf{D}_2 - \mathbf{D}_1) = \sigma. \tag{6.49}$$

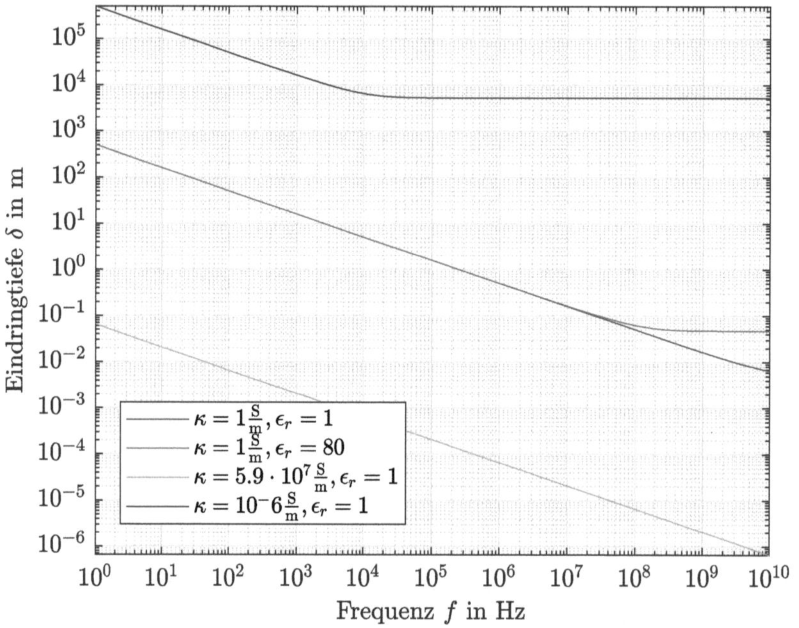

Abb. 6.2 Eindringtiefe der elektromagnetischen Welle in Abhängigkeit der Frequenz für verschiedene Materialparameter

Der Normalenvektor $\mathbf{n}_{12}$ zeigt dabei vom Gebiet 1 in das Gebiet 2. Die Stetigkeitsbedingungen (6.46) bis (6.49) bedeuten, dass im Normalfall die Tangentialkomponenten des H-Feldes und des E-Feldes sowie die Normalkomponenten des B-Feldes und des D-Feldes am Übergang zwischen zwei Gebieten stetig sind. Die Stetigkeitsbedingungen für die jeweils fehlende elektrische oder magnetische Feldgröße erhält man mithilfe der im jeweiligen Gebiet gültigen Materialgleichungen.

Auf dem Rand können auch Flächenstromdichten $\mathbf{J}_F$ oder Flächenladungsdichten σ auftreten. Diese kommen zwar in der Realität nicht vor, sind aber gerade im Zusammenhang mit typischen Problemstellungen in der Praxis sehr nützliche Modellannahmen und vereinfachen sowohl analytische Rechnungen als auch numerische Simulationen. In solchen Fällen springen die Tangentialkomponente des H-Feldes und die Normalkomponente des D-Feldes an Grenzflächen. Diese Flächengrössen eigenen sich besonders zur Vereinfachung der Problemstellung. So können Ströme und Ladungen, die nur in einer dünnen Schicht nahe der Oberfläche vorkommen, mit diesen Größen in sehr guter Näherung beschrieben werden. Außerdem sind diese Flächengrößen notwendig, wenn die Felder in einem der beiden Gebiete sehr klein sind und zu null gesetzt werden.

6.1.6 Retardierung

Im Gegensatz zu stationären oder quasistationären Feldproblemen, bei denen angenommen wird, dass sich Änderungen der Feldgrößen unmittelbar im gesamten Raum auswirken, ist im Zusammenhang mit elektromagnetischen Wellen die endliche Ausbreitungsgeschwindigkeit zu berücksichtigen. Das bedeutet, dass eine Änderung einer definierten Größe erst nach einer gewissen Zeit in einem entfernten Punkt zu beobachten ist; vgl. [13, Abschn. 7.4.2]. Besonders deutlich wird dies in den Gleichungen für das retardierte skalare elektrische Potenzial[3]

$$\varphi(\mathbf{r}, t) = \iiint_V \frac{\rho\left(\tilde{\mathbf{r}}, t - \frac{\|\mathbf{r}-\tilde{\mathbf{r}}\|}{c}\right)}{4\pi\varepsilon_0 \|\mathbf{r} - \tilde{\mathbf{r}}\|} \, \mathrm{d}\tilde{V} \tag{6.50}$$

und für das retardierte magnetische Vektorpotenzial

$$\mathbf{A}(\mathbf{r}, t) = \mu_0 \iiint_V \frac{\mathbf{J}\left(\tilde{\mathbf{r}}, t - \frac{\|\mathbf{r}-\tilde{\mathbf{r}}\|}{c}\right)}{4\pi \|\mathbf{r} - \tilde{\mathbf{r}}\|} \, \mathrm{d}\tilde{V}. \tag{6.51}$$

Die Zeitverzögerung bzw. Retardierung kommt im Term $\frac{\|\mathbf{r}-\tilde{\mathbf{r}}\|}{c}$ zum Ausdruck, wobei $\mathbf{r}$ der Punkt ist, an dem das Potenzial ausgewertet wird, $\tilde{\mathbf{r}}$ der Punkt ist, an dem die zeitabhängige Ladung liegt bzw. der zeitabhängige Strom fließt, und c die Ausbreitungsgeschwindigkeit des elektromagnetischen Feldes ist.

Die Gl. (6.50) und (6.51) beschreiben den typischen Fall einer sogenannten Sendeantenne für eine zeitabhängige elektromagnetische Welle, bei der aufgrund von Strömen in einer Leiteranordnung, der Antenne, ein elektromagnetisches Feld abgestrahlt wird. Diese kann als im Ursprung eines Kugelkoordinatensystems liegend betrachtet werden. Im Nahfeld dieser Antenne ergeben sich dann im Allgemeinen komplizierte Feldkonfigurationen, die in den meisten Fällen nur mithilfe numerischer Feldberechnungen ermittelt werden können. Zum Nahfeld der Antenne zählt der Bereich, der weniger als die Antennen- bzw. Objektgröße entfernt ist oder weniger als ungefähr fünf Wellenlängen entfernt ist.

Im sogenannten Fernfeld einer Antenne weisen alle Antennen im Prinzip die gleiche Feldcharakteristik auf. Dort breitet sich die elektromagnetische Welle kugelförmig von der Antenne weglaufend aus, wobei zu beachten ist, dass die Intensität, also die Leistungsdichte, vom Winkel und damit der Richtcharakteristik der Antenne abhängt. Die Vektoren des H-Feldes und des E-Feldes liegen tangential zu Kugelflächen um den Koordinatenursprung und ihr Betrag nimmt mit $\frac{1}{r}$ ab. Lediglich der Betrag der Felder in Abhängigkeit vom Azimut- und Elevationswinkel ist charakteristisch für eine bestimmte Antenne.

---

[3] Mit der Beschränkung auf die retardierten Lösungen der Wellengleichung und der Elimination der avancierten Lösungen ist eine Auszeichnung der Zeitrichtung in der Theorie elektromagnetischen Felder verbunden; vgl. [15, Paragr. 4.5]

6.1.7 Ebene Wellen

Die im vorherigen Abschnitt diskutierten Eigenschaften einer Sendeantenne können im Fernfeld weiter vereinfacht werden. Im Fernfeld ist der Abstand zwischen der Quelle des elektromagnetischen Feldes, also der Sendeantenne, und dem Bereich, in dem dieses Feld untersucht oder verwendet wird, sehr groß. Das bedeutet, dass der Raumwinkel der kugelförmigen Welle dort sehr klein ist und damit die Krümmung der Kugelwelle in diesem Bereich vernachlässigt werden kann. In guter Näherung kann also die kugelförmige elektromagnetische Welle der Sendeantenne mit einer Welle, bei der das E-Feld und das H-Feld in Ebenen liegen, beschrieben werden. Zudem ändert sich bei großer Entfernung der Betrag der elektromagnetischen Felder in einem kleinen Bereich kaum. Die Annahme, dass der Betrag des E-Feldes und des H-Feldes dort konstant sei, ist folglich naheliegend.

Die genannten Eigenschaften des elektromagnetischen Feldes einer Sendeantenne in einem kleinen Bereich im Fernfeld führen also zu einer Beschreibung mithilfe von ebenen Wellen. Diese sind zudem die einfachste Lösung der Wellengleichungen. Es ist aber zu beachten, dass die ebenen Wellen, obwohl sie formal im gesamten Raum definiert sind, sinnvollerweise nur in einem sehr kleinen Bereich ausgewertet werden sollten. Sowohl die analytische als auch die numerische Lösung von Wellenproblemen vereinfachen sich durch die Verwendung von ebenen Wellen bei der Beschreibung des Empfangsfalles, bei dem eine elektromagnetische Welle auf ein Objekt bzw. eine Antenne trifft, erheblich.

Für die folgende Betrachtung wird nun eine ebene elektromagnetische Welle, die sich in z-Richtung eines kartesischen Koordinatensystems ausbreitet, betrachtet. Das E-Feld dieser zeitharmonischen Welle sei

$$\mathbf{E} = \mathbf{E}_0 \cos(\omega t - kz + \phi_0)\,. \tag{6.52}$$

Der Vektor der Amplitude des E-Feldes $\mathbf{E_0}$ liegt dabei in Ebenen senkrecht zur Ausbreitungsrichtung

$$\mathbf{E}_0 = E_{0x}\mathbf{e}_x + E_{0y}\mathbf{e}_y. \tag{6.53}$$

Als Ebenen konstanter Phase ϕ_c ergeben sich

$$z = \frac{\omega t + \phi_0 - \phi_c}{k} \tag{6.54}$$

und damit die Phasengeschwindigkeit

$$v_{Ph} = \frac{\mathrm{d}z}{\mathrm{d}t} = \frac{\omega}{k} = c = \frac{1}{\sqrt{\mu\varepsilon}}. \tag{6.55}$$

6.2 Hertzscher Dipol

6.2.1 Motivation

Im ersten Beispiel betrachten wir das elektromagnetische Strahlungsfeld eines sogenannten Hertzschen Dipols. Der Hertzsche Dipol ist die einfachste Form einer zeitlich veränderlichen, periodischen Ladungsverteilung. Ein zeitharmonischer Monopol würde das Prinzip der Ladungserhaltung verletzen. Beim Dipol fließt ein Strom in einem unendlich kurzen Segment und es kommt zu Ladungen an dessen Ende, die in der Summe aber konstant bleiben. Multipole höherer Ordnung lassen sich mit Dipolen konstruieren. Der Hertzsche Dipol kann somit exemplarisch für beliebige Sendeantennen betrachtet werden, die in gewisser Entfernung immer durch eine geeignete Multipolentwicklung dargestellt werden können Lehner [13], Küpfmüller[18].

Mithilfe des Hertzschen Dipols lassen sich ganz elementare Eigenschaften elektromagnetischer Wellen untersuchen. Hierzu gehören die Unterteilung des abgestrahlten elektromagnetischen Feldes in ein Nah- und Fernfeld, die Betrachtung des Energieflusses, die Retardierung oder die Richtcharakteristik.

6.2.2 Beschreibung der Aufgabenstellung

Im Ursprung eines kartesischen Koordinatensystems $(x,\ y,\ z)$ bzw. eines Kugelkoordinatensystems (r, θ, ϕ) liege ein Hertzscher Dipol, der in Richtung der z-Achse orientiert sei. Sein zeitabhängiges Dipolmoment sei $\mathbf{p}(t) = \boldsymbol{l}Q(t)$ mit den zeitabhängigen Punktladungen $\pm Q(t)$ und deren Abstand $\boldsymbol{l} = l\mathbf{e}_z$, wobei $l \to 0$ und $Q \to \infty$ gehe, sodass $lQ = p$ endlich sei (Abb. 6.3). Im gesamten Raum gelte für die Permeabilität $\mu = \mu_0$ und für die Permittivität $\varepsilon = \varepsilon_0$. Zudem sei die elektrische Leitfähigkeit $\kappa = 0$.

a) Geben Sie das Dipolmoment für eine zeitharmonische Anregung mit der Frequenz f unter Verwendung der komplexen Schreibweise an.
b) Bestimmen Sie das retardierte magnetische Vektorpotenzial $\mathbf{A}$ des Hertzschen Dipols sowohl in kartesischen Koordinaten als auch in Kugelkoordinaten.

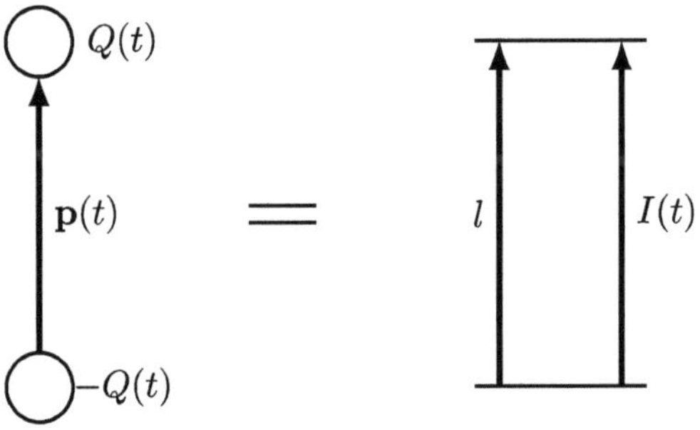

Abb. 6.3 Zeitharmonischer Hertzscher Dipol

c) Bestimmen Sie mithilfe der Lorenz-Eichung das elektrische Potenzial φ.
d) Berechnen Sie das H-Feld in Kugelkoordinaten.
e) Berechnen Sie das E-Feld mithilfe des Durchflutungsgesetzes.
f) Berechnen Sie die Fernfeldnäherung für das H-Feld und für das E-Feld des Hertzschen Dipols in Kugelkoordinaten.
g) Wie lautet im Fernfeld der Zusammenhang zwischen dem H-Feld und dem E-Feld?
h) Berechnen Sie mithilfe des Poynting-Vektors den Energiefluss im Fernfeld.
i) Berechnen Sie mithilfe des Poynting-Vektors den Energiefluss im Nahfeld.

6.2.3 Lösung zur Aufgabe

a) Geben Sie das Dipolmoment für eine zeitharmonische Anregung mit der Frequenz f unter Verwendung der komplexen Schreibweise an.

Für das Dipolmoment ergibt sich in komplexer Schreibweise

$$\mathbf{p}(t) = \mathbf{p}_0 \, \mathrm{e}^{\mathrm{j}\omega t} = \boldsymbol{l} \, Q(t) = \boldsymbol{l} \, Q_0 \, \mathrm{e}^{\mathrm{j}\omega t} \tag{6.56}$$

mit der Kreisfrequenz $\omega = 2\pi f$. Über die zeitliche Änderung erhält man

$$\frac{\partial \mathbf{p}}{\partial t} = \mathrm{j}\omega \mathbf{p}_0 \, \mathrm{e}^{\mathrm{j}\omega t} = \boldsymbol{l} \frac{\partial Q}{\partial t} = \boldsymbol{l} I(t) = \boldsymbol{l} I_0 \, \mathrm{e}^{\mathrm{j}\omega t} \tag{6.57}$$

bzw.

$$\mathrm{j}\omega \mathbf{p}_0 = \boldsymbol{l} I_0. \tag{6.58}$$

I_0 ist der Strom im Hertzschen Dipol.

b) Bestimmen Sie das retardierte magnetische Vektorpotenzial $\mathbf{A}$ des Hertzschen Dipols sowohl in kartesischen Koordinaten als auch in Kugelkoordinaten.

Das Vektorpotenzial kann in kartesischen Koordinaten direkt aus dem Strom bestimmt werden. Der Strom des Hertzschen Dipols kann formal mithilfe der Delta-Distribution δ dargestellt werden

$$\begin{aligned} \mathbf{A}(\mathbf{r}, t) &= \frac{\mu_0}{4\pi} \iiint_V \frac{I\left(t - \frac{\|\mathbf{r}-\tilde{\mathbf{r}}\|}{c}\right) \boldsymbol{l}\delta(\mathbf{r}) \, \mathrm{d}\tilde{V}}{\|\mathbf{r} - \tilde{\mathbf{r}}\|} \\ &= \frac{\mu_0 I_0 \boldsymbol{l}}{4\pi r} \, \mathrm{e}^{\mathrm{j}(\omega(t - \frac{r}{c}))} \\ &= \frac{\mu_0 I_0 \boldsymbol{l}}{4\pi r} \, \mathrm{e}^{\mathrm{j}(\omega t - kr)}. \end{aligned} \tag{6.59}$$

Dabei ist c die Lichtgeschwindigkeit, $r = |\mathbf{r}|$ der Abstand von $\mathbf{r}$ zum Hertzschen Dipol, $k = \frac{\omega}{c}$ die Wellenzahl und $t' = t - \frac{r}{c}$ die retardierte Zeit. Schließlich erhält man mit $I\boldsymbol{l} = Il\mathbf{e}_z$ in kartesischen Koordinaten

$$\mathbf{A}(\mathbf{r}, t) = A_z(r, t)\mathbf{e}_z = \frac{\mu_0 I_0 l}{4\pi r}\, \mathrm{e}^{\mathrm{j}(\omega t - kr)}\mathbf{e}_z \tag{6.60}$$

und in Kugelkoordinaten

$$A_r = A_z \cos\theta = \frac{\mu_0 I_0 l}{4\pi r} \cos\theta\, \mathrm{e}^{\mathrm{j}(\omega t - kr)} \tag{6.61}$$

$$A_\theta = -A_z \sin\theta = -\frac{\mu_0 I_0 l}{4\pi r} \sin\theta\, \mathrm{e}^{\mathrm{j}(\omega t - kr)} \tag{6.62}$$

$$A_\phi = 0. \tag{6.63}$$

c) Bestimmen Sie mithilfe der Lorenz-Eichung das elektrische Potenzial φ.

Im vorliegenden zeitharmonischen Fall ergibt sich für die Lorentz-Eichung

$$\operatorname{div}\mathbf{A} = -\varepsilon_0\mu_0 \frac{\partial\varphi}{\partial t} = -\mathrm{j}\omega\varepsilon_0\mu_0\varphi. \tag{6.64}$$

Damit kann das elektrische Potenzial in Abhängigkeit von Kugelkoordinaten berechnet werden

$$\begin{aligned}
\varphi &= \mathrm{j}\frac{1}{\omega\varepsilon_0\mu_0}\frac{\mu_0 I_0 l}{4\pi}\left(\frac{1}{r^2}\frac{\partial}{\partial r}r^2\frac{\cos\theta}{r}\,\mathrm{e}^{\mathrm{j}(\omega t - kr)} - \frac{1}{r\sin\theta}\frac{\partial}{\partial\theta}\sin\theta\frac{\sin\theta}{r}\,\mathrm{e}^{\mathrm{j}(\omega t - kr)}\right) \\
&= \frac{\mathrm{j}I_0 l}{4\pi\omega\varepsilon_0}\left(\frac{\cos\theta}{r^2}(1 - \mathrm{j}kr) - \frac{2\sin\theta\cos\theta}{r^2\sin\theta}\right)\mathrm{e}^{\mathrm{j}(\omega t - kr)} \\
&= \frac{\mathrm{j}I_0 l\cos\theta}{4\pi\omega\varepsilon_0}\left(-\frac{\mathrm{j}k}{r} - \frac{1}{r^2}\right)\mathrm{e}^{\mathrm{j}(\omega t - kr)}
\end{aligned} \tag{6.65}$$

d) Berechnen Sie das H-Feld in Kugelkoordinaten.

Über das magnetische Vektorpotenzial kann das B-Feld berechnet werden

$$\mathbf{B} = \operatorname{rot}\mathbf{A}. \tag{6.66}$$

Im hier vorliegenden Fall des Freiraums und damit eines homogenen, linearen, isotropen Materials kann das B-Feld mithilfe des Zusammenhangs

$$\mathbf{B} = \mu_0\mathbf{H} \tag{6.67}$$

ersetzt werden und man erhält das H-Feld direkt aus dem Vektorpotenzial

$$\mathbf{H} = \frac{1}{\mu_0} \operatorname{rot} \mathbf{A}. \tag{6.68}$$

In Kugelkoordinaten ergibt dies

$$\begin{aligned}
H_r &= 0 && (6.69)\\
H_\theta &= 0 && (6.70)\\
H_\phi &= -\frac{1}{\mu_0}\frac{1}{r}\frac{\partial}{\partial r} r \frac{\mu_0 I_0 l}{4\pi r} \sin\theta \, \mathrm{e}^{\mathrm{j}(\omega t - kr)} - \frac{1}{\mu_0}\frac{1}{r}\frac{\partial}{\partial \theta}\frac{\mu_0 I_0 l}{4\pi r} \cos\theta \, \mathrm{e}^{\mathrm{j}(\omega t - kr)} \\
&= \frac{I_0 l}{4\pi} \sin\theta \left(\frac{\mathrm{j}k}{r} + \frac{1}{r^2}\right) \mathrm{e}^{\mathrm{j}(\omega t - kr)} && (6.71)
\end{aligned}$$

e) Berechnen Sie das E-Feld mithilfe des Durchflutungsgesetzes.

Über das Durchflutungsgesetz kann unter der hier vorliegenden Materialbeziehung für das elektrische Feld

$$\mathbf{D} = \varepsilon_0 \mathbf{E} \tag{6.72}$$

das E-Feld in Kugelkoordinaten berechnet werden

$$\operatorname{rot} \mathbf{H} = \mathrm{j}\omega\varepsilon_0 \mathbf{E} \Rightarrow \mathbf{E} = \frac{1}{\mathrm{j}\omega\varepsilon_0} \operatorname{rot} \mathbf{H} \tag{6.73}$$

$$\begin{aligned}
E_r &= \frac{1}{\mathrm{j}\omega\varepsilon_0}\frac{1}{r \sin\theta}\frac{\partial}{\partial\theta} \sin\theta \frac{I_0 l}{4\pi} \sin\theta \left(\frac{\mathrm{j}k}{r} + \frac{1}{r^2}\right) \mathrm{e}^{\mathrm{j}(\omega t - kr)} \\
&= \frac{1}{\mathrm{j}\omega\varepsilon_0}\frac{I_0 l}{2\pi} \left(\frac{\mathrm{j}k}{r} + \frac{1}{r^2}\right) \mathrm{e}^{\mathrm{j}(\omega t - kr)} \frac{\cos\theta}{r} \\
&= \frac{1}{\mathrm{j}\omega\varepsilon_0}\frac{I_0 l}{2\pi} \cos\theta \left(\frac{\mathrm{j}k}{r^2} + \frac{1}{r^3}\right) \mathrm{e}^{\mathrm{j}(\omega t - kr)} && (6.74)\\
E_\theta &= -\frac{1}{\mathrm{j}\omega\varepsilon_0}\frac{1}{r}\frac{\partial}{\partial r} r \frac{I_0 l}{4\pi} \sin\theta \left(\frac{\mathrm{j}k}{r} + \frac{1}{r^2}\right) \mathrm{e}^{\mathrm{j}(\omega t - kr)} \\
&= -\frac{1}{\mathrm{j}\omega\varepsilon_0}\frac{1}{r}\frac{I_0 l}{4\pi} \sin\theta \left(-\frac{1}{r^2} - \mathrm{j}k\left(\mathrm{j}k + \frac{1}{r}\right)\right) \mathrm{e}^{\mathrm{j}(\omega t - kr)} \\
&= \frac{1}{\mathrm{j}\omega\varepsilon_0}\frac{I_0 l}{4\pi} \sin\theta \left(-\frac{k^2}{r} + \frac{\mathrm{j}k}{r^2} + \frac{1}{r^3}\right) \mathrm{e}^{\mathrm{j}(\omega t - kr)} && (6.75)\\
E_\phi &= 0 && (6.76)
\end{aligned}$$

f) Berechnen Sie die Fernfeldnäherung für das H-Feld und für das E-Feld des Hertzschen Dipols in Kugelkoordinaten.

Das H-Feld besitzt in Kugelkoordinaten nur eine Feldkomponente in azimutaler Richtung

$$H_\phi = \frac{I_0 l}{4\pi} \sin\theta \left(\frac{\mathrm{j}k}{r} + \frac{1}{r^2} \right) \mathrm{e}^{\mathrm{j}(\omega t - kr)}. \tag{6.77}$$

Die Abhängigkeit vom Abstand zum Hertzschen Dipol wird nach Umformung deutlicher sichtbar

$$H_\phi = \frac{I_0 l}{4\pi} \sin\theta k^2 \left(\mathrm{j}\frac{1}{kr} + \frac{1}{k^2 r^2} \right) \mathrm{e}^{\mathrm{j}(\omega t - kr)}. \tag{6.78}$$

Für große Abstände gilt $kr \gg 1$, was bezogen auf die Wellenlänge $r \gg \frac{\lambda}{2\pi}$ bedeutet. Die höheren Potenzen von kr sind dann im Vergleich zur ersten Ordnung vernachlässigbar klein und man erhält schließlich

$$H_\phi \approx \mathrm{j}\frac{I_0 l k}{4\pi r} \sin\theta \, \mathrm{e}^{\mathrm{j}(\omega t - kr)}, \tag{6.79}$$

$$E_r \approx 0 \tag{6.80}$$

und

$$E_\theta \approx \frac{\mathrm{j}}{\omega\varepsilon_0} \frac{I_0 l}{4\pi} \frac{k^2}{r} \sin\theta \, \mathrm{e}^{\mathrm{j}(\omega t - kr)}. \tag{6.81}$$

g) Wie lautet im Fernfeld der Zusammenhang zwischen dem H-Feld und dem E-Feld?

Mithilfe der Dispersionsbeziehung $k = \frac{\omega}{c}$, erhält man

$$E_\theta \approx \frac{\mathrm{j}k}{c\varepsilon_0} \frac{I_0 l}{4\pi r} \sin\theta \, \mathrm{e}^{\mathrm{j}(\omega t - kr)} = Z_0 \frac{\mathrm{j}k I_0 l}{4\pi r} \sin\theta \, \mathrm{e}^{\mathrm{j}(\omega t - kr)}. \tag{6.82}$$

Dabei ist

$$Z_0 = \frac{k}{\omega\varepsilon_0} = \sqrt{\frac{\mu_0}{\varepsilon_0}} \tag{6.83}$$

der Wellenwiderstand des freien Raumes. Vergleicht man das E-Feld im Fernfeld mit dem H-Feld im Fernfeld so ergibt sich

$$E_\theta = Z_0 H_\phi. \tag{6.84}$$

h) Berechnen Sie mithilfe des Poynting-Vektors den Energiefluss im Fernfeld.

Der Poynting-Vektor

$$\mathbf{S} = \mathbf{E} \times \mathbf{H} \tag{6.85}$$

vereinfacht sich im Fernfeld zu

$$\mathbf{S} = S_r \mathbf{e}_r. \tag{6.86}$$

Ein anschaulicher Zugang ist, den Betrag des Poynting-Vektors und damit den Energiefluss über die reellen Feldgrößen zu berechnen:

$$
\begin{aligned}
S_r &= \text{Re}\left\{Z_0 \frac{\text{j}kI_0 l}{4\pi r}\sin\theta\, \text{e}^{\text{j}(\omega t - kr)}\right\} \text{Re}\left\{\text{j}\frac{I_0 lk}{4\pi r}\sin\theta\, \text{e}^{\text{j}(\omega t - kr)}\right\} \\
&= Z_0 \left(\frac{kI_0 l}{4\pi r}\sin\theta\, \text{Re}\left\{\text{j}\,\text{e}^{\text{j}(\omega t - kr)}\right\}\right)^2 \\
&= Z_0 \left(\frac{kI_0 l}{4\pi r}\sin\theta\, \text{Re}\left\{\text{e}^{\text{j}\left(\omega t - kr + \frac{\pi}{2}\right)}\right\}\right)^2 \\
&= Z_0 \left(\frac{kI_0 l}{4\pi r}\sin\theta\right)^2 (\sin(\omega t - kr))^2 \\
&= \frac{1}{2} Z_0 \left(\frac{kI_0 l}{4\pi r}\sin\theta\right)^2 (1 - \cos(2\omega t - 2kr))
\end{aligned}
\tag{6.87}
$$

Der zeitliche Mittelwert $\frac{1}{2} Z_0 \left(\frac{kI_0 l}{4\pi r}\sin\theta\right)^2$ kann direkt aus dem Ergebnis abgelesen werden.

Der elegantere Weg zur Berechnung des zeitlichen Mittelwertes des Energieflusses erfolgt direkt durch Auswertung der komplexen Größen:

$$
\begin{aligned}
S_r &= \frac{1}{2} Z_0 \frac{\text{j}kI_0 l}{4\pi r}\sin\theta\, \text{e}^{\text{j}(\omega t - kr)}\, (-\text{j})\, \frac{I_0 lk}{4\pi r}\sin\theta\, \text{e}^{-\text{j}(\omega t - kr)} \\
&= \frac{1}{2} Z_0 \left(\frac{kI_0 l}{4\pi r}\sin\theta\right)^2
\end{aligned}
\tag{6.88}
$$

i) Berechnen Sie mithilfe des Poynting-Vektors den Energiefluss im Nahfeld.

Im Nahfeld gibt es mehr Komponenten des E-Feldes und damit auch mehr Komponenten des Poynting-Vektors

$$
\mathbf{S} = \mathbf{E} \times \mathbf{H} = S_r \mathbf{e}_r + S_\theta \mathbf{e}_\theta . \tag{6.89}
$$

Mithilfe der reelen Felder erhält man

$$
\begin{aligned}
S_r =& \text{Re}\{E_\theta\} \cdot \text{Re}\{H_\phi\} \\
=& \text{Re}\left\{\frac{1}{\text{j}\omega\varepsilon_0}\frac{I_0 l}{4\pi}\sin\theta\left(-\frac{k^2}{r} + \frac{\text{j}k}{r^2} + \frac{1}{r^3}\right)\text{e}^{\text{j}(\omega t - kr)}\right\} \cdot \\
& \text{Re}\left\{\frac{I_0 l}{4\pi}\sin\theta\left(\frac{\text{j}k}{r} + \frac{1}{r^2}\right)\text{e}^{\text{j}(\omega t - kr)}\right\}
\end{aligned}
\tag{6.90}
$$

und

$$
\begin{aligned}
S_\theta =& -\text{Re}\{E_r\} \cdot \text{Re}\{H_\phi\} \\
=& -\text{Re}\left\{\frac{1}{\text{j}\omega\varepsilon_0}\frac{I_0 l}{2\pi}\cos\theta\left(\frac{\text{j}k}{r^2} + \frac{1}{r^3}\right)\text{e}^{\text{j}(\omega t - kr)}\right\} \cdot \\
& \text{Re}\left\{\frac{I_0 l}{4\pi}\sin\theta\left(\frac{\text{j}k}{r} + \frac{1}{r^2}\right)\text{e}^{\text{j}(\omega t - kr)}\right\} .
\end{aligned}
\tag{6.91}
$$

Das ergibt nach einigen Umformungen

$$S_\theta = \frac{\sin 2\theta}{\omega\varepsilon_0}\left(\frac{I_0 l}{4\pi}\right)^2 \left(-2\frac{k}{r^4}\cos 2(\omega t - kr) + 2\left(\frac{k^2}{r^3} - \frac{1}{r^5}\right)\sin 2(\omega t - kr)\right) \tag{6.92}$$

bzw.

$$S_r = \frac{1}{\omega\varepsilon_0}\left(\frac{I_0 l}{4\pi}\sin\theta\right)^2 \left(\frac{k^3}{r^2}(\sin(\omega t - kr))^2 - \frac{k^2}{r^3}\sin 2(\omega t - kr) + \right.$$
$$\left. \frac{k}{r^4}\cos 2(\omega t - kr) + \frac{1}{2r^5}\sin 2(\omega t - kr)\right). \tag{6.93}$$

Der elegantere Zugang erfolgt wieder direkt über die komplexen Feldgrößen

$$\begin{aligned}
\mathbf{S} &= \mathrm{Re}\{\mathbf{E}\} \times \mathrm{Re}\{\mathbf{H}\} \\
&= \frac{1}{2}(\mathbf{E} + \mathbf{E}^*) \times \frac{1}{2}(\mathbf{H} + \mathbf{H}^*) \\
&= \frac{1}{4}(\mathbf{E} \times \mathbf{H} + \mathbf{E} \times \mathbf{H}^* + \mathbf{E}^* \times \mathbf{H} + \mathbf{E}^* \times \mathbf{H}^*) \\
&= \frac{1}{4}\left(\mathbf{E} \times \mathbf{H} + \mathbf{E} \times \mathbf{H}^* + (\mathbf{E} \times \mathbf{H}^*)^* + (\mathbf{E} \times \mathbf{H})^*\right) \\
&= \frac{1}{2}\left(\mathrm{Re}\{\mathbf{E} \times \mathbf{H}\} + \mathrm{Re}\left\{\mathbf{E} \times \mathbf{H}^*\right\}\right)
\end{aligned} \tag{6.94}$$

und damit

$$S_r = \frac{1}{2}E_\theta H_\phi^* \tag{6.95}$$

bzw.

$$S_\theta = -\frac{1}{2}E_r H_\phi^*. \tag{6.96}$$

Nach einigen Umformungen erhält man

$$S_\theta = -\frac{1}{\mathrm{j}\omega\varepsilon_0}\left(\frac{I_0 l}{4\pi}\right)^2 \cos\theta\sin\theta\left(\frac{k^2}{r^3} + \frac{1}{r^5}\right) \tag{6.97}$$

und

$$S_r = \frac{1}{2\omega\varepsilon_0}\left(\frac{I_0 l}{4\pi}\sin\theta\right)^2\left(\frac{k^3}{r^2} - \frac{\mathrm{j}}{r^5}\right). \tag{6.98}$$

6.2.4 Zusammenfassung

Der Hertzsche Dipol ist ein Beispiel für eine Quelle einer elektromagnetischen Welle und damit für eine Sendeantenne. Sein Feld kann analytisch berechnet werden und wesentliche Eigenschaften von elektromagnetischen Feldern einer Antenne werden deutlich.

So ist bereits über den Ansatz die Retardierung sichtbar. Weiterhin ergeben sich unterschiedliche Felder und Komponenten im Nahfeld und im Fernfeld. Letzteres ist insbesondere in den meisten technischen Anwendungen von Bedeutung. Das Fernfeld verhält sich zudem in einem kleinen Gebiet ungefähr wie eine ebene Welle. Das heißt, das E-Feld und das H-Feld stehen senkrecht aufeinander und senkrecht zur Ausbreitungsrichtung und sie sind über den Wellenwiderstand miteinander verknüpft. Der Phasenterm ist immer relevant wohingegen der Betrag in einem kleinen Bereich als konstant angenommen werden kann.

Der Energiefluss erfolgt im Fernfeld ausschließlich in radialer Richtung vom Hertzschen Dipol weg. Für die technische Anwendung ist der zeitliche Mittelwert von Bedeutung. Im Nahfeld des Hertzschen Dipols, oder allgemeiner einer Sendeantenne, gelten deutlich komplexere Zusammenhänge zwischen den elektrischen und magnetischen Feldern sowie für den Energiefluss.

6.3 Eigenschaften elektromagnetischer Wellen im freien Raum

6.3.1 Motivation

In der Aufgabe zum Hertzschen Dipol (Abschn. 6.2) haben wir gesehen, dass das elektromagnetische Strahlungsfeld bereits in diesem einfachen Fall relativ kompliziert ist. Es besitzt selbst in den für die Aufgabenstellung optimal gewählten Kugelkoordinaten mehrere von null verschiedene Komponenten, die unterschiedliche Abhängigkeiten vom Abstand zum Hertzschen Dipol aufweisen. Um die Feldverhältnisse besser verstehen zu können werden wir in dieser Aufgabe das Feld des Hertzschen Dipols analysieren, wesentliche Merkmale elektromagnetischer Wellen im Freiraum erarbeiten sowie die Näherung des Fernfeldes über ebene Wellen vertiefen. Ein wesentlicher Aspekt dabei ist die Methodik, mit der die Gültigkeit einer Lösung überprüft werden kann und mögliche Lösungsansätze beurteilt werden können.

6.3.2 Beschreibung der Aufgabenstellung

Gegeben sei ein Hertzscher Dipol wie in Abschn. 6.2, der im Ursprung eines kartesischen Koordinatensystems (x, y, z) bzw. Kugelkoordinatensystems (r, θ, ϕ) liege. Er sei in Richtung der z-Achse orientiert. Sein zeitabhängiges Dipolmoment sei $\mathbf{p}(t) = \boldsymbol{l}\,Q(t)$ mit den zeitabhängigen Punktladungen $\pm Q(t)$ und deren Abstand $\boldsymbol{l} = l\mathbf{e}_z$, wobei $l \to 0$ und $Q \to \infty$ gehe, sodass $lQ = p$ endlich sei. Im gesamten Raum gelte für die Permeabilität $\mu = \mu_0$ und für die Permittivität $\varepsilon = \varepsilon_0$. Zudem sei die elektrische Leitfähigkeit $\kappa = 0$.

Das E-Feld des Hertzschen Dipols ist dann (vgl. auch Abschn. 6.2)

$$E_r = \frac{1}{\mathrm{j}\omega\varepsilon_0}\frac{I_0 l}{2\pi}\cos\theta\left(\frac{\mathrm{j}k}{r^2} + \frac{1}{r^3}\right)\mathrm{e}^{\mathrm{j}(\omega t - kr)}, \tag{6.99}$$

$$E_\theta = \frac{1}{\mathrm{j}\omega\varepsilon_0}\frac{I_0 l}{4\pi}\sin\theta\left(-\frac{k^2}{r}+\frac{\mathrm{j}k}{r^2}+\frac{1}{r^3}\right)\mathrm{e}^{\mathrm{j}(\omega t - kr)} \tag{6.100}$$

und

$$E_\phi = 0. \tag{6.101}$$

Für das H-Feld erhielten wir

$$H_\phi = \frac{I_0 l}{4\pi}\sin\theta\left(\frac{\mathrm{j}k}{r}+\frac{1}{r^2}\right)\mathrm{e}^{\mathrm{j}(\omega t - kr)}. \tag{6.102}$$

Jede Lösung eines elektromagnetischen Feldproblems muss die Maxwellschen Gleichungen erfüllen.

a) Zeigen Sie, dass das Feld des Hertzschen Dipols die Gleichung für die Quellenfreiheit des B-Feldes erfüllt.
b) Zeigen Sie, dass das Feld des Hertzschen Dipols die Gleichung des Gaußschen Gesetzes erfüllt.
c) Zeigen Sie, dass das Feld des Hertzschen Dipols die Gleichung des Durchflutungsgesetzes erfüllt.
d) Zeigen Sie, dass das Feld des Hertzschen Dipols die Gleichung des Induktionsgesetzes erfüllt.

Gemäß dem Helmholtz-Theorem kann ein Vektorfeld in einen wirbelfreien und in einen quellenfreien Anteil zerlegt werden. Wirbelfreie Felder führen zu Longitudinalwellen und quellenfreie Felder zu Transversalwellen.

e) Charakterisieren Sie das hier vorliegende elektromagnetische Feld mithilfe der Ergebnisse aus a) bis d) bezüglich der Helmholtz-Zerlegung.
f) Welche Feldkomponenten führen zu dem in Abschn. 6.2 berechneten Energiefluss?
g) Eine reine Longitudinalwelle ließe sich mit dem Ansatz $\varphi = \varphi(r,\theta,\phi,t) = \varphi_0(r,\theta,\phi)\,\mathrm{e}^{\mathrm{j}(\omega t - kr)}$ beschreiben. Das zugehörige E-Feld sei dann $\mathbf{E} = -\operatorname{grad}\varphi$. Zeigen Sie, dass es einen solchen Wellenanteil im freien Raum nicht geben kann.

Nun betrachten wir im Fernfeld des Hertzschen Dipols eine ebene Welle, die sich in x-Richtung ausbreitet.

h) Geben Sie einen möglichst allgemeinen Ansatz für die ebene Welle an.
i) Zeigen Sie mithilfe der Maxwellschen Gleichungen, dass die ebene Welle nur eine reine Transversalwelle sein kann.
j) Worin unterscheidet sich die Näherung der ebenen Welle vom Fernfeld des Hertzschen Dipols?

6.3.3 Lösung der Aufgabe

a) Zeigen Sie, dass das Feld des Hertzschen Dipols die Gleichung für die Quellenfreiheit des B-Feldes erfüllt.

Das B-Feld ist immer quellenfrei, d. h. es gilt

$$\operatorname{div}\mathbf{B} = 0. \tag{6.103}$$

Unter Verwendung des Materialgesetzes für den Freiraum und des Divergenz-Operators in Kugelkoordinaten erhalten wir

$$\begin{aligned}\operatorname{div}\mathbf{B} &= \mu_0 \operatorname{div}\mathbf{H}\\ &= \mu_0\left(\frac{1}{r^2}\frac{\partial}{\partial r}r^2 H_r + \frac{1}{r\sin\theta}\frac{\partial}{\partial\theta}\sin\theta H_\theta + \frac{1}{r\sin\theta}\frac{\partial}{\partial\phi}H_\phi\right).\end{aligned} \tag{6.104}$$

Im Falle des Hertzschen Dipols sind

$$H_r = 0, \tag{6.105}$$

$$H_\theta = 0 \tag{6.106}$$

und

$$H_\phi \neq H_\phi(\phi). \tag{6.107}$$

H_ϕ hängt somit nicht von ϕ ab und damit ist (6.103) erfüllt.

b) Zeigen Sie, dass das Feld des Hertzschen Dipols die Gleichung des Gaußschen Gesetzes erfüllt.

Da es im betrachteten freien Raum keine Ladungen gibt, vereinfacht sich das Gaußsche Gesetz (6.4) zu

$$\operatorname{div}\mathbf{D} = 0. \tag{6.108}$$

Das führt unter Verwendung der linearen Materialbeziehung für die elektrischen Felder und von Kugelkoordinaten zu

$$\begin{aligned}\operatorname{div}\mathbf{D} &= \epsilon_0 \operatorname{div}\mathbf{E}\\ &= \epsilon_0\left(\frac{1}{r^2}\frac{\partial}{\partial r}r^2 E_r + \frac{1}{r\sin\theta}\frac{\partial}{\partial\theta}\sin\theta E_\theta + \frac{1}{r\sin\theta}\frac{\partial}{\partial\phi}E_\phi\right).\end{aligned} \tag{6.109}$$

Da $E_\phi = 0$ ist, vereinfacht sich dies zu

$$\operatorname{div}\mathbf{E} = \frac{1}{r^2}\frac{\partial}{\partial r}r^2 E_r + \frac{1}{r\sin\theta}\frac{\partial}{\partial\theta}\sin\theta E_\theta. \tag{6.110}$$

Zunächst vereinfachen wir den 1. Term

$$
\begin{aligned}
\frac{1}{r^2}\frac{\partial}{\partial r}r^2 E_r &= \frac{1}{r^2}\frac{\partial}{\partial r}r^2\left(\frac{1}{\mathrm{j}\omega\epsilon_0}\frac{I_0 l}{2\pi}\cos\theta\left(\frac{\mathrm{j}k}{r^2}+\frac{1}{r^3}\right)\mathrm{e}^{\mathrm{j}(\omega t-kr)}\right)\\
&= \frac{1}{\mathrm{j}\omega\epsilon_0}\frac{I_0 l}{2\pi}\cos\theta\frac{1}{r^2}\frac{\partial}{\partial r}\left(\left(\mathrm{j}k+\frac{1}{r}\right)\mathrm{e}^{\mathrm{j}(\omega t-kr)}\right)\\
&= \frac{1}{\mathrm{j}\omega\epsilon_0}\frac{I_0 l}{2\pi}\cos\theta\frac{1}{r^2}\left(-\frac{1}{r^2}+\left(\mathrm{j}k+\frac{1}{r}\right)(-\mathrm{j}k)\right)\mathrm{e}^{\mathrm{j}(\omega t-kr)}\\
&= \frac{1}{\mathrm{j}\omega\epsilon_0}\frac{I_0 l}{2\pi}\cos\theta\frac{1}{r^2}\left(-\frac{1}{r^2}+k^2-\frac{\mathrm{j}k}{r}\right)\mathrm{e}^{\mathrm{j}(\omega t-kr)}\\
&= \frac{1}{\mathrm{j}\omega\epsilon_0}\frac{I_0 l}{2\pi}\cos\theta\left(\frac{k^2}{r^2}-\frac{1}{r^4}-\frac{\mathrm{j}k}{r^3}\right)\mathrm{e}^{\mathrm{j}(\omega t-kr)}.
\end{aligned}
\tag{6.111}
$$

Für den 2. Term erhalten wir

$$
\begin{aligned}
&\frac{1}{r\sin\theta}\frac{\partial}{\partial\theta}\sin\theta E_\theta\\
&= \frac{1}{r\sin\theta}\frac{\partial}{\partial\theta}\sin\theta\left(\frac{1}{\mathrm{j}\omega\epsilon_0}\frac{I_0 l}{4\pi}\sin\theta\left(\frac{1}{r^3}-\frac{k^2}{r}+\frac{\mathrm{j}k}{r^2}\right)\mathrm{e}^{\mathrm{j}(\omega t-kr)}\right)\\
&= \frac{1}{r\sin\theta}\left(\frac{1}{\mathrm{j}\omega\epsilon_0}\frac{I_0 l}{4\pi}\left(\frac{1}{r^3}-\frac{k^2}{r}+\frac{\mathrm{j}k}{r^2}\right)\mathrm{e}^{\mathrm{j}(\omega t-kr)}\right)\frac{\partial}{\partial\theta}\sin^2\theta\\
&= \frac{1}{\sin\theta}\left(\frac{1}{\mathrm{j}\omega\epsilon_0}\frac{I_0 l}{4\pi}\left(\frac{1}{r^4}-\frac{k^2}{r^2}+\frac{\mathrm{j}k}{r^3}\right)\mathrm{e}^{\mathrm{j}(\omega t-kr)}\right)2\sin\theta\cos\theta\\
&= \frac{1}{\mathrm{j}\omega\epsilon_0}\frac{I_0 l}{2\pi}\cos\theta\left(-\frac{k^2}{r^2}+\frac{1}{r^4}+\frac{\mathrm{j}k}{r^3}\right)\mathrm{e}^{\mathrm{j}(\omega t-kr)}.
\end{aligned}
\tag{6.112}
$$

Das ergibt für die Quellen des E-Feldes

$$
\begin{aligned}
\operatorname{div}\mathbf{E} &= \frac{1}{\mathrm{j}\omega\epsilon_0}\frac{I_0 l}{2\pi}\cos\theta\left(\frac{k^2}{r^2}-\frac{1}{r^4}-\frac{\mathrm{j}k}{r^3}\right)\mathrm{e}^{\mathrm{j}(\omega t-kr)}\\
&+\frac{1}{\mathrm{j}\omega\epsilon_0}\frac{I_0 l}{2\pi}\cos\theta\left(-\frac{k^2}{r^2}+\frac{1}{r^4}+\frac{\mathrm{j}k}{r^3}\right)\mathrm{e}^{\mathrm{j}(\omega t-kr)}
\end{aligned}
\tag{6.113}
$$

bzw.

$$
\begin{aligned}
&\operatorname{div}\mathbf{E}\\
&= \frac{1}{\mathrm{j}\omega\epsilon_0}\frac{I_0 l}{2\pi}\cos\theta\left(\frac{k^2}{r^2}-\frac{1}{r^4}-\frac{\mathrm{j}k}{r^3}-\frac{k^2}{r^2}+\frac{1}{r^4}+\frac{\mathrm{j}k}{r^3}\right)\mathrm{e}^{\mathrm{j}(\omega t-kr)}\\
&= 0.
\end{aligned}
\tag{6.114}
$$

Damit ist (6.108) erfüllt.

c) Zeigen Sie, dass das Feld des Hertzschen Dipols die Gleichung des Durchflutungsgesetzes erfüllt.

Ausgangspunkt ist das Durchflutungsgesetz (6.1) in Kugelkoordinaten

$$\begin{aligned}\operatorname{rot}\mathbf{H} &= \begin{pmatrix} \frac{1}{r\sin\theta}\frac{\partial}{\partial\theta}\sin\theta H_\phi - \frac{1}{r\sin\theta}\frac{\partial}{\partial\phi}H_\theta \\ \frac{1}{r\sin\theta}\frac{\partial}{\partial\phi}H_r - \frac{1}{r}\frac{\partial}{\partial r}rH_\phi \\ \frac{1}{r}\frac{\partial}{\partial r}rH_\theta - \frac{1}{r}\frac{\partial}{\partial\theta}H_r \end{pmatrix} \\ &= \begin{pmatrix} \frac{1}{r\sin\theta}\frac{\partial}{\partial\theta}\sin\theta H_\phi \\ -\frac{1}{r}\frac{\partial}{\partial r}rH_\phi \\ 0 \end{pmatrix} \\ &= \mathrm{j}\omega\epsilon_0 \begin{pmatrix} E_r \\ E_\theta \\ E_\phi \end{pmatrix} = \mathrm{j}\omega\epsilon_0 \begin{pmatrix} E_r \\ E_\theta \\ 0 \end{pmatrix}. \end{aligned} \tag{6.115}$$

Da es im freien Raum keine Ströme gibt, ist auf der rechten Seite nur der Verschiebungsstrom zu berücksichtigen. Wir beginnen nun die Terme für die x-Komponente auszuwerten

$$\begin{aligned}\frac{1}{r\sin\theta}\frac{\partial}{\partial\theta}\sin\theta H_\phi &= \frac{1}{r\sin\theta}\frac{\partial}{\partial\theta}\sin\theta\left(\frac{I_0 l}{4\pi}\sin\theta\left(\frac{\mathrm{j}k}{r}+\frac{1}{r^2}\right)\mathrm{e}^{\mathrm{j}(\omega t-kr)}\right) \\ &= \frac{1}{r\sin\theta}\left(\frac{I_0 l}{4\pi}\left(\frac{\mathrm{j}k}{r}+\frac{1}{r^2}\right)\mathrm{e}^{\mathrm{j}(\omega t-kr)}\right)\frac{\partial}{\partial\theta}\sin^2\theta \;/ \end{aligned} \tag{6.116}$$

$$\begin{aligned} &= \frac{1}{r\sin\theta}\left(\frac{I_0 l}{4\pi}\left(\frac{\mathrm{j}k}{r}+\frac{1}{r^2}\right)\mathrm{e}^{\mathrm{j}(\omega t-kr)}\right)2\sin\theta\cos\theta \\ &= \frac{I_0 l}{2\pi}\cos\theta\left(\frac{\mathrm{j}k}{r^2}+\frac{1}{r^3}\right)\mathrm{e}^{\mathrm{j}(\omega t-kr)} \end{aligned} \tag{6.117}$$

bzw.

$$\begin{aligned}\mathrm{j}\omega\epsilon_0 E_r &= \mathrm{j}\omega\epsilon_0\frac{1}{\mathrm{j}\omega\epsilon_0}\frac{I_0 l}{2\pi}\cos\theta\left(\frac{\mathrm{j}k}{r^2}+\frac{1}{r^3}\right)\mathrm{e}^{\mathrm{j}(\omega t-kr)} \\ &= \frac{I_0 l}{2\pi}\cos\theta\left(\frac{\mathrm{j}k}{r^2}+\frac{1}{r^3}\right)\mathrm{e}^{\mathrm{j}(\omega t-kr)}. \end{aligned} \tag{6.118}$$

Analog wird die y-Komponente betrachtet

$$
\begin{aligned}
-\frac{1}{r}\frac{\partial}{\partial r} r H_\phi &= -\frac{1}{r}\frac{\partial}{\partial r} r \frac{I_0 l}{4\pi} \sin\theta \left(\frac{\mathrm{j}k}{r} + \frac{1}{r^2}\right) \mathrm{e}^{\mathrm{j}(\omega t - kr)} \\
&= -\frac{1}{r}\frac{I_0 l}{4\pi} \sin\theta \frac{\partial}{\partial r} \left(\mathrm{j}k + \frac{1}{r}\right) \mathrm{e}^{\mathrm{j}(\omega t - kr)} \\
&= -\frac{1}{r}\frac{I_0 l}{4\pi} \sin\theta \left(-\frac{1}{r^2} + \left(\mathrm{j}k + \frac{1}{r}\right)(-\mathrm{j}k)\right) \mathrm{e}^{\mathrm{j}(\omega t - kr)} \\
&= \frac{I_0 l}{4\pi} \sin\theta \left(\frac{1}{r^3} - \frac{k^2}{r} + \frac{\mathrm{j}k}{r^2}\right) \mathrm{e}^{\mathrm{j}(\omega t - kr)}
\end{aligned} \tag{6.119}
$$

bzw.

$$
\begin{aligned}
\mathrm{j}\omega\epsilon_0 E_\theta &= \mathrm{j}\omega\epsilon_0 \frac{1}{\mathrm{j}\omega\epsilon_0} \frac{I_0 l}{4\pi} \sin\theta \left(\frac{1}{r^3} - \frac{k^2}{r} + \frac{\mathrm{j}k}{r^2}\right) \mathrm{e}^{\mathrm{j}(\omega t - kr)} \\
&= \frac{I_0 l}{4\pi} \sin\theta \left(\frac{1}{r^3} - \frac{k^2}{r} + \frac{\mathrm{j}k}{r^2}\right) \mathrm{e}^{\mathrm{j}(\omega t - kr)}.
\end{aligned} \tag{6.120}
$$

Damit ist das Durchflutungsgesetz für alle hier auftretenden Feldkomponenten erfüllt.

d) Zeigen Sie, dass das Feld des Hertzschen Dipols die Gleichung des Induktionsgesetzes erfüllt.

Ausgangspunkt ist das Induktionsgesetz (6.2) in Kugelkoordinaten unter Verwendung der linearen Materialbeziehungen für die magnetischen Felder

$$
\begin{aligned}
\operatorname{rot} \mathbf{E} &= \begin{pmatrix} \frac{1}{r\sin\theta}\frac{\partial}{\partial\theta}\sin\theta E_\phi - \frac{1}{r\sin\theta}\frac{\partial}{\partial\phi}E_\theta \\ \frac{1}{r\sin\theta}\frac{\partial}{\partial\phi}E_r - \frac{1}{r}\frac{\partial}{\partial r} r E_\phi \\ \frac{1}{r}\frac{\partial}{\partial r} r E_\theta - \frac{1}{r}\frac{\partial}{\partial\theta}E_r \end{pmatrix} \\
&= \begin{pmatrix} 0 \\ 0 \\ \frac{1}{r}\frac{\partial}{\partial r} r E_\theta - \frac{1}{r}\frac{\partial}{\partial\theta}E_r \end{pmatrix} \\
&= -\mathrm{j}\omega\mu_0 \begin{pmatrix} H_r \\ H_\theta \\ H_\phi \end{pmatrix} = -\mathrm{j}\omega\mu_0 \begin{pmatrix} 0 \\ 0 \\ H_\phi \end{pmatrix}.
\end{aligned} \tag{6.121}
$$

Wir beginnen mit der θ-Komponente des E-Feldes

$$\begin{aligned}
\frac{1}{r}\frac{\partial}{\partial r}rE_\theta &= \frac{1}{r}\frac{\partial}{\partial r}r\frac{1}{\mathrm{j}\omega\epsilon_0}\frac{I_0 l}{4\pi}\sin\theta\left(\frac{1}{r^3}-\frac{k^2}{r}+\frac{\mathrm{j}k}{r^2}\right)\mathrm{e}^{\mathrm{j}(\omega t-kr)}\\
&= \frac{1}{r}\frac{1}{\mathrm{j}\omega\epsilon_0}\frac{I_0 l}{4\pi}\sin\theta\frac{\partial}{\partial r}\left(\frac{1}{r^2}-k^0 2+\frac{\mathrm{j}k}{r}\right)\mathrm{e}^{\mathrm{j}(\omega t-kr)}\\
&= \frac{1}{r}\frac{1}{\mathrm{j}\omega\epsilon_0}\frac{I_0 l}{4\pi}\sin\theta\left(-2\frac{1}{r^3}-\frac{\mathrm{j}k}{r^2}+\left(\frac{1}{r^2}-k^2+\frac{\mathrm{j}k}{r}\right)(-\mathrm{j}k)\right)\mathrm{e}^{\mathrm{j}(\omega t-kr)}\\
&= \frac{1}{r}\frac{1}{\mathrm{j}\omega\epsilon_0}\frac{I_0 l}{4\pi}\sin\theta\left(-\frac{2}{r^3}-2\frac{\mathrm{j}k}{r^2}+\mathrm{j}k^3+\frac{k^2}{r}\right)\mathrm{e}^{\mathrm{j}(\omega t-kr)}\\
&= \frac{1}{\mathrm{j}\omega\epsilon_0}\frac{I_0 l}{4\pi}\sin\theta\left(-\frac{2}{r^4}-2\frac{\mathrm{j}k}{r^3}+\frac{\mathrm{j}k^3}{r}+\frac{k^2}{r^2}\right)\mathrm{e}^{\mathrm{j}(\omega t-kr)}.
\end{aligned} \tag{6.122}$$

Anschließend vereinfachen wir den Term für die r-Komponente des E-Feldes

$$\begin{aligned}
-\frac{1}{r}\frac{\partial}{\partial\theta}E_r &= -\frac{1}{r}\frac{\partial}{\partial\theta}\frac{1}{\mathrm{j}\omega\epsilon_0}\frac{I_0 l}{2\pi}\cos\theta\left(\frac{\mathrm{j}k}{r^2}+\frac{1}{r^3}\right)\mathrm{e}^{\mathrm{j}(\omega t-kr)}\\
&= -\frac{1}{r}\frac{1}{\mathrm{j}\omega\epsilon_0}\frac{I_0 l}{2\pi}\left(\frac{\mathrm{j}k}{r^2}+\frac{1}{r^3}\right)\mathrm{e}^{\mathrm{j}(\omega t-kr)}\frac{\partial}{\partial\theta}\cos\theta\\
&= \frac{1}{r}\frac{1}{\mathrm{j}\omega\epsilon_0}\frac{I_0 l}{2\pi}\left(\frac{\mathrm{j}k}{r^2}+\frac{1}{r^3}\right)\sin\theta\mathrm{e}^{\mathrm{j}(\omega t-kr)}\\
&= \frac{1}{\mathrm{j}\omega\epsilon_0}\frac{I_0 l}{2\pi}\left(\frac{\mathrm{j}k}{r^3}+\frac{1}{r^4}\right)\sin\theta\mathrm{e}^{\mathrm{j}(\omega t-kr)}.
\end{aligned} \tag{6.123}$$

Damit erhält man für die ϕ-Komponente auf der linken Seite des Induktionsgesetzes

$$\begin{aligned}
&\frac{1}{r}\frac{\partial}{\partial r}rE_\theta-\frac{1}{r}\frac{\partial}{\partial\theta}E_r\\
&= \frac{1}{\mathrm{j}\omega\epsilon_0}\frac{I_0 l}{4\pi}\sin\theta\left(-\frac{2}{r^4}-2\frac{\mathrm{j}k}{r^3}+\frac{\mathrm{j}k^3}{r}+\frac{k^2}{r^2}\right)\mathrm{e}^{\mathrm{j}(\omega t-kr)}\\
&+\frac{1}{\mathrm{j}\omega\epsilon_0}\frac{I_0 l}{2\pi}\left(\frac{\mathrm{j}k}{r^3}+\frac{1}{r^4}\right)\sin\theta\mathrm{e}^{\mathrm{j}(\omega t-kr)}\\
&= \frac{1}{\mathrm{j}\omega\epsilon_0}\frac{I_0 l}{4\pi}\sin\theta\left(-\frac{2}{r^4}-2\frac{\mathrm{j}k}{r^3}+\frac{\mathrm{j}k^3}{r}+\frac{k^2}{r^2}+2\left(\frac{\mathrm{j}k}{r^3}+\frac{1}{r^4}\right)\right)\mathrm{e}^{\mathrm{j}(\omega t-kr)}\\
&= \frac{1}{\mathrm{j}\omega\epsilon_0}\frac{I_0 l}{4\pi}\sin\theta\left(\frac{\mathrm{j}k^3}{r}+\frac{k^2}{r^2}\right)\mathrm{e}^{\mathrm{j}(\omega t-kr)}.
\end{aligned} \tag{6.124}$$

Der entsprechende Eintrag des Induktionsgesetzes auf der rechten Seite ist

$$
\begin{aligned}
-\,\mathrm{j}\omega\mu_0 H_\phi &= -\mathrm{j}\omega\mu_0 \frac{I_0 l}{4\pi}\sin\theta\left(\frac{\mathrm{j}k}{r}+\frac{1}{r^2}\right)\mathrm{e}^{\mathrm{j}(\omega t-kr)} \\
&= -\mathrm{j}\omega\mu_0 \frac{1}{k^2}\frac{I_0 l}{4\pi}\sin\theta\left(\frac{\mathrm{j}k^3}{r}+\frac{k^2}{r^2}\right)\mathrm{e}^{\mathrm{j}(\omega t-kr)}
\end{aligned}
\tag{6.125}
$$

und

$$
-\,\mathrm{j}\omega\mu_0\frac{1}{k^2} = \frac{1}{\mathrm{j}\omega\epsilon_0}\omega\epsilon_0\omega\mu_0\frac{1}{k^2} = \frac{1}{\mathrm{j}\omega\epsilon_0}\frac{\omega^2}{c^2}\frac{1}{k^2} = \frac{1}{\mathrm{j}\omega\epsilon_0}\frac{c^2}{c^2} = \frac{1}{\mathrm{j}\omega\epsilon_0}. \tag{6.126}
$$

Damit haben wir gezeigt, dass das Feld des Hertzschen Dipols auch das Induktionsgesetz erfüllt.

e) Charakterisieren Sie das hier vorliegende elektromagnetische Feld mithilfe der Ergebnisse aus a) bis d) bezüglich der Helmholtz-Zerlegung.

In den Aufgabenteilen a) und b) wurde gezeigt, dass das elektromagnetische Feld des Hertzschen Dipols quellenfrei ist. Damit handelt es sich bei der vom Hertzschen Dipol abgestrahlten elektromagnetischen Welle um eine reine Transversalwelle.

Die Rechnungen in den Aufgabenteilen c) und d) zeigen, dass das vom Hertzschen Dipol abgestrahlte elektromagnetische Feld im gesamten Raum Wirbel besitzt, welche der bidirektionalen Kopplung zwischen dem elektrischen und dem magnetischen Anteil des elektromagnetischen Feldes entsprechen.

f) Welche Feldkomponenten führen zu dem in Abschn. 6.2 berechneten Energiefluss?

In Abschn. 6.2 wurde gezeigt, dass ein im zeitlichen Mittel von null verschiedener Energiefluss nur in r-Richtung stattfindet und nur Feldanteile mit einer Abhängigkeit $\frac{1}{r}$ des H-Feldes bzw. des E-Feldes hierzu beitragen. Diese stehen senkrecht zur Ausbreitungsrichtung der elektromagnetischen Welle. Sie entsprechen zudem der ermittelten Fernfeldnäherung.

g) Eine reine Longitudinalwelle ließe sich mit dem Ansatz $\varphi = \varphi(r, \theta, \phi, t) = \varphi_0(r, \theta, \phi)\,\mathrm{e}^{\mathrm{j}(\omega t - kr)}$ beschreiben. Das zugehörige E-Feld sei dann $\mathbf{E} = -\operatorname{grad}\varphi$. Zeigen Sie, dass es einen solchen Wellenanteil im freien Raum nicht geben kann.

Mithilfe des skalaren Potenzials

$$
\varphi = \varphi(r, \theta, \phi, t) = \varphi_0(r, \theta, \phi)\,\mathrm{e}^{\mathrm{j}(\omega t - kr)} \tag{6.127}
$$

kann das E-Feld über

$$\mathbf{E} = -\operatorname{grad}\varphi = -\begin{pmatrix} \frac{\partial\varphi}{\partial r} \\ \frac{1}{r}\frac{\partial\varphi}{\partial\theta} \\ \frac{1}{r\sin\theta}\frac{\partial\varphi}{\partial\phi} \end{pmatrix}$$

$$= -\begin{pmatrix} \frac{\partial\varphi_0(r,\theta,\phi)}{\partial r} - \mathrm{j}k\varphi_0(r,\theta,\phi) \\ \frac{1}{r}\frac{\partial\varphi_0(r,\theta,\phi)}{\partial\theta} \\ \frac{1}{r\sin\theta}\frac{\partial\varphi_0(r,\theta,\phi)}{\partial\phi} \end{pmatrix} \mathrm{e}^{\mathrm{j}(\omega t - kr)} \tag{6.128}$$

berechnet werden. Aufgrund dieses Ansatzes ist das zugehörige E-Feld immer wirbelfrei und es handelt sich gemäß dem Helmholtz-Theorem um eine Longitudinalwelle. Allerdings muss diese im freien Raum auch quellenfrei sein

$$\begin{aligned} \operatorname{div}\mathbf{D} &= \epsilon_0 \operatorname{div}\mathbf{E} \\ &= \epsilon_0\left(\frac{1}{r^2}\frac{\partial}{\partial r}r^2 E_r + \frac{1}{r\sin\theta}\frac{\partial}{\partial\theta}\sin\theta\, E_\theta + \frac{1}{r\sin\theta}\frac{\partial}{\partial\phi}E_\phi\right) = 0. \end{aligned} \tag{6.129}$$

Der Übersichtlichkeit halber berechnen wir die Terme einzeln. Für die Ableitung nach θ erhalten wir

$$\begin{aligned} \frac{1}{r\sin\theta}\frac{\partial}{\partial\theta}\sin\theta\, E_\theta &= \frac{1}{r\sin\theta}\frac{\partial}{\partial\theta}\sin\theta\frac{1}{r}\frac{\partial\varphi_0(r,\theta,\phi)}{\partial\theta}\mathrm{e}^{\mathrm{j}(\omega t-kr)} \\ &= \frac{\mathrm{e}^{\mathrm{j}(\omega t-kr)}}{r^2\sin\theta}\frac{\partial}{\partial\theta}\sin\theta\frac{\partial\varphi_0(r,\theta,\phi)}{\partial\theta}. \end{aligned} \tag{6.130}$$

Die Ableitung nach ϕ ist

$$\begin{aligned} \frac{1}{r\sin\theta}\frac{\partial}{\partial\phi}E_\phi &= \frac{1}{r\sin\theta}\frac{\partial}{\partial\phi}\frac{1}{r\sin\theta}\frac{\partial\varphi_0(r,\theta,\phi)}{\partial\phi}\mathrm{e}^{\mathrm{j}(\omega t-kr)} \\ &= \frac{\mathrm{e}^{\mathrm{j}(\omega t-kr)}}{r^2\sin^2\theta}\frac{\partial^2\varphi_0(r,\theta,\phi)}{\partial\phi^2}. \end{aligned} \tag{6.131}$$

Schließlich benötigen wir noch die Ableitung nach r

$$
\begin{aligned}
\frac{1}{r^2}\frac{\partial}{\partial r}r^2 E_r &= \frac{1}{r^2}\frac{\partial}{\partial r}r^2\left(\frac{\partial \varphi_0(r,\theta,\phi)}{\partial r} - \mathrm{j}k\varphi_0(r,\theta,\phi)\right)\mathrm{e}^{\mathrm{j}(\omega t-kr)}\\
&= \frac{1}{r^2}\left(2r\left(\frac{\partial \varphi_0(r,\theta,\phi)}{\partial r} - \mathrm{j}k\varphi_0(r,\theta,\phi)\right)\right.\\
&\quad + r^2\left(\frac{\partial^2 \varphi_0(r,\theta,\phi)}{\partial r^2} - \mathrm{j}k\frac{\partial \varphi_0(r,\theta,\phi)}{\partial r}\right)\\
&\quad \left. - r^2\left(\frac{\partial \varphi_0(r,\theta,\phi)}{\partial r} - \mathrm{j}k\varphi_0(r,\theta,\phi)\right)\mathrm{j}k\right)\mathrm{e}^{\mathrm{j}(\omega t-kr)}\\
&= \left(\frac{2}{r}\left(\frac{\partial \varphi_0(r,\theta,\phi)}{\partial r} - \mathrm{j}k\varphi_0(r,\theta,\phi)\right)\right.\\
&\quad + \frac{\partial^2 \varphi_0(r,\theta,\phi)}{\partial r^2} - \mathrm{j}k\frac{\partial \varphi_0(r,\theta,\phi)}{\partial r}\\
&\quad \left. - \mathrm{j}k\frac{\partial \varphi_0(r,\theta,\phi)}{\partial r} - k^2\varphi_0(r,\theta,\phi)\right)\mathrm{e}^{\mathrm{j}(\omega t-kr)}\\
&= \left(\frac{2}{r}\left(\frac{\partial \varphi_0(r,\theta,\phi)}{\partial r} - \mathrm{j}k\varphi_0(r,\theta,\phi)\right) + \frac{\partial^2 \varphi_0(r,\theta,\phi)}{\partial r^2}\right.\\
&\quad \left. - 2\mathrm{j}k\frac{\partial \varphi_0(r,\theta,\phi)}{\partial r} - k^2\varphi_0(r,\theta,\phi)\right)\mathrm{e}^{\mathrm{j}(\omega t-kr)}.
\end{aligned}
\tag{6.132}
$$

Abgesehen vom Term $\mathrm{e}^{\mathrm{j}(\omega t-kr)}$ kommt der Imaginärteil nur im Term zur r-Komponente vor. Dieser muss daher null sein, um die Quellenfreiheit des E-Feldes zu erfüllen

$$
\frac{2}{r}\mathrm{j}k\varphi_0(r,\theta,\phi) + 2\mathrm{j}k\frac{\partial \varphi_0(r,\theta,\phi)}{\partial r} = 0 \tag{6.133}
$$

bzw.

$$
\frac{\partial \varphi_0(r,\theta,\phi)}{\partial r} = -\frac{1}{r}\varphi_0(r,\theta,\phi)\,. \tag{6.134}
$$

Wir führen nun den folgenden Separationsansatz ein

$$
\varphi_0(r,\theta,\phi) = \varphi_r(r)\,\varphi_{\theta\phi}(\theta,\ \phi)\,. \tag{6.135}
$$

Damit erhalten wir

$$
\frac{\partial \varphi_r(r)}{\partial r} = -\frac{1}{r}\varphi_r(r) \tag{6.136}
$$

mit der Lösung

$$
\varphi_r(r) = \frac{K}{r}. \tag{6.137}
$$

K ist eine Konstante. Für das Potenzial ergibt sich somit

$$\varphi_0(r,\theta,\phi) = \varphi_r(r)\,\varphi_{\theta\phi}(\theta,\ \phi) = \frac{K}{r}\varphi_{\theta\phi}(\theta,\ \phi)\,. \tag{6.138}$$

Damit kann die Quellenfreiheit des D-Feldes bzw. hier des E-Feldes weiter ausgewertet werden

$$\frac{2}{r}\frac{\partial\varphi_0(r,\theta,\phi)}{\partial r} + \frac{\partial^2\varphi_0(r,\theta,\phi)}{\partial r^2} - k^2\varphi_0(r,\theta,\phi) + \frac{1}{r^2\sin\theta}\frac{\partial}{\partial\theta}\sin\theta\frac{\partial\varphi_0(r,\theta,\phi)}{\partial\theta} + \frac{1}{r^2\sin^2\theta}\frac{\partial^2\varphi_0(r,\theta,\phi)}{\partial\phi^2} = 0$$

bzw.

$$\frac{2}{r}\frac{\partial\frac{K}{r}\varphi_{\theta\phi}(\theta,\ \phi)}{\partial r} + \frac{\partial^2\frac{K}{r}\varphi_{\theta\phi}(\theta,\ \phi)}{\partial r^2} - k^2\frac{K}{r}\varphi_{\theta\phi}(\theta,\ \phi) + \frac{1}{r^2\sin\theta}\frac{\partial}{\partial\theta}\sin\theta\frac{\partial\frac{K}{r}\varphi_{\theta\phi}(\theta,\ \phi)}{\partial\theta} + \frac{1}{r^2\sin^2\theta}\frac{\partial^2\frac{K}{r}\varphi_{\theta\phi}(\theta,\ \phi)}{\partial\phi^2} = 0$$

bzw.

$$-\frac{2K}{r^3}\varphi_{\theta\phi}(\theta,\ \phi) + \frac{2K}{r^3}\varphi_{\theta\phi}(\theta,\ \phi) - k^2\frac{K}{r}\varphi_{\theta\phi}(\theta,\ \phi) + \frac{\mathrm{K}}{r^3\sin\theta}\frac{\partial}{\partial\theta}\sin\theta\frac{\partial\varphi_{\theta\phi}(\theta,\ \phi)}{\partial\theta} + \frac{K}{r^3\sin^2\theta}\frac{\partial^2\varphi_{\theta\phi}(\theta,\ \phi)}{\partial\phi^2} = 0$$

bzw.

$$-k^2\frac{K}{r}\varphi_{\theta\phi}(\theta,\ \phi) + \frac{\mathrm{K}}{r^3\sin\theta}\frac{\partial}{\partial\theta}\sin\theta\frac{\partial\varphi_{\theta\phi}(\theta,\ \phi)}{\partial\theta} + \frac{K}{r^3\sin^2\theta}\frac{\partial^2\varphi_{\theta\phi}(\theta,\ \phi)}{\partial\phi^2} = 0. \tag{6.139}$$

Diese Bedingung kann nur erfüllt werden, wenn der Term $\frac{1}{r}$ verschwindet

$$k^2\frac{K}{r}\varphi_{\theta\phi}(\theta,\ \phi) = 0 \tag{6.140}$$

bzw.

$$K = 0. \tag{6.141}$$

Damit ist aber

$$\varphi_0(r,\theta,\phi) = 0 \tag{6.142}$$

und damit schließlich

$$\varphi = 0. \tag{6.143}$$

Das bedeutet, dass es keine Longitudinalwellen geben kann, solange das D-Feld und damit das E-Feld quellenfrei sind.

h) Geben Sie einen möglichst allgemeinen Ansatz für die ebene Welle an.

Für die Beschreibung der ebenen Welle als Näherung des elektromagnetischen Feldes des Hertzschen Dipols im Fernfeld nehmen wir eine Ausbreitung der Welle in x-Richtung an. Damit ergibt sich für das E-Feld

$$\mathbf{E} = \mathbf{E}_0\,(x)\,\mathrm{e}^{\mathrm{j}(\omega t - kx)} \tag{6.144}$$

und für das H-Feld

$$\mathbf{H} = \mathbf{H}_0\,(x)\,\mathrm{e}^{\mathrm{j}(\omega t - kx)}. \tag{6.145}$$

Bei diesem Ansatz ist zu beachten, dass der von x abhängige Phasenterm explizit berücksichtigt ist und $\mathbf{E}_0\,(x)$ bzw. $\mathbf{H}_0\,(x)$ nur noch die Amplituden des komplexen Zeigers und damit reelle Größen sind. Eine mögliche konstante Phasenverschiebung wurde hier zu null gesetzt. Sie wäre nur bei der Überlagerung mehrerer ebener Wellen von Bedeutung.

i) Zeigen Sie mithilfe der Maxwellschen Gleichungen, dass die ebene Welle nur eine reine Transversalwelle sein kann.

Das D-Feld der ebenen Welle muss quellenfrei sein

$$\operatorname{div}\mathbf{D} = \epsilon_0 \operatorname{div}\mathbf{E} = 0 \tag{6.146}$$

bzw.

$$\operatorname{div}\mathbf{E} = \frac{\partial E_x}{\partial x} + \frac{\partial E_y}{\partial y} + \frac{\partial E_z}{\partial z} = 0. \tag{6.147}$$

Da die ebene Welle gemäß dem Ansatz nur von x abhängt, muss

$$\frac{\partial E_x}{\partial x} = 0 \tag{6.148}$$

sein

$$\begin{aligned}\frac{\partial E_x}{\partial x} &= \frac{\partial}{\partial x} E_{0x}(x)\, \mathrm{e}^{\mathrm{j}(\omega t - kx)} \\ &= \left(\frac{\partial}{\partial x} E_{0x}(x) - \mathrm{j}k E_{0x}(x)\right) \mathrm{e}^{\mathrm{j}(\omega t - kx)} = 0 \end{aligned} \tag{6.149}$$

und damit

$$\frac{\partial}{\partial x} E_{0x}(x) - \mathrm{j}k E_{0x}(x) = 0 \tag{6.150}$$

bzw.

$$\frac{\partial}{\partial x} E_{0x}(x) = \mathrm{j}k E_{0x}(x)\,. \tag{6.151}$$

Als Lösung ergibt sich damit

$$E_{0x}(x) = K\mathrm{e}^{-\mathrm{j}kx}. \tag{6.152}$$

Diese Lösung steht aber im Widerspruch zum Ansatz. Damit muss die x-Komponente der ebenen Welle verschwinden.

Die analoge Überlegung führt dazu, dass auch die x-Komponente des H-Feldes null ist. Betrachtet man das Induktionsgesetz so erhält man

$$\operatorname{rot}\mathbf{E} = \begin{pmatrix} \frac{\partial E_z}{\partial y} - \frac{\partial E_y}{\partial z} \\ \frac{\partial E_x}{\partial z} - \frac{\partial E_z}{\partial x} \\ \frac{\partial E_y}{\partial x} - \frac{\partial E_x}{\partial y} \end{pmatrix} = \begin{pmatrix} 0 \\ 0 - \frac{\partial E_z}{\partial x} \\ \frac{\partial E_y}{\partial x} - 0 \end{pmatrix} = -\mathrm{j}\omega\mu_0 \begin{pmatrix} 0 \\ H_y \\ H_z \end{pmatrix}. \tag{6.153}$$

Damit ist

$$\begin{aligned}\frac{\partial E_z}{\partial x} &= \frac{\partial}{\partial x} E_{0z}(x)\, \mathrm{e}^{\mathrm{j}(\omega t - kx)} \\ &= \left(\frac{\partial}{\partial x} E_{0z}(x) - \mathrm{j}k E_{0z}(x)\right) \mathrm{e}^{\mathrm{j}(\omega t - kx)} \\ &= \mathrm{j}\omega\mu_0 H_{0y}(x)\, \mathrm{e}^{\mathrm{j}(\omega t - kx)}. \end{aligned} \tag{6.154}$$

Diese Gleichung ist nur erfüllbar, wenn

$$\frac{\partial}{\partial x} E_{0z}(x) = 0 \tag{6.155}$$

ist. Damit ist

$$E_{0z} \neq E_{0z}(x) = \text{const.} \tag{6.156}$$

bzw.

$$
\begin{aligned}
E_{0z} &= -\frac{\omega\mu_0}{k} H_{0y}(x) = -\frac{\omega c\mu_0}{\omega} H_{0y}(x) = -\frac{\mu_0}{\sqrt{\epsilon_0\mu_0}} H_{0y}(x) \\
&= -\sqrt{\frac{\mu_0}{\epsilon_0}} H_{0y}(x) = -Z_0 H_{0y}(x)\,.
\end{aligned} \tag{6.157}
$$

Das bedeutet auch, dass

$$
H_{0y} \neq E_{0y}(x) = \text{const.} \tag{6.158}
$$

ist. Insgesamt erhalten wir somit für das E-Feld der ebenen Welle

$$
\mathbf{E} = \begin{pmatrix} 0 \\ E_y \\ E_z \end{pmatrix} e^{j(\omega t - kx)} \tag{6.159}
$$

und für das H-Feld

$$
\mathbf{H} = \begin{pmatrix} 0 \\ H_y \\ H_z \end{pmatrix} e^{j(\omega t - kx)} = \frac{1}{Z_0} \begin{pmatrix} 0 \\ -E_z \\ E_y \end{pmatrix} e^{j(\omega t - kx)} \tag{6.160}
$$

j) Worin unterscheidet sich die Näherung der ebenen Welle vom Fernfeld des Hertzschen Dipols?

Das Strahlungsfeld des Hertzschen Dipols ist kugelförmig, wohingegen das Feld einer ebenen Welle planar und unendlich ausgedehnt ist. Beim Hertzschen Dipol hängen die Amplitude des E-Feldes und des H-Feldes vom Abstand zum Hertzschen Dipol ab. Die Amplitude der ebenen Welle ist konstant. In beiden Fällen wird die Phasenänderung in Abhängigkeit der Koordinate in Ausbreitungsrichtung berücksichtigt.

Spannender ist die Betrachtung der auftretenden Feldkomponenten. Bei der Ebenen Welle stehen sowohl der Vektor des E-Feldes als auch der Vektor des H-Feldes senkrecht zur Ausbreitungsrichtung der Welle. Im Falle des Hertzschen Dipols ist dies nur ungefähr und auch nur in der xy-Ebene erfüllt. Entlang der z-Achse gibt es trotz der Transversalwelle nur eine Feldkomponente des E-Feldes in Ausbreitungsrichtung. Allerdings ist dort der Energiefluss null.

6.3.4 Zusammenfassung

In dieser Aufgabe haben wir uns systematisch das Strahlungsfeld des Hertzschen Dipols hinsichtlich der Eigenschaften der elektromagnetischen Wellen angesehen. Dabei ging es zum einen darum zu zeigen, dass die in Abschn. 6.2 gefundene Lösung die Maxwellschen Gleichungen erfüllt, was letztlich für jede richtige Lösung gelten muss. Zum anderen haben wir uns die Eigenschaften von Transversalwellen, welche im freien Raum ausschließlich auftreten, angesehen und wie sich deren Quellenfreiheit auf die möglichen Feldkomponenten auswirken. Durch einen Widerspruchsbeweis konnten wir außerdem zeigen, dass ohne im Raum verteilte Ladungen keine Longitudinalwellen möglich sind. Der Übergang zur ebenen Welle am Ende der Aufgabe zeigt, dass dort die Beschreibung deutlich einfacher ist als beim Hertzschen Dipol. In der Anwendung ist aber zu beachten, dass es keine elektromagnetischen Wellen gibt, die in zwei Richtungen unendlich ausgedehnt sind, sondern die Felder von Multipolen, für welche der Hertzsche Dipol die Basis bildet, ausgewertet werden müssen.

6.4 Ebene Welle an einer Grenzfläche

6.4.1 Motivation

Das Verhalten von elektromagnetischen Feldern an Grenzflächen oder an Rändern im Allgemeinen ist in der Praxis von großer Bedeutung. Zum einen werden geeignete Randbedingungen bei der Definition eines Randwertproblems benötigt. Das ist auch numerisch relevant, wenn beispielsweise Symmetrien der Felder bei der Lösung berücksichtigt werden sollen. Andererseits ist ein Wissen über das Verhalten elektromagnetischer Felder an Rändern und damit insbesondere an Grenzflächen nötig, um dies beim Design elektrotechnischer Systeme berücksichtigen zu können. Diese Studien sind relativ einfach durchführbar, wenn anstatt der realen Felder, beispielsweise das Fernfeld eines Hertzschen Dipols aus der vorherigen Aufgabe, mit sogenannten ebenen Wellen gearbeitet wird, die in einem kleinen Bereich als sehr gute Näherung eines realen Feldes betrachtet werden können.

6.4.2 Beschreibung der Aufgabenstellung

In der Ebene $x = 0$ eines kartesischen Koordinatensystems befinde sich eine Grenzfläche zwischen zwei Gebieten. Im Bereich $x < 0$ befinde sich das Gebiet I mit der Permittivität ε_1, der Permeabilität μ_0 und der elektrischen Leitfähigkeit $\kappa = 0$. Im Bereich $x > 0$ befinde sich das Gebiet II mit ε_2, μ_0 und $\kappa = 0$ (Abb. 6.4).

Im Gebiet I befinde sich eine einfallende monochromatische, ebene Welle, die bei $x = 0$ auf die Grenzfläche treffe. Ihre elektrische Feldstärke sei $\mathbf{E}_e$ und ihr H-Feld sei $\mathbf{H}_e$, welches parallel zur xz-Ebene orientiert sei. Sie habe die Frequenz f_e. Ihr Wellenzahlvektor $\mathbf{k}_e$ habe den Winkel ϕ_1 zur xy-Ebene.

a) Berechnen Sie die kartesischen Komponenten des Wellenzahlvektors $\mathbf{k}_e$ in Abhängigkeit von den kartesischen Koordinaten.
b) Stellen Sie die einfallende Welle als komplexe Exponentialfunktion mit den gegebenen Amplituden $\mathbf{E}_{e0}$ und $\mathbf{H}_{e0}$ dar.

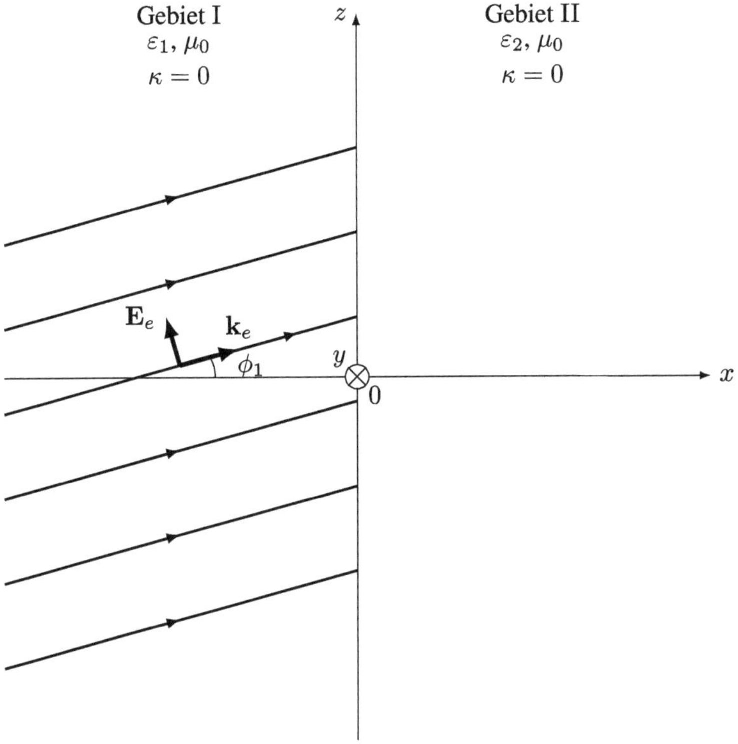

Abb. 6.4 Schräg auf eine Grenzfläche einfallende ebene elektromagnetische Welle

c) Geben Sie die kartesischen Komponenten von $\mathbf{E}_e$ und $\mathbf{H}_e$ in Abhängigkeit der kartesischen Koordinaten und $E_{e0} = |\mathbf{E}_{e0}|$ an.
d) Geben Sie die Ebenen konstanter Phase an.
e) Aus welchen Anteilen setzt sich das Gesamtfeld im Gebiet I ($\mathbf{E}_1$, $\mathbf{H}_1$) und das im Gebiet II ($\mathbf{E}_2, \mathbf{H}_2$) zusammen? Geben Sie die Ansätze für die entsprechenden Wellen an.
f) Geben Sie die Randbedingungen bei $x = 0$ für alle auftretenden Feldkomponenten an.
g) Welche Konsequenz ergibt sich aus den Randbedingungen für die Frequenzen der angesetzten Wellen? Geben Sie die Frequenzen aller auftretenden Wellen in Abhängigkeit von ω_e an.
h) Ermitteln Sie die Wellenzahlvektoren der angesetzten Wellen in Abhängigkeit von $\mathbf{k}_e$. Geben Sie für jede angesetzte Welle den Winkel ϕ zwischen $\mathbf{k}$ und der xy-Ebene an.
i) Berechnen Sie mithilfe der Randbedingungen die elektrischen Feldstärken aller angesetzten Wellen in Abhängigkeit von der einfallenden Welle und den Winkeln.
j) Überprüfen Sie die bisher erzielten Ergebnisse für den Fall $\varepsilon_1 = \varepsilon_2$.
k) Bestimmen Sie den Einfallswinkel, bei dem keine reflektierte Welle auftritt und die Dielektrizitätskonstanten in beiden Gebieten unterschiedlich sind.

l) Berechnen Sie die Beträge der Energieflussdichten S_r und S_g der reflektierten bzw. der gebrochenen Welle in Abhängigkeit vom Betrag der Energieflussdichte S_e der einfallenden Welle.
m) Erstellen Sie eine Bilanz der Energieflüsse durch ein Flächenelement A der Grenzfläche zwischen den beiden Dielektrika. Interpretieren Sie das Ergebnis.
n) Bestimmen Sie den Grenzwinkel der Totalreflexion ϕ_{1G}.

Im Folgenden wird nun angenommen, dass der Fall der Totalreflexion vorliegt, d. h., dass $\phi_1 > \phi_{1G}$ gilt. Dann verschwindet die gebrochene Welle.

o) Welche Randbedingungen müssten an der Grenzfläche bei $x = 0$ erfüllt werden, wenn angenommen wird, dass das Gebiet II feldfrei sei?
Welche Schlussfolgerung können Sie nun ziehen?
p) Im Gebiet II wird nun eine inhomogene Welle $\mathbf{E}_i = \mathbf{E}_{i0}\, e^{j(\omega_i t - \mathbf{k}_i \cdot \mathbf{r})}$ mit $\mathbf{k}_i = \boldsymbol{\beta}_i - j\boldsymbol{\alpha}_i = \beta_i \mathbf{e}_z - j\alpha_i \mathbf{e}_x$ angesetzt. Wie ist der komplexwertige Wellenzahlvektor $\mathbf{k}_i$ zu interpretieren?
q) Geben Sie die Randbedingungen für die hier auftretenden Feldkomponenten an.
r) Bestimmen Sie mit den Randbedingungen ω_i und β_i.

Ermitteln Sie aus der Wellengleichung für das Gebiet II die Dispersionsbeziehung der inhomogenen Welle.

s) Geben Sie α_i in Abhängigkeit von ω_i und β_i an.
t) Geben Sie das E-Feld und das H-Feld der reflektierten Welle an.
u) Welche Komponenten des E-Felds und des H-Felds besitzt die inhomogene Welle im Gebiet II?
v) Geben Sie die auftretenden Komponenten des Poynting-Vektors der inhomogenen Welle im Gebiet II an.
Erklären Sie die auftretenden Energieflüsse.

6.4.3 Lösung zur Aufgabe

a) Berechnen Sie die kartesischen Komponenten des Wellenzahlvektors $\mathbf{k}_e$ in Abhängigkeit von den kartesischen Koordinaten.

Gemäß der Aufgabenstellung hat der Wellenzahlvektor die folgenden Komponenten in kartesischen Koordinaten

$$\mathbf{k}_e = k_{ex}\mathbf{e}_x + k_{ez}\mathbf{e}_z. \tag{6.161}$$

Sein Betrag ist

$$\|\mathbf{k}_e\| = k_e = \frac{2\pi}{\lambda_e}, \tag{6.162}$$

wobei die Wellenlänge

$$\lambda_e = \frac{c_1}{f_e} \tag{6.163}$$

ist. Die Ausbreitungsgeschwindigkeit ergibt sich direkt aus den Materialparametern

$$c_1 = \frac{1}{\sqrt{\varepsilon_1 \mu_0}}. \tag{6.164}$$

Schließlich erhält man für die einzelnen kartesischen Komponenten

$$k_{ex} = k_e \cos\phi_1 = \frac{2\pi}{\lambda_e} \cos\phi_1 \tag{6.165}$$

und

$$k_{ez} = k_e \sin\phi_1 = \frac{2\pi}{\lambda_e} \sin\phi_1 . \tag{6.166}$$

b) Stellen Sie die einfallende Welle als komplexe Exponentialfunktion mit den gegebenen Amplituden $\mathbf{E}_{e0}$ und $\mathbf{H}_{e0}$ dar.

Am elegantesten lässt sich die einfallende elektromagnetische Welle über ihre Felder in komplexer Schreibweise darstellen

$$\mathbf{E}_e = \mathbf{E}_{e0}\, \mathrm{e}^{\mathrm{j}(\omega_e t - \mathbf{k}_e \cdot \mathbf{r})} \tag{6.167}$$

und

$$\mathbf{H}_e = \mathbf{H}_{e0}\, \mathrm{e}^{\mathrm{j}(\omega_e t - \mathbf{k}_e \cdot \mathbf{r})}. \tag{6.168}$$

c) Geben Sie die kartesischen Komponenten von $\mathbf{E}_e$ und $\mathbf{H}_e$ in Abhängigkeit der kartesischen Koordinaten und $E_{e0} = |\mathbf{E}_{e0}|$ an.

Aus der Aufgabenstellung ergeben sich direkt die kartesischen Komponenten des E-Felds der einfallenden Welle

$$\mathbf{E}_e = E_{ex}\mathbf{e}_x + E_{ez}\mathbf{e}_z . \tag{6.169}$$

Der Betrag dieses Vektors ist in der Aufgabe gegeben und damit bekannt. Daraus ergeben sich die Beträge der beiden Komponenten zu

$$E_{ex} = -E_{e0} \sin\phi_1\, \mathrm{e}^{\mathrm{j}(\omega_e t - k_{ex}x - k_{ez}z)} \tag{6.170}$$

und

$$E_{ez} = E_{e0} \cos\phi_1\, \mathrm{e}^{\mathrm{j}(\omega_e t - k_{ex}x - k_{ez}z)}. \tag{6.171}$$

Bei einer ebenen Welle gilt ein ähnlicher Zusammenhang zwischen dem E-Feld und dem H-Feld wie im Fernfeld einer Antenne

$$\mathbf{H}_e = \frac{1}{Z_1}\frac{\mathbf{k}_e}{k_e} \times \mathbf{E}_e = H_{ey}\mathbf{e}_y \tag{6.172}$$

und damit

$$\begin{aligned} H_{ey} &= -\frac{1}{Z_1} E_{e0}\, \mathrm{e}^{\mathrm{j}(\omega_e t - k_{ex}x - k_{ez}z)} \\ &= -\sqrt{\frac{\varepsilon_1}{\mu_0}} E_{e0}\, \mathrm{e}^{\mathrm{j}(\omega_e t - k_{ex}x - k_{ez}z)}. \end{aligned} \tag{6.173}$$

d) Geben Sie die Ebenen konstanter Phase an.

In den Ebenen

$$\mathbf{k}_e \cdot \mathbf{r} = \frac{2\pi}{\lambda_e} x \cos\phi_1 + \frac{2\pi}{\lambda_e} z \sin\phi_1 = \text{const.} \tag{6.174}$$

ist die Phase jeweils konstant.

e) Aus welchen Anteilen setzt sich das Gesamtfeld im Gebiet II ($\mathbf{E}_1, \mathbf{H}_1$) und das im Gebiet II ($\mathbf{E}_2, \mathbf{H}_2$) zusammen? Geben Sie die Ansätze für die entsprechenden Wellen an.

Im Gebiet I gibt es neben der einfallenden Welle auch eine reflektierte Welle. Ihr E-Feld ist

$$\mathbf{E}_r = \mathbf{E}_{r0}\, \mathrm{e}^{\mathrm{j}(\omega_r t - \mathbf{k}_r \cdot \mathbf{r})} = E_{rx}\mathbf{e}_x + E_{rz}\mathbf{e}_z \tag{6.175}$$

und ihr H-Feld ist

$$\mathbf{H}_r = \mathbf{H}_{r0}\, \mathrm{e}^{\mathrm{j}(\omega_r t - \mathbf{k}_r \cdot \mathbf{r})} = H_{ry}\mathbf{e}_y. \tag{6.176}$$

Das Gesamtfeld im Gebiet I ergibt sich dann aus der Überlagerung der einfallenden Welle und der reflektierten Welle, was bei den hier vorliegenden linearen Materialeigenschaften leicht berechnet werden kann

$$\mathbf{E}_1 = \mathbf{E}_e + \mathbf{E}_r \tag{6.177}$$

und

$$\mathbf{H}_1 = \mathbf{H}_e + \mathbf{H}_r. \tag{6.178}$$

Im Gebiet II gibt es nur die sogenannte gebrochene Welle mit dem E-Feld

$$\mathbf{E}_g = \mathbf{E}_{g0}\, \mathrm{e}^{\mathrm{j}(\omega_g t - \mathbf{k}_g \cdot \mathbf{r})} = E_{gx}\mathbf{e}_x + E_{gz}\mathbf{e}_z \tag{6.179}$$

und dem H-Feld

$$\mathbf{H}_g = \mathbf{H}_{g0}\, \mathrm{e}^{\mathrm{j}(\omega_g t - \mathbf{k}_g \cdot \mathbf{r})} = H_{gy}\mathbf{e}_y, \tag{6.180}$$

wobei für das Gesamtfeld im Gebiet II gilt

$$\mathbf{E}_2 = \mathbf{E}_g \tag{6.181}$$

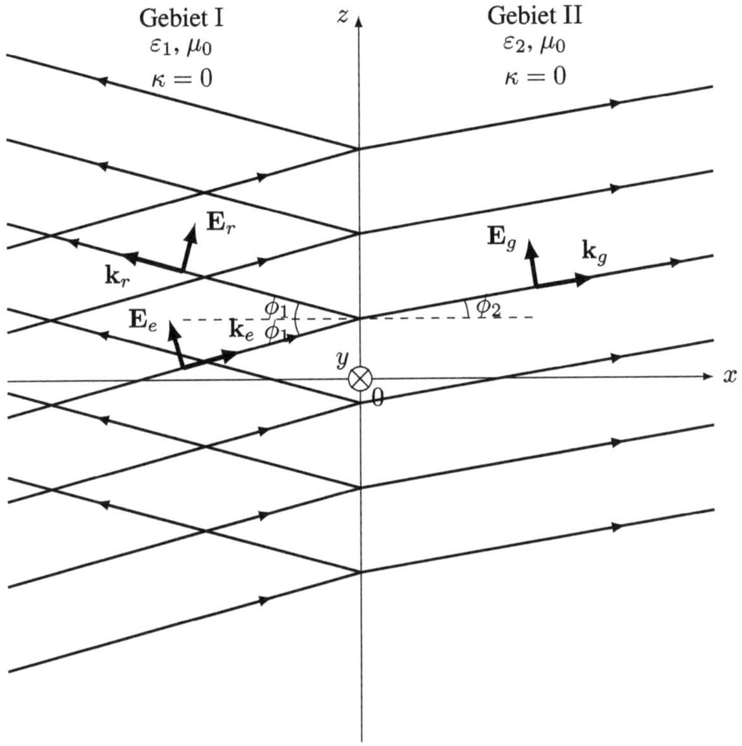

Abb. 6.5 Anordnung zu Lösung e)

und

$$\mathbf{H}_2 = \mathbf{H}_g. \tag{6.182}$$

Diese Ansätze sind zusammenfassend in der folgenden Skizze in Abb. 6.5 dargestellt.

f) Geben Sie die Randbedingungen bei $x = 0$ für alle auftretenden Feldkomponenten an.

Bei den Randbedingungen und damit indirekt bei einer Betrachtung der Maxwellschen Gleichungen in den beiden Gebieten ist zu beachten, dass diese immer für das Gesamtfeld gelten. Damit erhält man für die Tangentialkomponenten des E-Felds

$$E_{1z} = E_{2z} \Rightarrow E_{ez} + E_{rz} = E_{gz} \tag{6.183}$$

und für ihre Normalkomponenten aus der Randbedingung für die Normalkomponenten des D-Felds unter Berücksichtigung der linearen Materialgleichungen

$$\varepsilon_1 E_{1x} = \varepsilon_2 E_{2x} \Rightarrow \varepsilon_1 E_{ex} + \varepsilon_1 E_{rx} = \varepsilon_2 E_{gx}. \tag{6.184}$$

Für das H-Feld muss nur die Randbedingung für dessen Tangentialkomponenten ausgewertet werden, da andere Komponenten hier an der Grenzfläche nicht auftreten

$$H_{1y} = H_{2y} \Rightarrow H_{ey} + H_{ry} = H_{gy}. \tag{6.185}$$

g) Welche Konsequenz ergibt sich aus den Randbedingungen für die Frequenzen der angesetzten Wellen? Geben Sie die Frequenzen aller auftretenden Wellen in Abhängigkeit von ω_e an.

Die Randbedingungen müssen für beliebige Zeiten t erfüllt werden. Damit müssen die Frequenzen aller angesetzten Wellen gleich sein

$$\omega_g = \omega_r = \omega_e. \tag{6.186}$$

h) Ermitteln Sie die Wellenzahlvektoren der angesetzten Wellen in Abhängigkeit von $\mathbf{k}_e$. Geben Sie für jede angesetzte Welle den Winkel ϕ zwischen $\mathbf{k}$ und der xy-Ebene an.

Die Randbedingungen müssen in jedem Punkt der Mediengrenze $\mathbf{r}_M$ erfüllt werden. Damit muss der Phasenterm immer gleich sein

$$\mathbf{k}_e \cdot \mathbf{r}_M = \mathbf{k}_r \cdot \mathbf{r}_M = \mathbf{k}_g \cdot \mathbf{r}_M. \tag{6.187}$$

Für den Punkt auf der Mediengrenze gilt in kartesischen Koordinaten

$$\mathbf{r}_M = y_M \mathbf{e}_y + z_M \mathbf{e}_z. \tag{6.188}$$

Damit erhält man

$$(\mathbf{k}_e - \mathbf{k}_r) \cdot \mathbf{r}_M = 0 \Rightarrow \mathbf{k}_e - \mathbf{k}_r = K \mathbf{e}_x, \tag{6.189}$$

wobei K eine Konstante ist. Daraus folgt unmittelbar

$$k_{rz} = k_{ez}. \tag{6.190}$$

Da die Ausbreitungsgeschwindigkeit im Gebiet I für beide Wellen gleich ist und die Kreisfrequenz bzw. Frequenz gleich sein muss, ist auch die Wellenlänge der einfallenden und der reflektierten Welle gleich und schließlich der Betrag der Wellenzahl für beide Wellen

$$\|\mathbf{k}_e\| = \|\mathbf{k}_r\|. \tag{6.191}$$

Damit kann nur

$$k_{rx} = -k_{ex} \tag{6.192}$$

sein, was zu

$$\phi_e = \phi_r = \phi_1 \tag{6.193}$$

führt. Durch eine analoge Betrachtung ergibt sich für die gebrochene Welle im Gebiet II

$$k_{gz} = k_{ez}. \tag{6.194}$$

Aufgrund der unterschiedlichen Materialwerte ist die Ausbreitungsgeschwindigkeit im Gebiet II anders als im Gebiet I was bei gleicher Frequenz zu unterschiedlichen Wellenlängen und damit Wellenzahlen führt

$$\|\mathbf{k}_g\| = k_g = \frac{2\pi}{\lambda_g} = \frac{\omega_e}{c_2} = \frac{\omega_e\sqrt{\mu_0\varepsilon_2}\sqrt{\varepsilon_1}}{\sqrt{\varepsilon_1}} = \frac{\omega_e}{c_1}\sqrt{\frac{\varepsilon_2}{\varepsilon_1}} = k_e\sqrt{\frac{\varepsilon_2}{\varepsilon_1}}. \tag{6.195}$$

Damit ergibt sich für die verbleibende Komponente

$$k_{gx} = k_g \cos\phi_g = \sqrt{\frac{\varepsilon_2}{\varepsilon_1}}k_e \cos\phi_g. \tag{6.196}$$

Aus $k_{gz} = k_{ez}$ folgt

$$\sqrt{\frac{\varepsilon_2}{\varepsilon_1}}k_e \sin\phi_g = k_e \sin\phi_1. \tag{6.197}$$

Der Winkel der gebrochenen Welle ergibt sich dadurch zu

$$\phi_g = \arcsin\left(\sqrt{\frac{\varepsilon_1}{\varepsilon_2}}\sin\phi_1\right) = \phi_2 \tag{6.198}$$

und die fehlende Komponente des Wellenzahlvektors zu

$$k_{gx} = \sqrt{\frac{\varepsilon_2}{\varepsilon_1}}k_e \cos\left(\arcsin\left(\sqrt{\frac{\varepsilon_1}{\varepsilon_2}}\sin\phi_1\right)\right). \tag{6.199}$$

i) Berechnen Sie mithilfe der Randbedingungen das E-Feld aller angesetzten Wellen in Abhängigkeit von der einfallenden Welle und den Winkeln.

Aus der Randbedingung für die Tangentialkomponenten des E-Felds folgt nun

$$E_e \cos\phi_1 + E_r \cos\phi_1 = E_g \cos\phi_2 \tag{6.200}$$

und aus der Randbedingung für ihre Normalkomponenten

$$-\frac{1}{Z_1}E_e + \frac{1}{Z_1}E_r = -\frac{1}{Z_2}E_g. \tag{6.201}$$

Letztere kann in die Gleichung für die Tangentialkomponenten eingesetzt werden

$$E_e \cos\phi_1 + E_r \cos\phi_1 = -\frac{Z_2}{Z_1}\left(-E_e + E_r\right)\cos\phi_2 \tag{6.202}$$

und umgeformt werden

$$E_r\left(\cos\phi_1+\frac{Z_2}{Z_1}\cos\phi_2\right)=E_e\left(\frac{Z_2}{Z_1}\cos\phi_2-\cos\phi_1\right). \tag{6.203}$$

Weiterhin erhält man mithilfe der Wellenzahlvektoren

$$\frac{Z_2}{Z_1}=\sqrt{\frac{\varepsilon_1\mu_0}{\varepsilon_2\mu_0}}=\sqrt{\frac{\varepsilon_1}{\varepsilon_2}}=\frac{\sin\phi_2}{\sin\phi_1}. \tag{6.204}$$

Schließlich ergibt sich damit für das E-Feld der reflektierten Welle

$$\begin{aligned}E_r&=E_e\frac{\frac{\sin\phi_2}{\sin\phi_1}\cos\phi_2-\cos\phi_1}{\frac{\sin\phi_2}{\sin\phi_1}\cos\phi_2+\cos\phi_1}\\&=E_e\frac{\sin\phi_2\cos\phi_2-\sin\phi_1\cos\phi_1}{\sin\phi_2\cos\phi_2+\sin\phi_1\cos\phi_1}\\&=E_e\frac{\sin 2\phi_2-\sin 2\phi_1}{\sin 2\phi_2+\sin 2\phi_1}\\&=E_e\frac{\cos(\phi_1+\phi_2)\sin(\phi_2-\phi_1)}{\sin(\phi_1+\phi_2)\cos(\phi_2-\phi_1)}\\&=E_e\frac{\tan(\phi_2-\phi_1)}{\tan(\phi_1+\phi_2)}\end{aligned} \tag{6.205}$$

und für die der gebrochenen Welle

$$\begin{aligned}E_g&=\frac{Z_2}{Z_1}E_e-\frac{Z_2}{Z_1}E_r\\&=\frac{\sin\phi_2}{\sin\phi_1}E_e\left(1-\frac{\sin\phi_2\cos\phi_2-\sin\phi_1\cos\phi_1}{\sin\phi_2\cos\phi_2+\sin\phi_1\cos\phi_1}\right)\\&=E_e\frac{\sin\phi_2}{\sin\phi_1}\frac{2\sin\phi_2\cos\phi_2}{\sin\phi_2\cos\phi_2+\sin\phi_1\cos\phi_1}\\&=E_e\frac{2\sin\phi_2\cos\phi_2}{\sin(\phi_1+\phi_2)\cos(\phi_2-\phi_1)}.\end{aligned} \tag{6.206}$$

j) Überprüfen Sie die bisher erzielten Ergebnisse für den Fall $\varepsilon_1=\varepsilon_2$.

Dieser Sonderfall bedeutet, dass es keine Mediengrenze gibt und damit die einfallende Welle ungehindert die Ebene $x=0$ passieren müsste. Das heißt, in diesem Fall muss die reflektierte Welle verschwinden und die gebrochene Welle muss der einfallenden Welle entsprechen, was durch Einsetzen leicht nachgeprüft werden kann. Es sind tatsächlich

$$\phi_1=\phi_2, \tag{6.207}$$

$$k_{gx}=k_{ex}, \tag{6.208}$$

$$E_r = 0 \tag{6.209}$$

und

$$E_g = E_e \frac{2\sin\phi_1 \cos\phi_1}{\sin(2\phi_1)} = E_e \frac{\sin(2\phi_1)}{\sin(2\phi_1)} = E_e. \tag{6.210}$$

k) Bestimmen Sie den Einfallswinkel, bei dem keine reflektierte Welle auftritt und die Dielektrizitätskonstanten in beiden Gebieten unterschiedlich sind.

Wenn die reflektierte Welle verschwindet, muss $E_r = 0$ sein. Wenn zudem $\varepsilon_1 \neq \varepsilon_2$ ist, muss gemäß

$$E_r = E_e \frac{\tan(\phi_2 - \phi_1)}{\tan(\phi_1 + \phi_2)} \tag{6.211}$$

$$\phi_1 \neq \phi_2 \tag{6.212}$$

sein und damit ist

$$\phi_1 + \phi_2 = \frac{\pi}{2} \tag{6.213}$$

bzw.

$$\phi_2 = \frac{\pi}{2} - \phi_1. \tag{6.214}$$

Aus

$$\sqrt{\frac{\varepsilon_2}{\varepsilon_1}} \sin\phi_2 = \sin\phi_1 \tag{6.215}$$

folgt dadurch

$$\sin\phi_1 = \sqrt{\frac{\varepsilon_2}{\varepsilon_1}} \sin\left(\frac{\pi}{2} - \phi_1\right) = \sqrt{\frac{\varepsilon_2}{\varepsilon_1}} \cos\phi_1 \tag{6.216}$$

bzw.

$$\tan\phi_1 = \sqrt{\frac{\varepsilon_2}{\varepsilon_1}}. \tag{6.217}$$

Den Winkel

$$\phi_1 = \arctan\sqrt{\frac{\varepsilon_2}{\varepsilon_1}} \tag{6.218}$$

nennt man auch den Brewster-Winkel; vgl. Lehner [13, S. 483].

l) Berechnen Sie die Beträge der Energieflussdichten S_r und S_g der reflektierten bzw. der gebrochenen Welle in Abhängigkeit vom Betrag der Energieflussdichte S_e der einfallenden Welle.

Der Energiefluss der einfallenden Welle ergibt sich direkt aus dem Poynting-Vektor

$$\mathbf{S} = \mathbf{E} \times \mathbf{H} \tag{6.219}$$

bzw.

$$S_e = \frac{E_e^2}{Z_1}. \tag{6.220}$$

Analog ergibt sich der Energiefluss für die reflektierte Welle

$$\begin{aligned} S_r &= \frac{E_r^2}{Z_1} = \frac{E_e^2}{Z_1}\left(\frac{\sin\phi_2\cos\phi_2 - \sin\phi_1\cos\phi_1}{\sin\phi_2\cos\phi_2 + \sin\phi_1\cos\phi_1}\right)^2 \\ &= S_e\left(\frac{\sin\phi_2\cos\phi_2 - \sin\phi_1\cos\phi_1}{\sin\phi_2\cos\phi_2 + \sin\phi_1\cos\phi_1}\right)^2 \end{aligned} \tag{6.221}$$

und für die gebrochene Welle

$$\begin{aligned} S_g &= \frac{E_g^2}{Z_2} = \frac{E_e^2}{Z_1}\frac{Z_1}{Z_2}\left(\frac{2\sin\phi_2\cos\phi_1}{\sin\phi_2\cos\phi_2 + \sin\phi_1\cos\phi_1}\right)^2 \\ &= S_e\frac{\sin\phi_1}{\sin\phi_2}\left(\frac{2\sin\phi_2\cos\phi_1}{\sin\phi_2\cos\phi_2 + \sin\phi_1\cos\phi_1}\right)^2. \end{aligned} \tag{6.222}$$

m) Erstellen Sie eine Bilanz der Energieflüsse durch ein Flächenelement A der Grenzfläche zwischen den beiden Dielektrika. Interpretieren Sie das Ergebnis.

Für diese Untersuchung wird ein kleines Volumenelement, das die Grenzfläche beinhaltet, betrachtet (Abb. 6.6).

Für die Abmessung d soll gelten $d \to 0$.

Betrachtet man nun die Energiebilanz über den Energiefluss durch die Oberfläche dieses Volumens so erhält man

$$\begin{aligned} P &= \iint_A \mathbf{S}_e \cdot \mathrm{d}\mathbf{A} + \iint_A \mathbf{S}_r \cdot \mathrm{d}\mathbf{A} + \iint_A \mathbf{S}_g \cdot \mathrm{d}\mathbf{A} \\ &= -AS_e\cos\phi_1 + AS_r\cos\phi_1 + AS_g\cos\phi_2 \\ &= AS_e\left[-\cos\phi_1 + \left(\frac{\sin\phi_2\cos\phi_2 - \sin\phi_1\cos\phi_1}{\sin\phi_2\cos\phi_2 + \sin\phi_1\cos\phi_1}\right)^2\cos\phi_1 + \right. \\ &\left. \frac{4\sin\phi_1\sin\phi_2\cos\phi_1\cos\phi_2}{(\sin\phi_2\cos\phi_2 + \sin\phi_1\cos\phi_1)^2}\cos\phi_1\right] \end{aligned} \tag{6.223}$$

$$\begin{aligned} P =& AS_e\cos\phi_1\left[-1 + \frac{\sin^2\phi_2\cos^2\phi_2 - 2\sin\phi_1\sin\phi_2\cos\phi_1\cos\phi_2}{(\sin\phi_2\cos\phi_2 + \sin\phi_1\cos\phi_1)^2} + \right. \\ &\left. \frac{\sin^2\phi_1\cos^2\phi_1 + 4\sin\phi_1\sin\phi_2\cos\phi_1\cos\phi_2}{(\sin\phi_2\cos\phi_2 + \sin\phi_1\cos\phi_1)^2}\right] = 0. \end{aligned} \tag{6.224}$$

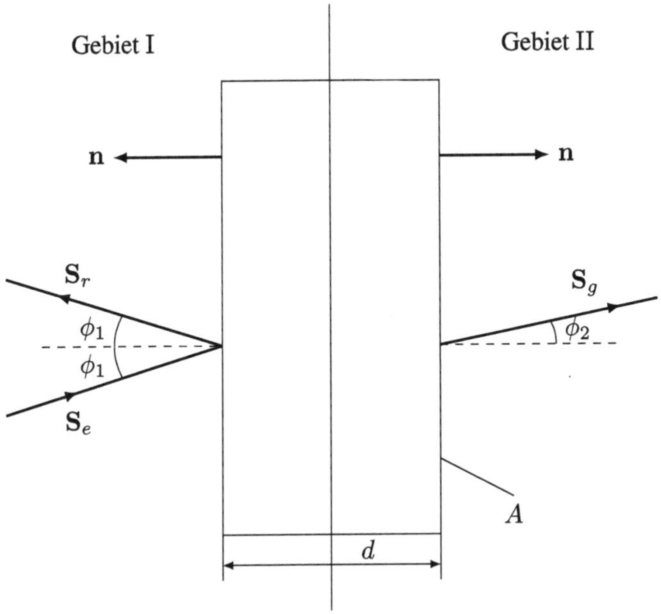

Abb. 6.6 Den Rand umschließendes Rechteck (2D-Skizze) bzw. Volumenelement

Das heißt, die Energie der einfallenden Welle teilt sich an der Grenzfläche auf die reflektierte und die gebrochene Welle auf.

n) Bestimmen Sie den Grenzwinkel der Totalreflexion ϕ_{1G}.

Im Falle der sogenannten Totalreflexion gilt für den Winkel der gebrochenen Welle im Gebiet II

$$\sin\phi_2 = 1 = \sqrt{\frac{\varepsilon_1}{\varepsilon_2}}\sin\phi_{1\,G}. \tag{6.225}$$

Das bedeutet für den Winkel der einfallenden bzw. der reflektierten Welle im Gebiet I

$$\sin\phi_{1\,G} = \sqrt{\frac{\varepsilon_2}{\varepsilon_1}}, \tag{6.226}$$

was für $\varepsilon_2 < \varepsilon_1$ möglich ist.

o) Welche Randbedingungen müssten an der Grenzfläche bei $x = 0$ erfüllt werden, wenn angenommen wird, dass das Gebiet II feldfrei sei?
Welche Schlussfolgerung können Sie nun ziehen?

Unter der Annahme, dass das Gebiet II feldfrei sei und damit

$$\mathbf{E}_2 = \mathbf{0} \tag{6.227}$$

und

$$\mathbf{H}_2 = \mathbf{0} \tag{6.228}$$

sei, würde folgen, dass

$$E_{1x} = 0, \tag{6.229}$$

$$E_{1z} = 0 \tag{6.230}$$

und

$$H_{1y} = 0 \tag{6.231}$$

wäre. Diese Bedingungen können gleichzeitig nicht mit einer einfallenden und einer reflektierten Welle im Gebiet I erfüllt werden. Daher muss die Annahme, dass es keine Felder im Gebiet II gibt, falsch sein. Die Randbedingungen können demnach nur erfüllt werden, wenn es im Gebiet II Felder gibt.

p) Im Gebiet II wird nun eine inhomogene Welle $\mathbf{E}_i = \mathbf{E}_{i0}\,\mathrm{e}^{\mathrm{j}(\omega_i t - \mathbf{k}_i\cdot\mathbf{r})}$ mit $\mathbf{k}_i = \boldsymbol{\beta}_i - \mathrm{j}\boldsymbol{\alpha}_i = \beta_i\mathbf{e}_z - \mathrm{j}\alpha_i\mathbf{e}_x$ angesetzt. Wie ist der komplexwertige Wellenzahlvektor $\mathbf{k}_i$ zu interpretieren?

Hierzu setzt man am besten den komplexen Wellenzahlvektor in den Wellenansatz für die inhomogene Welle ein

$$\mathbf{E}_i = \mathbf{E}_{i0}\,\mathrm{e}^{\mathrm{j}(\omega_i t - \mathbf{k}_i\cdot\mathbf{r})} = \mathbf{E}_{i0}\,\mathrm{e}^{\mathrm{j}(\omega_i t - \beta_i z)}\,\mathrm{e}^{-\alpha_i x}. \tag{6.232}$$

Es ist zu erkennen, dass die inhomogene Welle sich in z-Richtung, also parallel zur Grenzfläche, ausbreitet. Die Ebenen konstanter Phase liegen parallel zur xy-Ebene und die Phasen konstanter Amplitude parallel zur yz-Ebene.

q) Geben Sie die Randbedingungen für die hier auftretenden Feldkomponenten an.

Über die Randbedingungen für die elektrischen und magnetischen Felder an der Mediengrenze erhält man

$$E_{ez} + E_{rz} = E_{iz}, \tag{6.233}$$

$$\varepsilon_1 E_{ex} + \varepsilon_1 E_{rx} = \varepsilon_2 E_{ix} \tag{6.234}$$

und

$$H_{ey} + H_{ry} = H_{iy}. \tag{6.235}$$

r) Bestimmen Sie mit den Randbedingungen ω_i und β_i.

Analog zur der bereits geführten Diskussion müssen die Randbedingungen für beliebige Zeiten t erfüllt werden und damit ist

$$\omega_i = \omega_e. \tag{6.236}$$

Ebenso müssen die Randbedingungen in jedem Punkt der Mediengrenze erfüllt werden, was zu

$$\beta_i = k_{ez} \tag{6.237}$$

führt.

s) Geben Sie α_i in Abhängigkeit von ω_i und β_i an.

Ausgangspunkt ist die Wellengleichung für Isolatoren, d. h. ohne den Diffusionsterm

$$\Delta \mathbf{E}_i - \mu_0 \varepsilon_2 \frac{\partial^2 \mathbf{E}_i}{\partial t^2} = \mathbf{0}. \tag{6.238}$$

Mit dem Ansatz für die inhomogene Welle erhält man für die Zeitableitung

$$\frac{\partial^2 \mathbf{E}_i}{\partial t^2} = -\omega_e^2 \mathbf{E}_i \tag{6.239}$$

und für den Laplace-Operator

$$\Delta \mathbf{E}_i = \alpha_i^2 \mathbf{E}_i - \beta_i^2 \mathbf{E}_i. \tag{6.240}$$

Damit erhält man die Dispersionsbeziehung

$$\mu_0 \varepsilon_2 \omega_e^2 - \beta_i^2 + \alpha_i^2 = 0 \tag{6.241}$$

und schließlich

$$\alpha_i = \sqrt{\beta_i^2 - \mu_0 \varepsilon_2 \omega_e^2} = \sqrt{k_{ez}^2 - \mu_0 \varepsilon_2 \omega_e^2}. \tag{6.242}$$

t) Geben Sie das E-Feld und das H-Feld der reflektierten Welle an.

Hierzu betrachten wir zunächst das Vorzeichen des E-Felds vor dem Fall der Totalreflexion mithilfe von

$$E_r = E_e \frac{\tan(\phi_2 - \phi_1)}{\tan(\phi_2 + \phi_1)}. \tag{6.243}$$

Dann ist für den Term im Zähler

$$0 < \phi_2 - \phi_1 < \frac{\pi}{2} \tag{6.244}$$

und damit

$$\tan(\phi_2 - \phi_1) > 0. \tag{6.245}$$

Für den Term im Nenner ist für

$$\phi_1 < \text{Brewster} - \text{Winkel} \tag{6.246}$$

$$\tan(\phi_2 + \phi_1) > 0 \tag{6.247}$$

und für

$$\phi_1 > \text{Brewster} - \text{Winkel} \tag{6.248}$$

$$\tan(\phi_2 + \phi_1) < 0. \tag{6.249}$$

Damit ergibt sich für das E-Feld im Fall der Totalreflexion

$$E_r < 0 \tag{6.250}$$

bzw.

$$E_{rx} = E_{ex} \tag{6.251}$$

und

$$E_{rz} = -E_{ez}. \tag{6.252}$$

Für das H-Feld gilt

$$H_{ry} = H_{ey}. \tag{6.253}$$

u) Welche Komponenten des E-Felds und des H-Felds besitzt die inhomogene Welle im Gebiet II?

Die inhomogene Welle im Gebiet II besitzt die Feldkomponenten

$$E_{iz} = E_{ez} + E_{rz} = 0, \tag{6.254}$$

$$E_{ix} = \frac{\varepsilon_1}{\varepsilon_2}(E_{ex} + E_{rx}) = 2\frac{\varepsilon_1}{\varepsilon_2}E_{ex} \tag{6.255}$$

und

$$H_{iy} = H_{ey} + H_{ry} = 2H_{ey}. \tag{6.256}$$

v) Geben Sie die auftretenden Komponenten des Poynting-Vektors der inhomogenen Welle im Gebiet II an.
Erklären Sie die auftretenden Energieflüsse.

Wertet man den Poynting-Vektor im Gebiet II aus, so erhält man

$$\mathbf{S}_i = \mathbf{E}_i \times \mathbf{H}_i = S_i \mathbf{e}_z. \tag{6.257}$$

Das heißt, $\mathbf{S}_i$ verläuft parallel zur Mediengrenze. Somit findet kein Energiefluss zwischen Gebiet I und Gebiet II statt.

6.4.4 Zusammenfassung

Mithilfe von ebenen Wellen lassen sich die Eigenschaften elektromagnetischer Felder an Grenzflächen relativ einfach untersuchen. Hier wurde eine Darstellung im Frequenzbereich gewählt, was in den Ingenieurwissenschaften ein üblicher und häufig verwendeter Ansatz ist. Zum einen ist gut zu erkennen, dass eine elektromagnetische Welle eine Mediengrenze nicht ungehindert passieren kann. Sie teilt sich vielmehr in eine gebrochene und eine reflektierte Welle auf. Interessante Sonderfälle sind der hier diskutierte Brewster-Winkel, bei dem es keine reflektierte Welle gibt, sowie der Fall der Totalreflexion, bei dem es dennoch eine Welle im zweiten Gebiet gibt. Eine ähnliche Rechnung kann durchgeführt werden, wenn der Vektor des E-Feldes rein tangential zur Grenzfläche liegt. Bei einem elektrisch leitfähigen Medium im Gebiet II müsste noch der Diffusionsterm in der Wellengleichung berücksichtigt werden und es würden Ströme im Gebiet II auftreten, die eine Dämpfung der Welle zur Folge hätten.

6.5 Hohlraumresonator

6.5.1 Motivation

Der Hohlraumresonator ist ein Beispiel für eine elektromagnetische Welle, bei dem sich die Welle in einem abgeschlossenen Gebiet befindet. Die Wände sind aus hoch leitfähigen Blechen ausgeführt, sodass diese in der Regel über geeignete Randbedingungen berücksichtigt werden können. Der Hohlraumresonator ist ein klassisches Beispiel für ein Randwertproblem, das zudem analytisch lösbar ist. Zudem sind in diesem Beispiel nochmals alle Zusammenhänge der Feldgrößen der Maxwellschen Gleichungen in nur einem Beispiel leicht erkennbar und nachvollziehbar. In der Praxis sind Hohlraumresonatoren wegen ihrer hohen Güte interessant. Ähnlich aufgebaut sind die sogenannten Hohlleiter, mit denen eine verlustarme Übertragung hochfrequenter Signale möglich ist. Trotz dieser positiven Eigenschaften werden Hohlraumresonatoren und Hohlleiter meist nur in sehr speziellen Anwendungsfällen eingesetzt, da sie starr sind und ihre Größe über die Wellenlänge von der Frequenz abhängt.

6.5.2 Beschreibung der Aufgabenstellung

Ein quaderförmiger Hohlraumresonator sei mit einem linearen, isotropen, homogenen Dielektrikum gefüllt. Die Permittivität des Dielektrikums sei ε und seine Permeabilität μ_0. Zudem sei es verlustfrei ($\kappa = 0$). Die Wände des Hohlraumresonators seien ideal leitend ($\kappa \to \infty$) und lägen in den Ebenen $x = 0$, $x = a$, $y = 0$, $y = b$, $z = 0$ und $z = d$.

Im Inneren des Hohlraumresonators befände sich ein zeitharmonisches elektromagnetisches Feld mit dem E-Feld

$$\mathbf{E}_1 = E_{x1}(y, z)\, \mathrm{e}^{\mathrm{j}\omega t}\mathbf{e}_x = \mathrm{j}\omega\mu_0 k_y C \sin\left(k_y y\right) \sin\left(k_z z\right)\mathrm{e}^{\mathrm{j}\omega t}\mathbf{e}_x. \tag{6.258}$$

k_y und k_z seien die Wellenzahlen in der jeweiligen Koordinatenrichtung. C sei eine dimensionsbehaftete Konstante.

a) Geben Sie die Maxwellschen Gleichungen in differenzieller Form für ein beliebiges E-Feld $\mathbf{E} = \mathbf{E}_0\mathrm{e}^{\mathrm{j}\omega t}$ und ein beliebiges H-Feld $\mathbf{H} = \mathbf{H}_0\mathrm{e}^{\mathrm{j}\omega t}$ im Inneren des Hohlraumresonators an. Vereinfachen Sie so weit wie möglich, wobei die Vektoroperatoren in ihrer allgemeinen Form verwendet werden können.
b) Leiten Sie mithilfe der Ergebnisse aus a) die Wellengleichung in kartesischen Koordinaten für das gegebene E-Feld $\mathbf{E}_1$ her. Vereinfachen Sie soweit wie möglich.
Hinweis: $\operatorname{rot}\operatorname{rot}\mathbf{a} = \operatorname{grad}\operatorname{div}\mathbf{a} - \Delta\mathbf{a}$
c) Ermitteln Sie mithilfe der Wellengleichung aus b) die Dispersionsbeziehung für k mit $k = \sqrt{k_y^2 + k_z^2}$.
d) Das gegebene Feld stellt eine stehende Welle dar. Diese kann auch als Überlagerung zweier Wellen, die sich in z-Richtung ausbreiten, betrachtet werden. Geben Sie das E-Feld $\mathbf{E}_2$ und $\mathbf{E}_3$ dieser beiden Wellen an, wobei $\mathbf{E}_1 = \mathbf{E}_2 + \mathbf{E}_3$ sein soll. Handelt es sich um TE- oder um TM-Wellen? Begründen Sie Ihre Antwort.
Hinweis: $\sin(z) = \frac{\mathrm{e}^{\mathrm{j}z} - \mathrm{e}^{-\mathrm{j}z}}{2\mathrm{j}}$
e) Berechnen Sie aus der Maxwellschen Gleichung für das Induktionsgesetz nach a) das H-Feld $\mathbf{H}_1$ im Inneren des Hohlraumresonators und führen Sie Abkürzungen analog zu $\mathbf{E}_1$ ein.
f) Geben Sie die Randbedingungen, die den Feldverlauf im Inneren des Hohlraumresonators direkt beeinflussen, für $\mathbf{E}_1$ und $\mathbf{H}_1$ an allen sechs ideal leitenden Wänden des Hohlraumresonators an.
g) Welche Bedingungen ergeben sich aus den Randbedingungen nach f) für die Wellenzahlen k_y und k_z?
Geben Sie alle möglichen Werte für k_y und k_z an.
h) Geben Sie die Oberflächenströme $\mathbf{J}_F$ auf den Wänden des Resonators bei $x = 0$, bei $y = 0$ und bei $z = 0$ in Abhängigkeit der Komponenten von $\mathbf{H}$ an.
Welche Ströme fließen auf der jeweils gegenüberliegenden Wand, also bei $x = a$, bei $y = b$ und bei $z = d$?
i) Ermitteln Sie direkt aus den Feldern im Hohlraumresonator die Flächenladungen σ auf den Wänden des Resonators.
j) Wie kommt es zu den in i) gefundenen zeitabhängigen Ladungsansammlungen? Begründen Sie Ihre Antwort.

6.5.3 Lösung der Aufgabe

a) Geben Sie die Maxwellschen Gleichungen in differenzieller Form für ein beliebiges E-Feld $\mathbf{E} = \mathbf{E}_0 e^{j\omega t}$ und ein beliebiges H-Feld $\mathbf{H} = \mathbf{H}_0 e^{j\omega t}$ im Inneren des Hohlraumresonators an. Vereinfachen Sie so weit wie möglich, wobei die Vektoroperatoren in ihrer allgemeinen Form verwendet werden können.

Wir beginnen mit dem Ampèreschen Gesetz in differenzieller Form

$$\operatorname{rot}\mathbf{H} = \mathbf{J} + \frac{\partial \mathbf{D}}{\partial t}. \tag{6.259}$$

Durch Einsetzen des zeitharmonischen Ansatzes in komplexer Schreibweise ergibt sich

$$\operatorname{rot}\mathbf{H}_0 e^{j\omega t} = \frac{\partial}{\partial t}\varepsilon \mathbf{E}_0 e^{j\omega t} = j\omega\varepsilon \mathbf{E}_0 e^{j\omega t}. \tag{6.260}$$

Dabei haben wir bereits die gegebenen linearen Materialeigenschaften des Dielektrikums genutzt. Da in jedem Term der zeitabhängige Phasenfaktor $e^{j\omega t}$ vorkommt, erhalten wir eine Gleichung für die komplexen Amplituden des elektromagnetischen Feldes

$$\operatorname{rot}\mathbf{H}_0 = j\omega\varepsilon \mathbf{E}_0. \tag{6.261}$$

Analog ergibt sich für das Induktionsgesetz

$$\operatorname{rot}\mathbf{E} = \operatorname{rot}\mathbf{E}_0 e^{j\omega t} = -\frac{\partial \mathbf{B}}{\partial t} = -\mu_0 \frac{\partial}{\partial t}\mathbf{H}_0 e^{j\omega t} = -j\omega\mu_0 \mathbf{H}_0 e^{j\omega t} \tag{6.262}$$

bzw.

$$\operatorname{rot}\mathbf{E}_0 = -j\omega\mu_0 \mathbf{H}_0. \tag{6.263}$$

Das B-Feld ist immer quellenfrei und damit gilt

$$\operatorname{div}\mathbf{B} = \operatorname{div}\mu_0 \mathbf{H}_0 e^{j\omega t} = 0 \tag{6.264}$$

bzw.

$$\operatorname{div}\mathbf{H}_0 = 0. \tag{6.265}$$

Da es im Inneren des Hohlraumresonators keine Ladungen gibt, vereinfacht sich das Gaußsche Gesetz zu

$$\operatorname{div}\mathbf{D} = \operatorname{div}\varepsilon \mathbf{E}_0 e^{j\omega t} = 0 \tag{6.266}$$

bzw.

$$\operatorname{div}\mathbf{E}_0 = 0. \tag{6.267}$$

b) Leiten Sie mithilfe der Ergebnisse aus a) die Wellengleichung in kartesischen Koordinaten für das gegebene E-Feld $\mathbf{E}_1$ her. Vereinfachen Sie soweit wie möglich.
Hinweis: $\mathrm{rot\,rot}\,\mathbf{a} = \mathrm{grad\,div}\,\mathbf{a} - \Delta\mathbf{a}$

Zur Herleitung der Wellengleichung für das E-Feld beginnen wir mit der vereinfachten Gleichung, die wir in a) aus dem Induktionsgesetz erhalten haben, berechnen von dieser die Rotation und ersetzen das H-Feld mithilfe des Ampèreschen Gesetzes

$$\mathrm{rot\,rot}\,\mathbf{E}_1 = -\mathrm{j}\omega\mu_0\,\mathrm{rot}\,\mathbf{H}_1 = -\mathrm{j}\omega\mu_0\mathrm{j}\omega\varepsilon\mathbf{E}_1. \tag{6.268}$$

Das E-Feld besitzt hier nur eine x-Komponente

$$\mathrm{rot\,rot}\,E_{x1}(y,z)\,\mathbf{e}_x = \omega^2\mu_0\varepsilon E_{x1}(y,z)\,\mathbf{e}_x. \tag{6.269}$$

Mit dem Hinweis und der hier vorliegenden Quellenfreiheit des E-Feldes vereinfacht sich das zu

$$\Delta E_{x1}(y,z)\,\mathbf{e}_x + \omega^2\mu_0\varepsilon E_{x1}(y,z)\,\mathbf{e}_x = \mathbf{0}. \tag{6.270}$$

Schließlich erhalten wir in kartesischen Koordinaten unter Berücksichtigung der hier vorliegenden Koordinatenabhängigkeiten

$$\frac{\partial^2 E_{x1}}{\partial y^2} + \frac{\partial^2 E_{x1}}{\partial z^2} + \omega^2\mu_0\varepsilon E_{x1} = 0. \tag{6.271}$$

c) Ermitteln Sie mithilfe der Wellengleichung aus b) die Dispersionsbeziehung für k mit $k = \sqrt{k_y^2 + k_z^2}$.

Damit wir die Dispersionsbeziehung ermitteln können, benötigen wir zunächst die in der Wellengleichung vorkommenden Ableitungen

$$\frac{\partial E_{x1}}{\partial y} = \mathrm{j}\omega\mu_0 k_y C k_y \cos\left(k_y y\right)\sin\left(k_z z\right), \tag{6.272}$$

$$\frac{\partial^2 E_{x1}}{\partial y^2} = \mathrm{j}\omega\mu_0 k_y C\left(-k_y^2\right)\sin\left(k_y y\right)\sin\left(k_z z\right) = -k_y^2 E_{x1} \tag{6.273}$$

und

$$\frac{\partial^2 E_{x1}}{\partial z^2} = -k_z^2 E_{x1}. \tag{6.274}$$

Eingesetzt in die Wellengleichung ergibt dies

$$-k_y^2 E_{x1} - k_z^2 E_{x1} + \omega^2\mu_0\varepsilon E_{x1} = 0. \tag{6.275}$$

Das vereinfacht sich zu

$$k_y^2 + k_z^2 = k^2 = \omega^2 \mu_0 \varepsilon, \tag{6.276}$$

wobei wir ausgenutzt haben, dass die Summe zweier Konstanten wieder eine Konstante ergibt, für die wir

$$k = \omega\sqrt{\mu_0 \varepsilon} = \frac{\omega}{c} \tag{6.277}$$

erhalten.

d) Das gegebene Feld stellt eine stehende Welle dar. Diese kann auch als Überlagerung zweier Wellen, die sich in z-Richtung ausbreiten, betrachtet werden. Geben Sie das E-Feld $\mathbf{E}_2$ und $\mathbf{E}_3$ dieser beiden Wellen an, wobei $\mathbf{E}_1 = \mathbf{E}_2 + \mathbf{E}_3$ sein soll. Handelt es sich um TE- oder um TM-Wellen? Begründen Sie Ihre Antwort.
Hinweis: $\sin(z) = \frac{e^{jz} - e^{-jz}}{2j}$

Beim gegebenen E-Feld

$$\mathbf{E}_1 = E_{x1}(y, z)\, e^{j\omega t} \mathbf{e}_x = j\omega\mu_0 k_y C \sin\left(k_y y\right) \sin(k_z z) e^{j\omega t} \mathbf{e}_x \tag{6.278}$$

wenden wir den Hinweis auf die Sinus-Funktion, die von z abhängt, an

$$\mathbf{E}_1 = j\omega\mu_0 k_y C \sin\left(k_y y\right) \frac{e^{jk_z z} - e^{-jk_z z}}{2j} e^{j\omega t} \mathbf{e}_x. \tag{6.279}$$

Dies kann auch folgendermaßen geschrieben werden

$$\begin{aligned} \mathbf{E}_1 =& \frac{1}{2}\omega\mu_0 k_y C \sin\left(k_y y\right) e^{j(\omega t + k_z z)} \mathbf{e}_x \\ &- \frac{1}{2}\omega\mu_0 k_y C \sin\left(k_y y\right) e^{j(\omega t - k_z z)} \mathbf{e}_x. \end{aligned} \tag{6.280}$$

Die Termen können als elektromagnetische Welle aufgefasst werden, wobei

$$\mathbf{E}_1 = \mathbf{E}_2 + \mathbf{E}_3 \tag{6.281}$$

ist. Die einzelnen Wellen sind dann

$$\mathbf{E}_2 = \frac{1}{2}\omega\mu_0 k_y C \sin\left(k_y y\right) e^{j(\omega + k_z z)} \mathbf{e}_x \tag{6.282}$$

und

$$\mathbf{E}_3 = -\frac{1}{2}\omega\mu_0 k_y C \sin\left(k_y y\right) e^{j(\omega t - k_z z)} \mathbf{e}_x. \tag{6.283}$$

Bei beiden Wellen $\mathbf{E}_2$ und $\mathbf{E}_3$ handelt es sich um sogenannte TE-Wellen, da die Ausbreitung in z- bzw. $-z$-Richtung erfolgt und das E-Feld in x-Richtung zeigt, das heißt senkrecht zur Ausbreitungsrichtung steht.

e) Berechnen Sie aus der Maxwellschen Gleichung für das Induktionsgesetz nach a) das H-Feld $\mathbf{H}_1$ im Inneren des Hohlraumresonators und führen Sie Abkürzungen analog zu $\mathbf{E}_1$ ein.

Das H-Feld lässt sich einfach über das Induktionsgesetz bestimmen

$$\operatorname{rot} \mathbf{E}_1 = -\mathrm{j}\omega\mu_0 \mathbf{H}_1 \tag{6.284}$$

bzw.

$$\mathbf{H}_1 = \frac{\mathrm{j}}{\omega\mu_0} \operatorname{rot} \mathbf{E}_1 . \tag{6.285}$$

Durch Einsetzen von $\mathbf{E}_1$ erhält man

$$H_{x1} = 0, \tag{6.286}$$

$$\begin{aligned} H_{y1} &= \frac{\mathrm{j}}{\omega\mu_0} \frac{\partial E_{x1}}{\partial z} \\ &= \frac{\mathrm{j}}{\omega\mu_0} \mathrm{j}\omega\mu_0 k_y C \sin\left(k_y y\right) k_z \cos\left(k_z z\right) \\ &= -k_y k_z C \sin\left(k_y y\right) \cos\left(k_z z\right) \end{aligned} \tag{6.287}$$

und

$$\begin{aligned} H_{z1} &= \frac{\mathrm{j}}{\omega\mu_0} \left(-\frac{\partial E_{x1}}{\partial y}\right) \\ &= -\frac{\mathrm{j}}{\omega\mu_0} \mathrm{j}\omega\mu_0 k_y C k_y \cos\left(k_y y\right) \sin\left(k_z z\right) \\ &= k_y^2 C \cos\left(k_y y\right) \sin\left(k_z z\right). \end{aligned} \tag{6.288}$$

Zusammengefasst ist das für das H-Feld

$$\mathbf{H}_1 = \left(H_{y1} \mathbf{e}_y + H_{z1} \mathbf{e}_z\right) \mathrm{e}^{\mathrm{j}\omega t} . \tag{6.289}$$

f) Geben Sie die Randbedingungen, die den Feldverlauf im Inneren des Hohlraumresonators direkt beeinflussen, für $\mathbf{E}_1$ und $\mathbf{H}_1$ an allen sechs ideal leitenden Wänden des Hohlraumresonators an.

An den ideal leitenden Wänden gilt für das E-Feld, dass $\mathbf{E}_{t1} = \mathbf{0}$ ist, das heißt, die Tangentialkomponente des E-Feldes verschwindet. Im Falle des H-Feldes muss $H_{n1} = 0$ sein, das heißt, die Normalkomponente verschwindet.

Betrachten wir die Wände in den Ebenen $x = 0$ und $x = a$ so stellen wir fest, dass dort $\mathbf{E}_1$ nur eine Normalkomponente und $\mathbf{H}_1$ nur Tangentialkomponenten hat. Das bedeutet, dass diese Wände keinen direkten Einfluss auf den Feldverlauf haben.

Dagegen muss an der Wand in der Ebene $y = 0$

$$E_{x1}\,(y = 0) = 0 \tag{6.290}$$

und

$$H_{y1}\,(y = 0) = 0, \tag{6.291}$$

an der Wand in der Ebene $y = b$

$$E_{x1}\,(y = b) = 0 \tag{6.292}$$

und

$$H_{y1}\,(y = b) = 0, \tag{6.293}$$

an der Wand in der Ebene $z = 0$

$$E_{x1}\,(z = 0) = 0 \tag{6.294}$$

und

$$H_{z1}\,(z = 0) = 0 \tag{6.295}$$

und an der Wand in der Ebene $z = d$

$$E_{x1}\,(z = d) = 0 \tag{6.296}$$

und

$$H_{z1}\,(z = d) = 0 \tag{6.297}$$

gelten.

g) Welche Bedingungen ergeben sich aus den Randbedingungen nach f) für die Wellenzahlen k_y und k_z?
Geben Sie alle möglichen Werte für k_y und k_z an.

Aus den Randbedingungen in f) ergeben sich die folgenden Schlussfolgerungen. Aus $E_{x1}\,(y=0)=0$ und $H_{y1}\,(y=0)=0$ folgt, dass

$$\sin\left(k_y 0\right)=0 \tag{6.298}$$

sein muss, was immer erfüllt ist. Weiterhin folgt aus $E_{x1}\,(y=b)=0$ und $H_{y1}\,(y=b)=0$, dass

$$\sin\left(k_y b\right)=0 \tag{6.299}$$

sein muss, was für

$$k_y=\frac{m\pi}{b} \tag{6.300}$$

mit

$$m=1,2,\ldots \tag{6.301}$$

erfüllt ist. Schließlich folgt aus $E_{x1}\,(z=d)=0$ und $H_{z1}\,(z=d)=0$, dass

$$\sin\left(k_z d\right)=0 \tag{6.302}$$

sein muss, was für

$$k_z=\frac{p\pi}{d} \tag{6.303}$$

mit

$$p=1,2,\ldots \tag{6.304}$$

erfüllt ist.

h) Geben Sie die Oberflächenströme $\mathbf{J}_F$ auf den Wänden des Resonators bei $x=0$, bei $y=0$ und bei $z=0$ in Abhängigkeit der Komponenten von $\mathbf{H}$ an.
Welche Ströme fließen auf der jeweils gegenüberliegenden Wand, also bei $x=a$, bei $y=b$ und bei $z=d$?

Die Oberflächenströme können aufgrund der idealen Leitfähigkeit der Wände über die Randbedingungen berechnet werden. Hierzu wird die tangentiale Komponente des H-Feldes ausgewertet, beispielsweise auf der Wand in der Ebene $x=0$

$$\begin{aligned}\mathbf{J}_F\,(x=0) &= \mathbf{e}_x \times \mathbf{H}_1\,(x=0)\\ &= \left(H_{y1}\,(x=0)\,\mathbf{e}_z - H_{z1}\,(x=0)\,\mathbf{e}_y\right)\mathrm{e}^{\mathrm{j}\omega t}.\end{aligned} \tag{6.305}$$

Dabei ist zu beachten, dass sowohl das E-Feld als auch das H-Feld im Inneren der ideal leitenden Wände verschwinden. Analog kann das H-Feld an den übrigen Wänden ausgewertet werden, um die Ströme zu berechnen

$$\mathbf{J}_F\,(y=0) = H_{z1}\,(y=0)\,\mathbf{e}_x\mathrm{e}^{\mathrm{j}\omega t}, \tag{6.306}$$

$$\mathbf{J}_F\,(z=0) = -H_{y1}\,(z=0)\,\mathbf{e}_x\mathrm{e}^{\mathrm{j}\omega t}, \tag{6.307}$$

$$\mathbf{J}_F\,(x=a) = -\mathbf{J}_F\,(x=0)\,, \tag{6.308}$$

$$\mathbf{J}_F\,(y=b) = -H_{z1}\,(y=b)\,\mathbf{e}_x\mathrm{e}^{\mathrm{j}\omega t} = \mathbf{J}_F\,(y=0) \tag{6.309}$$

und

$$\mathbf{J}_F\,(z=d) = H_{y1}\,(z=d)\,\mathbf{e}_x\mathrm{e}^{\mathrm{j}\omega t} = \mathbf{J}_F\,(z=0)\,. \tag{6.310}$$

i) Ermitteln Sie direkt aus den Feldern im Hohlraumresonator die Flächenladungen σ auf den Wänden des Resonators.

Die Flächenladungsdichten auf den Oberflächen der ideal leitenden Wände lassen sich ebenfalls wegen der Feldfreiheit im Inneren der Wände direkt aus den Randbedingungen bestimmen

$$\sigma\,(x=0) = \varepsilon E_{x1}\,(x=0)\,\mathrm{e}^{\mathrm{j}\omega t}, \tag{6.311}$$

$$\sigma\,(x=a) = -\varepsilon E_{x1}\,(x=a)\,\mathrm{e}^{\mathrm{j}\omega t}, \tag{6.312}$$

$$\sigma\,(y=0,b) = 0 \tag{6.313}$$

und

$$\sigma\,(z=0,d) = 0. \tag{6.314}$$

j) Wie kommt es zu den in i) gefundenen zeitabhängigen Ladungsansammlungen? Begründen Sie Ihre Antwort.

Auf den Wänden des Hohlraumresonators fließen Ströme und es gibt Ladungen. Beide müssen die Kontinuitätsgleichung erfüllen. Hierzu berechnen wir zunächst die Quellen des Stromes auf der Wand in der Ebene $x = 0$

$$\begin{aligned}
&\mathrm{div}\mathbf{J}_F\,(x=0)\\
&= \left(k_y^3 C \sin\left(k_y y\right)\sin\left(k_z z\right) + k_y k_z^2 C \sin\left(k_y y\right)\sin\left(k_z z\right)\right)\mathrm{e}^{\mathrm{j}\omega t}\\
&= k_y k^2 C \sin\left(k_y y\right)\sin\left(k_z z\right)\mathrm{e}^{\mathrm{j}\omega t}.
\end{aligned} \tag{6.315}$$

Im zeitharmonischen Fall und komplexer Schreibweise ergibt sich für die Kontinuitätsgleichung

$$\mathrm{div}\,\mathbf{J}_F + \frac{\partial\sigma}{\partial t} = \mathrm{div}\,\mathbf{J}_F + \mathrm{j}\omega\sigma = 0. \tag{6.316}$$

Das heißt, die Flächenladungsdichte kann auch direkt aus der Kontinuitätsgleichung und damit über den Flächenstrom berechnet werden

$$\begin{aligned}
\sigma &= -\frac{1}{\mathrm{j}\omega}\,\mathrm{div}\,\mathbf{J}_F\\
&= \mathrm{j}\frac{1}{\omega}k_y\omega^2\mu_0\varepsilon C \sin\left(k_y y\right)\sin\left(k_z z\right)\mathrm{e}^{\mathrm{j}\omega t}\\
&= \mathrm{j}k_y\omega\mu_0\varepsilon C \sin\left(k_y y\right)\sin\left(k_z z\right)\mathrm{e}^{\mathrm{j}\omega t}\\
&= \varepsilon E_{x1}\mathrm{e}^{\mathrm{j}\omega t}.
\end{aligned} \tag{6.317}$$

Die Rechnung für die Wand in der Ebene $x = a$ erfolgt analog.

Damit haben wir gezeigt, dass die Ströme und Ladungen, die wir zunächst durch Auswerten der Felder an der Leiteroberfläche gewonnen haben, auch die Kontinuitätsgleichung erfüllen.

6.5.4 Zusammenfassung

Der Hohlraumresonator ist ein Beispiel, bei dem ein Randwertproblem in einem abgeschlossenen Gebiet für elektromagnetische Felder gelöst wird. Im Falle des Resonators erhalten wir eine stehende Welle. Für die analytische Lösung dieser Aufgabe haben wir einen passenden Ansatz gewählt und die fehlenden Größen über die Randbedingungen an den Wänden bestimmt. Da die Wände im idealen Fall feldfrei sind und Ströme und Ladungen nur auf den Oberflächen auftreten, können diese direkt aus den Randbedingungen bestimmt werden. Der Hohlraumresonator ist zudem ein sehr anschauliches Beispiel, um den geschlossenen Stromkreis im allgemeinen Fall zu betrachten. Auf den Wänden fließen Flächenströme, die an den zeitabhängigen Flächenladungen beginnen bzw. enden. Im Resonator setzt sich der Strom als Verschiebungsstrom zur gegenüberliegenden Seite fort. Da in typischen Anwendungen die Leitfähigkeit zwar nicht unendlich aber immer noch sehr groß ist, sind die Ohmschen Verluste in den Wänden in der Regel sehr klein. Es ist zu beachten, dass bei Flächenströmen aber die Leitfähigkeit an der Oberfläche relevant ist, welche beispielsweise durch Oberflächenrauhigkeit oder Oxidation meistens geringer ausfällt, als sie für das Material üblich ist.

Epilog 7

Sie sind am Ende dieses Buches angekommen, anhand dessen Sie sich mit einigen elektromagnetischen Phänomenen auf der Grundlage der Maxwellschen Elektrodynamik befasst haben. Ein herzliches Dankeschön und Gratulation dafür, dass Sie sich die Zeit für eine intensive Auseinandersetzung mit dem Inhalt des Buches genommen haben!

Sicherlich haben Sie sehr schnell festgestellt, dass dieses Buch keine Monographie und schon gar kein Lehrbuch über Elektrodynamik ist. Für eine gewinnbringende Nutzung wird nämlich vorausgesetzt, dass Sie sich bereits zuvor mit der Elektrodynamik beschäftigt haben und Ihr Interesse hauptsächlich darin besteht, Probleme mit den Methoden zu lösen, welche die Elektrodynamik zur Verfügung stellt.

Die Grundgleichungen der Maxwellschen Elektrodynamik, kurz Maxwellsche Gleichungen, haben wir in einem einführenden Abschnitt in axiomatischer Form zusammengestellt. Aber nicht alle Problemstellungen erfordern die vollständigen Maxwellschen Gleichungen, so dass sich konsistente Näherungstheorien ableiten lassen, die den jeweiligen Abschnitten vorangestellt wurden. Hinsichtlich der Einzelheiten der Elektrodynamik haben wir auf die Monographien von G. Lehner und S. Kurz „Elektromagnetische Felder" [15] sowie von W. Mathis und A. Reibiger „Küpfmüller Theoretische Elektrotechnik" [20] verweisen. Natürlich gibt es auch zahlreiche weitere, qualitativ hochwertige Monographien über die Elektrodynamik, die Sie in den Bibliotheken finden können.

Zur Lösung der Maxwellschen Gleichungen bzw. der Näherungsgleichungen haben wir ausschließlich sogenannte analytische Methoden verwendet, mit denen sich gelegentlich exakte und häufiger jedoch nur genäherte Lösungen ermitteln lassen, die mit Hilfe der elementaren Funktionen ausgedrückt werden können. Man könnte jedoch fragen, warum man sich überhaupt noch mit den theoretischen Grundlagen der elektromagnetischen Feldtheorie und den analytischen Lösungsmethoden auseinandersetzen sollte, in einer Zeit, in der her-

J. Anders et al., *Übungsbuch Elektromagnetische Feldtheorie*,
https://doi.org/10.1007/978-3-662-72186-5_7

vorragende numerische Lösungsmethoden für fast alle elektromagnetischen Feldprobleme in Form ausgefeilter Softwarepakete zur Verfügung stehen.

Das ist eine durchaus berechtigte Frage, auf die es eine Reihe von guten Gründen gibt, die wir zu guter Letzt hier darlegen wollen.

Kompetenzerwerb. Um ein inhaltliches Verständnis der elektromagnetischen Feldtheorie aufzubauen ist es unerlässlich, sich im Detail mit den zugrundeliegenden physikalischen Konzepten und mathematischen Strukturen auseinanderzusetzen. Verstehen bedeutet Rückführen auf Bekanntes. Dazu muss man das „Rechnen mit Bedeutung“ [24] selbst ausprobieren und üben.

Trittsicherheit. Analytische Lösungen sind in der Regel nur für sehr einfache Klassen von Beispielen möglich. Deren Studium entspricht einem „Lernen an der Kletterwand“, zum Aufbau von Trittsicherheit und Intuition, bevor man sich ins Gebirge der akademischen und industriellen Praxis begibt.

Modellbildung. In der Praxis stellen sich häufig Fragen im Hinblick auf eine geeignete Modellbildung. Welche Effekte sind zur Beantwortung einer gegebenen Fragestellung wesentlich, welche sind unwesentlich und können weggelassen oder angenähert werden? In diesem Zusammenhang sind auch Weiterentwicklungen der mathematischen Beschreibungsmethoden für elektromagnetische Felder von Interesse, wie zum Beispiel der Differentialformen-Kalkül, siehe Lehner [15, Kap. 8].

Bewertung von Resultaten. Sehr häufig werden numerische Lösungsmethoden für elektromagnetische Feldprobleme eingesetzt. Wie kann man die Richtigkeit der damit gewonnenen Resultate überprüfen? Auf Basis eines soliden theoretischen Verständnisses können eine grundsätzliche Plausibilisierung durchgeführt und Simulationsergebnisse schlüssig bewertet werden.

Erklärbarkeit. Weil analytische Lösungen in Form mathematischer Ausdrücke vorliegen, herrscht vollständige Klarheit darüber, wie die Variablen und deren Zusammenspiel das Resultat beeinflussen.

Effizienz. Algorithmen und Modelle auf Basis analytischer Lösungen – sofern verfügbar – sind oft effizienter und genauer auswertbar als gleichwertige numerische Implementierungen. Das gilt besonders, wenn Parameterstudien durchgeführt werden sollen.

Wir hoffen, dass Ihnen die genannten Aspekte eine gute Motivation für Ihre weitere Beschäftigung mit Problemstellungen der Elektrodynamik liefern. Auch wenn wir im Zusammenhang mit dieser Thematik vielleicht etwas mehr Erfahrung vorweisen können, so ist es wie im Sport oder bei anderen technischen Fertigkeiten: man braucht dauernde

Übung, um den effizientesten Weg zum Erfolg zu finden. Dafür muss Ihr inhaltliches Interesse an der Sache geweckt werden, damit Sie die Ausdauer für die Bearbeitung schwieriger Übungsaufgaben aufbringen können.

Wir wünschen uns sehr, dass wir im Rahmen dieses Buches dazu beigetragen haben, Ihr Interesse an der Elektrodynamik zu wecken und damit zur Überzeugung gelangen, dass Sie die Herausforderungen dieses Gebietes erfolgreich bestehen können.

Hinweise auf Bücher mit gelösten Aufgaben 8

- BATYGIN, V.V. UND TOPTYGIN, I.N.: *Problems in Electrodynamics.* Academic Press, London and New York, 1964. Das Buch enthält eine große Anzahl gelöster Aufgaben aus allen Gebieten der Elektrodynamik.
- EDMINISTER, J.A.: *Electromagnetics, 4th Ed. Schaum's Outline Series.* McGraw-Hill Book Comp., New York 2013.
- FLIEßBACH, T. UND WALLISER, H.: *Arbeitsbuch zur Theoretischen Physik.* 3. Aufl., Spektrum Akademischer Verlag, Heidelberg 2012. In Abschnitt II findet man die Grundlagen zur Elektrodynamik sowie zahlreiche gelöste Aufgaben. Man beachte jedoch, dass das – wie häufig in der Physik – cgs-System und nicht das SI-System als Einheitensystem verwendet wird.
- FLÜGGE, S.: *Rechenmethoden der Elektrodynamik.* Springer-Verlag, Berlin – Heidelberg, 1986. Das Buch enthält eine große Anzahl gelöster Aufgaben aus allen Gebieten der Elektrodynamik.
- FILTZ, M. UND HENKE, H.: *Übungsbuch Elektromagnetische Felder.* 2. Aufl., Springer-Verlag, Heidelberg – Dordrecht – London – New York 2012
- ILIE, C.C. UND SCHRECENGOST, Z.S: *Electromagnetism: Problems and Solutions.* IOP Publishing, London 2018. Das Buch enthält gelöste Aufgaben aus allen Gebieten der Elektrodynamik.
- KAGERMANN, H. UND KÖHLER, W.: *Aufgabensammlung Theoretische Physik – Teil 2: Elektrodynamik.* Verlag Zimmermann, Neufang 1984. Das Buch enthält 81 gelöste Aufgaben aus allen Gebieten der Elektrodynamik.
- KLINGBEIL, H.: *Grundlagen der elektromagnetischen Feldtheorie.* 4. Aufl., Springer Spektrum, Berlin 2022.
- KRUCHININ, S.: *Problems and Solutions in Special Relativity and Electromagnetism.* World Scientific Publishing Co Pte Ltd., Singapore 2017. Das Buch enthält gelöste Aufgaben aus allen Gebieten der Elektrodynamik.

J. Anders et al., *Übungsbuch Elektromagnetische Feldtheorie*,
https://doi.org/10.1007/978-3-662-72186-5_8

- LIKHAREV, K.K.: *Classical Electrodynamics – Problems with solutions.* IOP Publishing, London 2018. Das Buch enthält gelöste Aufgaben aus allen Gebieten der Elektrodynamik.
- MACCHI, A. UND MORUZZI, G. UND PEGORARO, F.: *Problems in Classical Electromagnetism.* Springer-Verlag, Berlin – Heidelberg, 2017. Das Buch enthält 157 gelöste Aufgaben aus allen Gebieten der Theorie elektromagnetischer Felder.
- MIERDEL, G. UND WAGNER, S.: *Aufgaben zur Theoretischen Elektrotechnik.* Dr. Alfred Hüthig Verlag, Heidelberg 1960. Das Buch enthält gelöste Aufgaben aus allen Gebieten der Theorie der Felder sowie der Atomistik der elektrischen Erscheinungen.
- MROZYNSKI, G.: *Elektromagnetische Feldtheorie – Eine Aufgabensammlung.* B. G. Teubner, Wiesbaden 2003. Das Buch enthält eine große Anzahl gelöster Aufgaben aus allen Gebieten der Elektrodynamik, wobei die Lösungen teilweise mit Grafiken illustriert sind.
- PIERRUS, J.: *Solved Problems in Classical Electromagnetism: Analytical and Numerical Solutions with Comments.* Oxford University Press, Oxford 2018. Das Buch enthält etwa 300 gelöste Aufgaben aus allen Gebieten der elektromagnetischen Theorie, wobei auch numerische Lösungen vorgestellt werden.
- SCHILLING, H.: *Elektromagnetische Felder und Wellen – Physik in Beispielen.* VEB Fachbuchverlag, Leipzig 1974. Das Buch enthält gelöste Aufgaben aus allen Gebieten der Elektrodynamik sowie der elektrischen Schaltungen.
- SCHNACKENBERG; J.: *Elektrodynamik.* Wiley-VCH, Weinheim 2003. Es handelt sich um ein Lehrbuch über elektromagnetische Felder für Physiker, verwendet aber die üblichen Si-Einheiten. Man findet dort zahlreiche Aufgaben zusammen mit ausführlichen Lösungen aus allen Gebieten dieser Theorie.
- SMYTHE, W.R.: *Solutions to Problems in Static and Dynamic Electricity.* California Institute of Technology, Pasadena (CA) 1974. Das Buch enthält die Lösungen der 679 Aufgaben, die in der 3. Auflage des Klassikers von W.R. Smythe „Static and Dynamic Electricity", McGraw-Hill Book Comp., New York 1968 zu finden sind.
- VON WEISS, A. UND KLEINWÄCHTER, H.: *Ausgewählte Kapitel und Aufgaben.* C.F Winter'sche Verlagshandlung, Prien 1961. Das Buch enthält zahlreiche Standardaufgaben aus der Theorie elektromagnetischer Felder, wobei jeweils die wichtigsten theoretischen Grundlage vorgeschaltet sind.
- WOLFF, I.: *Maxwellsche Theorie – Grundlagen und Anwendungen, Band 1: Elektrostatik.* 7. Aufl., Verlagsbuchhandlung Dr. Wolff, Aachen 2020. Das Buch enthält eine Übersicht über die Elektrostatik und zahlreiche ausführlich gelöste Aufgaben.
- WOLFF, I.: *Maxwellsche Theorie – Grundlagen und Anwendungen, Band 2: Strömungsfelder, Magnetfelder, Wellenfelder.* 6. Aufl., Verlagsbuchhandlung Dr. Wolff, Aachen 2007. Das Buch enthält eine Übersicht über die genannten Gebiete der Elektrodynamik und zahlreiche ausführlich gelöste Aufgaben.

- YUNG-KUO, L. (Ed.): *Problems and Solutions on Electromagnetism.* World Scientific Publishing Co. Pte. Ltd., Singapore 1993. Das Buch enthält 440 gelöste Aufgaben aus allen Gebieten der Elektrodynamik.

Literatur

1. Behne, J., Muschik, W., Päsler, M.: Theorie der Elektrizität. Friedr. Vieweg + Sohn, Braunschweig (1971)
2. Bosse, G., Mecklenbräuer, W.: Grundlagen der Elektrotechnik, Bd. I. VDI Verlag, Düsseldorf (1996)
3. Constantinescu, F.: Distributionen und ihre Anwendung in der Physik. B.G. Teubner, Stuttgart (1974)
4. Fletcher, C.A.J.: Computational Galerkin Methods. Springer-Verlag, New York, Berlin, Heidelberg, Tokyo (1984)
5. Gronwald, F., Nitsch, J.: The structure of the electromagnetic field as derived from first principles. IEEE Antennas Propag. Mag. **43**(4), 64–79 (2001)
6. Hehl, F. W., Obukhov, Y. N.: Foundations of Classical Electrodynamics – Charge, Flux, and Metric. Progress in Mathematical Physics. 1. Aufl. Birkhäuser, Boston (2003)
7. Helms, L.L.: Potentialtheorie. Walter de Gruyter, Berlin, New York (1973)
8. Hennecke, M., Skrotzki, B. (Hrsg.): HÜTTE: Elektro- und informationstechnische Grundlagen für Ingenieure, Bd. 3, 35. Aufl., Springer-Verlag, Heidelberg, Berlin (2023)
9. Jackson, J. D.: Klassische Elektrodynamik. De Gruyter Studium. 5. Aufl., De Gruyter, Berlin, Boston (2014)
10. Jackson, J.D., Okun, L.B.: Historical roots of gauge invariance. Rev. Mod. Phys. **73**, 663–680 (2001)
11. Kazimierczuk, M.K.: High-Frequency Magnetic Components, 2nd edn. John Wiley & Sons, Wright State University, Dayton, Ohio, USA (2014)
12. Larsson, J.: Electromagnetics from a quasistatic perspective. Am. J. Phys. **75**(3), 230–239 (2007)
13. Lehner, G., Kurz, S.: Elektromagnetische Feldtheorie, 9th edn. Springer Vieweg, Berlin, Heidelberg (2021)
14. Leis, R.: Vorlesungen über Partielle Differentialgleichungen Zweiter Ordnung. Bibliographisches Institut, Mannheim (1967)
15. Ludwig, G.: Einführung in die Grundlagen der Theoretischen Physik, Bd. 2: Elektrodynamik, Raum, Kosmos. Bertelsmann Universitätsverlag, Düsseldorf (1973)
16. Maloberti, F., Davies, A.C.: A Short History of Circuits and Systems. River Publisher, Aalborg, Denmark (2016)
17. Marinescu, M.: Elektrische und magnetische Felder - Eine praxisorientierte Einführung, 2nd edn. Springer Verlag, Berlin, Heidelberg (2009)

J. Anders et al., *Übungsbuch Elektromagnetische Feldtheorie*,
https://doi.org/10.1007/978-3-662-72186-5

18. Mathis, W., Reibiger, A.: Küpfmüller Theoretische Elektrotechnik, 20th edn. Springer Vieweg, Berlin, Heidelberg (2017)
19. Maxwell, J.C.: *A Treatise on Electricity and Magnetism*, Bd. 1., 1. Aufl., Oxford (1873)
20. Maxwell, J.C.: Lehrbuch der Electrizität und des Magnetismus, Bd. 1+2, 1. Aufl., Springer Verlag, Berlin (1883)
21. Merziger, P., Feldmann, D., Kruse, A., Mühlbach, G., Wirth, T.: Repetitorium der Ingenieurmathematik, 7th edn. Verlag Feldmann, Springe b. Hannover (1991)
22. Rollnik, H.: Physikalische und mathematische Grundlagen der Elektrodynamik. Bibliogr. Inst, Mannheim, Wien, Zürich (1976)
23. Rost, A.: Messung dielektrischer Stoffeigenschaften. Akademie Verlag, Berlin (1978)
24. Schulz, H.: Physik mit Bleistift. Springer Verlag, Berlin, Heidelberg (1993)
25. Simonyi, K.: Kulturgeschichte der Physik. Urania Verlag, Berlin (1990)
26. Sommerfeld, A.: Elektrodynamik, Bd. 3, Vorlesungen über Theoretische Physik. Verlag Harri Deutsch, Frankfurt/M (1988)
27. Steinmetz, T., Kurz, S., Clemens M.: Domains of validity of quasistatic and quasistationary field approximations. COMPEL: Int J for Computation and Maths. in Electrical and Electronic Eng., **30**(4):1237–1247 (2011)
28. Susskind, L., Friedman, A.: Elektrodynamik und Relativität. Springer Verlag, Berlin, Heidelberg (2020)
29. Tricker, R.A.R.: Faraday und Maxwell. Friedr. Vieweg + Sohn, Braunschweig (1974)
30. Wunsch, G., Schulz, H.-G.: Elektromagnetische Felder. Verlag Technik, Berlin (1996)
31. Zapolsky, H.: Does charge conservation imply the displacement current? American Journ. Phys **55**(12), 1140 (1987)

MIX
Papier aus verantwortungsvollen Quellen
Paper from responsible sources
FSC® C105338

If you have any concerns about our products,
you can contact us on
ProductSafety@springernature.com

In case Publisher is established outside the EU,
the EU authorized representative is:
Springer Nature Customer Service Center GmbH
Europaplatz 3, 69115 Heidelberg, Germany

Printed by Libri Plureos GmbH
in Hamburg, Germany